现代家政服务与管理专业创新型系列教材

家政服务礼仪与沟通

主　编　刘　茜　邵照国
副主编　贾盛兰　杨梦迪　殷向南
参　编　薛梦茹　贡泽慧　李海峰

北京理工大学出版社
BEIJING INSTITUTE OF TECHNOLOGY PRESS

版权专有　侵权必究

图书在版编目（CIP）数据

家政服务礼仪与沟通/刘茜，邵照国主编．－－北京：北京理工大学出版社，2023.1（2024.1重印）

ISBN 978－7－5763－1947－7

Ⅰ．①家… Ⅱ．①刘… ②邵… Ⅲ．①家政服务－礼仪 ②家政服务－语言艺术 Ⅳ．①TS976.7

中国版本图书馆 CIP 数据核字（2022）第 241128 号

责任编辑： 徐艳君		**文案编辑：** 徐艳君	
责任校对： 周瑞红		**责任印制：** 施胜娟	

出版发行 /	北京理工大学出版社有限责任公司
社　　址 /	北京市丰台区四合庄路 6 号
邮　　编 /	100070
电　　话 /	（010）68914026（教材售后服务热线）
	（010）68944437（教材资源服务热线）
网　　址 /	http://www.bitpress.com.cn

版 印 次 /	2024 年 1 月第 1 版第 3 次印刷
印　　刷 /	定州市新华印刷有限公司
开　　本 /	787 mm×1092 mm　1/16
印　　张 /	14.5
字　　数 /	358 千字
定　　价 /	49.00 元

图书出现印装质量问题，请拨打售后服务热线，负责调换

前 言

在国家持续促进家政服务业提质扩容的政策下,行业企业对家政从业人员的服务技能和职业素养提出了新的要求,因此,不断加强家政从业人员的礼仪修养,规范从业人员的职业岗位礼仪,提升客户沟通技巧,已成为现代家政服务与管理工作中不可或缺的环节。为培养社会急需的高素质家政服务与管理人才,我们组织多年从事礼仪教学与实践的一线教师以及家政企业管理人员,共同精心编撰了本书,旨在更好地服务于家政服务业发展。

本书以提升家政服务与管理人员的职业礼仪与沟通能力为目标,结合家政服务与管理岗位要求和工作流程,采用了模块、项目、任务的结构体系,结合真实案例,系统地阐述了礼仪文化、职业形象塑造、工作岗位礼仪与沟通艺术等相关知识,有利于读者掌握工作岗位礼仪要求与沟通技巧,提升读者的职业礼仪与沟通素养。

本书的编写体现了知识、技能和态度三位一体的结构,使读者能够轻松掌握职业技能。在编写的过程中,尽可能用简洁的图表、生动的案例、直观的图片、通俗的语言阐述礼仪规范与沟通技能。按照家政服务与管理工作岗位需求和职业礼仪要求,构建了礼仪文化与沟通意识、家政服务人员职业形象、家政服务工作岗位礼仪、家政服务人员语言沟通艺术、家政服务人员沟通实践等五个模块,内容涵盖了家政服务礼仪与沟通的方方面面。其中,每个项目列出学习目标,以情景案例引入,在任务单元中设置了任务描述、任务分析、相关知识、资源拓展、任务实施、同步测试等栏目,具有系统性、指导性、实操性。

本书可以作为职业院校现代家政服务与管理、智慧健康养老、老年保健与管理、健康管理等专业的学生用书,也可供从事家政服务与管理、老年服务与管理等相关工作的人员使用。

编 者

目 录

模块一　礼仪文化与沟通意识 1
　项目一　礼仪文化 1
　　任务一　感受礼仪文化 2
　　任务二　认知服务礼仪 7
　项目二　人际沟通 11
　　任务一　认识人际沟通 12
　　任务二　人际沟通与人际关系 19
　　任务三　家政服务工作中的人际沟通 24

模块二　家政服务人员职业形象 30
　项目一　仪容礼仪 30
　　任务一　头面礼仪 31
　　任务二　目光礼仪 35
　　任务三　微笑服务礼仪 39
　项目二　仪表礼仪 43
　　任务一　基本着装礼仪 44
　　任务二　家政岗位着装礼仪 49
　项目三　仪态礼仪 54
　　任务一　站姿礼仪 55
　　任务二　坐姿礼仪 60
　　任务三　走姿礼仪 65
　　任务四　蹲姿礼仪 70
　　任务五　手势礼仪 74

模块三　家政服务工作岗位礼仪 78
　项目一　来访接待礼仪 78
　　任务一　迎接礼仪 79
　　任务二　引导礼仪 82
　　任务三　奉茶礼仪 87
　　任务四　会谈礼仪 91
　　任务五　送别礼仪 95
　项目二　电子通信服务礼仪 98
　　任务一　接打工作电话 99
　　任务二　电子邮件沟通 103

项目三　入户会面礼仪 ………………………………………………………… 108
任务一　称呼礼仪 ……………………………………………………… 109
任务二　介绍礼仪 ……………………………………………………… 113
任务三　握手礼仪 ……………………………………………………… 118
任务四　名片礼仪 ……………………………………………………… 122

项目四　工作交往礼仪 ………………………………………………………… 126
任务一　会务礼仪 ……………………………………………………… 127
任务二　用餐礼仪 ……………………………………………………… 130
任务三　乘车礼仪 ……………………………………………………… 137

模块四　家政服务人员语言沟通艺术 ……………………………………………… 141

项目一　口语沟通的环节 ……………………………………………………… 141
任务一　流畅地表达 …………………………………………………… 142
任务二　认真地倾听 …………………………………………………… 146
任务三　恰当地发问 …………………………………………………… 151

项目二　口语沟通的技巧 ……………………………………………………… 155
任务一　由衷地赞美 …………………………………………………… 156
任务二　温柔地批评 …………………………………………………… 160
任务三　有力地说服 …………………………………………………… 165
任务四　合理地拒绝 …………………………………………………… 170
任务五　适时地幽默 …………………………………………………… 173

项目三　书面语沟通艺术 ……………………………………………………… 178
任务一　书面语沟通技巧 ……………………………………………… 179
任务二　家政服务人员日常应用文写作 ……………………………… 184

模块五　家政服务人员沟通实践 …………………………………………………… 192

项目一　家政服务人员工作团队间沟通 ……………………………………… 192
任务一　与领导沟通 …………………………………………………… 193
任务二　与同事沟通 …………………………………………………… 197
任务三　与下属沟通 …………………………………………………… 202

项目二　家政服务人员与客户的沟通 ………………………………………… 206
任务一　业务洽谈沟通 ………………………………………………… 207
任务二　入户服务沟通 ………………………………………………… 212
任务三　客户回访沟通 ………………………………………………… 217

参考文献 ………………………………………………………………………………… 223

模块一　礼仪文化与沟通意识

项目一　礼仪文化

【项目介绍】

礼仪作为人类文明的象征和民族文化的标志,已经融入人们日常生活中的一举一动、一言一行。礼仪不仅体现在我们工作和日常交往中的迎来送往、待人接物,还体现在各种节日庆典、活动仪式之中,成为组织形象的标志。中国自古以来就被称作"礼仪之邦",中国传统文化根植于礼,礼是中华民族共同的文化生态。因此,本项目带领大家走进中国礼仪文化,感受礼仪文化底蕴,同时学习具有时代内涵的现代礼仪及家政服务人员职业礼仪的要求。

【知识目标】

1. 理解传统礼仪中"礼"的含义;
2. 掌握礼仪和礼仪文化的含义;
3. 理解礼仪文化的精神内涵;
4. 了解礼仪的起源与发展历程;
5. 熟悉现代礼仪的定义;
6. 掌握服务礼仪以及家政服务礼仪的要求。

【技能目标】

1. 能够理解传统礼仪文化的精神内涵;
2. 学会传承发扬优秀传统礼仪文化;
3. 能够在家政服务工作中展现服务礼仪素养。

【素质目标】

提升礼仪修养,塑造得体形象,丰富思想内涵,和谐人际关系;热爱中国传统文化,增强文化自信心,传承优秀传统礼仪文化;践行敬人、谦逊、仁爱、孝顺、雅正的传统礼仪精神,树立正确价值观,丰富人生内涵。

案例引入

"曾子避席"的典故出自《孝经》,是一个非常著名的故事。曾子是孔子的弟子,有一次他在孔子身边侍坐,孔子就问他:"以前的圣贤之王有至高无上的德行、精要奥妙的理论,用来教导天下之人,人们就能和睦相处,君王和臣下之间也没有不满,你知道它们是什么吗?"曾子听了,明白老师孔子是要指点他最深刻的道理,于是立刻从坐着的席子上站起来,走到席子外面,恭恭敬敬地回答道:"我不够聪明,哪里能知道,还请老师把这些道理教给我。"在这里,"避席"是一种非常礼貌的行为,当曾子听到老师要向他传授道理时,他站起身来,走到席子外向老师请教,是为了表示他对老师的尊重。曾子懂礼貌的故事被后人传诵,很多人都向他学习。

任务一 感受礼仪文化

任务描述

"尊师重道、注重师德"是中华民族的传统美德,古往今来代代相传。古语云"国将兴,必贵师而重傅",这充分体现了中华民族"尊师"的传统观念。案例典故中的"避席"是曾子对老师的尊重,当然有些古代礼仪在当代社会已不适用,但是礼仪文化是与时俱进、兼收并蓄的,尊师的初心不变,只是形式在不断更迭。作为"礼仪之邦",中华的传统礼仪文化有哪些基本要义和精神内涵?我们应如何传承中华优秀传统文化礼仪?

任务分析

"不学礼,无以立",要学习礼仪,首先要走进华夏文明中,寻找礼仪的源头,随着历史的脚步,发现礼仪的演变过程,并解读"礼仪"的内涵,感受中华优秀传统礼仪文化,理解其精神要义。

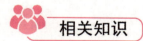

一、什么是礼?

中华五千多年文明发展历程孕育了优秀传统文化,著名史学大师钱穆先生谈及中国文化的特点以及中西文化的区别时明确指出,"礼"是中国传统文化的核心。"要了解中国文化,必须站得更高来看到中国之心。中国的核心思想就是'礼'。"礼与中国文化相伴相生,无论是对个人修身而言,还是对政治、经济文化而言,礼仪都有着深远的影响。"礼"的含义千姿百态,内容包罗万象,"礼"究竟是什么?接下来从五个方面对"礼"进行解读。

(一)"礼"是人立身处世的根本

《礼记·冠义》中说:"凡人之所以人者,礼义也。"做人立身处世的根本道理是懂得并且接受礼节、道德和人伦秩序。

（二）"礼"是最高的自然法则

《左传》中说："夫礼，天之经也，地之义也，民之行也。"这说明了"礼"是仿照自然法则而制定的，因此有"上下之纪，天地之经纬"之说。

（三）"礼"是治国的方法

《左传·隐公十五年》中说："礼，经国家，定社稷，序民人，利后嗣者也。"在古人眼里，"礼"在安邦定国方面起到了纲领性的作用。

（四）"礼"是国家的典章制度

《皇朝礼器图式》中说："盖礼者理也，其义之大，其所包者亦至广。"国家的法律都可以统称为"礼"。

（五）"礼"是人际交往的准则

人与人的相处之道应该符合"德"的要求，体现仁、义、礼、智、信等要求，"礼"便成了衡量人的社会活动的标尺。

二、什么是礼仪和礼仪文化？

"礼仪"在我国传统文化中包含两个概念，即"礼"与"仪"。"礼"的本字是"豊"，甲骨文见图1-1，字体顶部就像两串美玉，底部就像有支架的鼓，合起来会意，就是击鼓奏乐，用美玉敬奉祖先和神灵。"仪"的本字是"義"，甲骨文见图1-2，字体由"羊"和"我"组成，其中"羊"意为吉祥，"我"在甲骨文中像一种有许多利齿的武器"戈"，造字本义是战争出征前的庄严仪式、典礼。"礼仪"源于祭祀，表达尊敬，其中"礼"是道德修养，是内心深处的仁德，需要借由形式表达出来；"仪"是外在形式，是礼的外壳，但必须有思想作为灵魂和支撑，否则徒有其表。礼与仪互为依存、互为表里，缺一不可。

图1-1　"礼"字甲骨文

图1-2　"仪"字甲骨文

在五千多年的历史演变过程中，我国不仅有一套宏大的内在"礼"的思想，还有一套系统的外在"仪"的规范，而且其精髓深入人心，形成了完整的伦理道德、生活行为规范，进而内化为中华民族的自觉意识，并贯穿于心理与行为活动之中。这个完整的伦理道德、生活行为规范就构成了一种文化，即礼仪文化。

三、礼仪文化的精神内涵

中国传统礼仪文化中最闪光的就是其所蕴含的礼仪思想和精神内涵，这是礼仪文化产生与发展的指导思想。中国传统礼仪思想极为丰富和深刻，它集中呈现于儒家经典著作和历史典籍中，古今礼学家对礼的精神内涵的解读视角不同，都力争通过提炼出的核心词汇，表达对于传统礼仪本身的敬重，对中国传统文化的自信。中华优秀传统礼仪文化的精神内涵有：

（一）尊敬

传统礼仪和现代礼仪都将对人的"尊敬"列为礼仪最基本的要求，修己敬人，修心敬己，它是一种谦卑虚己、敬畏万物的心理状态。尊敬思想主要体现为下对上的一种态度，包括对天地、神明、国家、长辈等在思想、行动上应该遵循的礼节。"敬"的心态需要经由"礼"的实施过程来表达，当有了恭敬之心，人们才能够举止庄重、进退有礼、执事谨敬、文质彬彬。

（二）谦和

谦逊和气，是与人交往应该表现出的一种气质和礼节。《晋书》中所说的"性谦和，善与人交，宾无贵贱，待之若一"就是指性格谦顺和气，有修养地审视自己，有涵养地对待他人，虚心面对自己的未来。

（三）仁爱

仁慈博爱，是人们心里的善念和慈悲，外在的礼仪都应以内在的"仁爱"为心理基础。孔子把"仁"推至崇高地位，引仁入礼，以仁释礼。在古人看来，"仁"作为道德的最基本的原则，而"礼"是实现高尚道德品格的重要方法。

（四）忠信

不以谎言欺骗人，也不隐瞒、虚伪，不哗众取宠，对他人有诺必践，对自己有信必行。在处理人与人之间关系时，只有坚持忠信才能获得认可。忠信是人与人之间交往的基础，只有建立在忠信之上的人际关系才会牢固稳定。孔子在进行道德教育时把"文、行、忠、信"作为施教内容，告诉弟子们忠诚信任是礼之主干，诚实于心，真实无妄，言行合一。

（五）孝亲

孝亲，狭义上讲是敬心奉养父母、顺应父母意志，广义上则指爱敬天下之人、顺应天下之心。如何做到"孝"，首先要赡养老人，尽自己所能保证父母的物质生活不匮乏。但是仅仅做到赡养还是不够的。父母最大的心愿就是让子女健康快乐、事业有成，因此，作为儿女要努力工作，事业有所成就，让父母少些担心、少些牵挂，这也是孝敬。

（六）雅正

雅正指的是仪容仪表、言谈举止得体端正。荀子提出"由礼则雅"，使"礼"和"雅"的关系变得紧密，"礼"使人行为正确、仪态端雅。古人有语"君子安雅"，简而言之就是君子温文有礼，为人正直诚信，处世合乎礼仪规范，才能令人敬仰，才能成为德雅之人。

四、礼仪的起源与发展

从古至今，礼仪的形式与发展变化大体经历了六个时期，分别是：

（一）礼仪的起源与孕育时期

中华礼仪起源于远古时代原始社会的中后期，由于缺乏科学知识，人们不理解一些自然现象，他们敬畏神灵，于是就有了古人祭祀天地鬼神祖先的"礼"。这些祭祀活动在历史发展中逐步完善了相应的规范和制度，正式成为"祭祀礼仪"。随着人类对自然与社会各种关系的认识逐步深入，仅以祭祀天地鬼神祖先为礼，已经不能满足人类日益发展的精神需要和调节日益复杂的关系的现实需要，于是，人们将祭祀活动中的一系列行为，从内容和形式扩展到了各种人际交往活动，从最初的祭祀之礼扩展到社会各个领域的礼仪。

（二）礼仪的形成时期

夏、商、西周时期，人类进入奴隶社会，统治阶级为了巩固自己的统治地位，把原始的宗教礼仪发展成符合奴隶社会政治需要的礼制，礼被打上了阶级烙印。在这个阶段，中国第一次形成了比较完整的国家礼仪与制度。如"五礼"就是一整套涉及社会生活各方面的礼仪规范和行为标准。古代的礼制典籍亦多撰修于这一时期，如周代的《周礼》《仪礼》《礼记》就是我国最早的礼仪学专著。

（三）礼仪的变革时期

春秋战国时期，学术界形成了百家争鸣的局面，以孔子、孟子、荀子为代表的诸子百家对礼教进行了研究和发展，系统阐述了礼仪的起源、本质和功能，第一次在理论上全面而深刻地论述了社会等级秩序的划分及其意义。孔孟所代表的儒家思想是这个阶段的主导思想，提倡以修身真诚为本，同时把礼仪作为治国、安邦、平天下的依据；以老子、庄子为代表的道家思想倡导自然无为，主张废除礼仪；同时出现了以韩非子为代表的法家思想，主张以法代礼；以墨子为代表的墨家思想，主张平等、博爱、以义代礼。

（四）礼仪的鼎盛时期

从秦汉到唐宋，是礼仪发展的鼎盛时期。这一时期的礼仪构成了中国传统礼仪的主体，内容大致涉及国家政治礼制和家庭伦理两类。西汉的董仲舒把儒家的思想归纳为"三纲五常"，他主张"罢黜百家，独尊儒术"；到了汉代，出现了一本集上古礼仪之大成的著作《礼记》；唐宋时期出现了理学思想家朱熹，他以儒家的思想为基础，强化宗法伦理道德。尽管不同朝代的礼仪文化具有不同的社会政治、经济、文化特征，但它们却有一个共同点，就是一直为统治阶级所利用，是维护封建社会等级秩序的工具。

（五）礼仪的衰落时期

清朝初期，礼仪变得越来越烦琐，经过漫长的历史演变，它逐渐变成妨碍人类个性自由发展、阻挠人类平等交往、窒息思想自由的精神枷锁。清朝末年，封建社会由盛转衰，洋务运动兴起，西方文化开始进入中国，西方的礼仪也流入中国，传统礼仪衰落。

（六）现代礼仪时期

新文化运动和五四运动对腐朽、落后的礼教进行了清算，符合时代要求的礼仪被继承、完善、流传，那些繁文缛节逐渐被抛弃，同时人们接受了一些国际上通用的礼仪形式。新的礼仪标准、价值观念得到推广和传播。中华人民共和国成立后，逐渐确立了以平等相处、友好往来、相互帮助、团结友爱为主要原则的，具有中国特色的新型社会关系和人际关系。改革开放以来，随着中国与世界的交往日趋频繁，西方一些先进的礼仪礼节陆续传入我国，同我国的传统礼仪一道融入社会生活的各个方面，构成了社会主义礼仪的基本框架。现代礼仪简明、实用、新颖、灵活，体现了高效率、快节奏的时代旋律，反映了社会形态的巨大变革和社会文明程度的提高。各行各业的礼仪规范纷纷出台，礼仪讲座、礼仪培训日趋红火，人们学习礼仪知识的热情空前高涨。新的礼仪形式不断出现，为礼仪文化赋予了生命力和创新力。

资源拓展

古代的"五礼"

《周礼》《仪礼》《礼记》等典籍中将人们工作生活中所涉及的方方面面制定了规章条文。后人对夏商周一千多年积淀的繁杂礼仪进行了概括，分为五大类：吉礼、凶礼、宾礼、军礼、嘉礼。根据具体事情和场景，每个大类下面又划分为若干小类。

家政服务礼仪与沟通

1. 吉礼，五礼之冠，以吉礼事邦国之鬼神示。就是祭祀的礼仪，包括对天神、地祇、人鬼的祭祀，目的是祈求吉祥。

2. 凶礼，以凶礼哀邦国之忧。即哀悼吊唁忧患之礼。包括：丧礼，用于表达哀悼之情的礼仪；荒礼，哀悼饥荒和病疫，如遇到灾荒邻国之间要支援，王公贵族要缩减衣食用度；吊礼，遇到灾害的慰问礼。

3. 宾礼，以宾礼亲邦国，是天子、诸侯接待宾客所实施的礼仪。如：朝礼，朝廷议政的礼仪，规定了君臣之位、朝服、仪仗、乐器，以及君臣出入、揖让、登降、听朝等的礼仪。此外，还有君臣、大夫、士之间的相见礼等。

4. 军礼，以军礼同邦国。是与军队、军事活动有关的礼仪。包括：大师之礼，就是大军出征打仗的礼仪；大田之礼，就是天子诸侯田猎的礼仪，四时射猎，借以练兵；大役之礼，国家兴建城邑宫殿、开河造堤、大规模兴建土木工程时征用劳力的礼规。

5. 嘉礼，以嘉礼亲万民。主要是人们日常生活中用到的礼仪。包括六类：以饮食之礼，亲宗族兄弟；以昏（婚/昏）冠之礼，亲成男女；以宾射之礼，亲故旧朋友；以飨燕之礼，亲四方之宾客；以脤（shèn）膰（fán）之礼，亲兄弟之国，脤膰即祭祀仪式中祭肉，分给诸侯，以示有福同享；以贺庆之礼，亲异姓之国，诸侯国之间有喜事互相庆贺，送礼。嘉礼之六种，与人们日常生活交往密切相关。

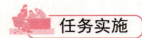

任务实施

【小组活动】

结合现实生活，从立身处世、人际交往、生活习惯、日常行为等方面，每小组举1~2个案例，谈一谈我们身边的中华优秀传统礼仪，讨论如何传承和发扬这些优秀传统礼仪，并完成表1-1。

表1-1 小组活动记录单

组号：		日期：
主要观点：		
评价	教师评分：	
	小组互评：	

 同步测试

一、单项选择题

1. 古代礼仪正式形成于（　　）。
A. 封建社会　　　B. 奴隶社会　　　C. 资本主义社会　　　D. 原始社会

2. "性谦和，善与人交，宾无贵贱，待之若一"体现的是传统礼仪内涵中的（　　）。
A. 尊敬　　　　　B. 忠信　　　　　C. 谦和　　　　　　　D. 仁爱

模块一　礼仪文化与沟通意识

3. "礼，经国家，定社稷，序民人，利后嗣者也"说明古代"礼"是（　　）。
A. 礼节礼貌　　　B. 为人处世之道　　　C. 自然法则　　　D. 治国的方法

二、判断题

1. "礼"是道德修养，是内在；"仪"是外在形式，是礼的外壳。礼与仪互为依存，互为表里。（　　）
2. 现代礼仪简明、实用、新颖、灵活，体现了高效率、快节奏的时代旋律。（　　）

三、案例分析

中华人民共和国成立不久，国力薄弱，主管外事活动的周恩来总理总会遇到一些居心不良者故意发难。一次，一位美国记者在采访周总理的过程中，无意中看到总理桌子上有一支美国产的派克钢笔，便以带有几分讥讽的口吻问道："请问总理阁下，你们堂堂的中国人，为什么还要用我们美国产的钢笔呢？"周总理听后，风趣地说："谈起这支钢笔，说来话长，这是一位朝鲜朋友的抗美战利品，作为礼物赠送给我的。我无功受禄，就拒收。朝鲜朋友说，留下做个纪念吧。我觉得有意义，就留下了这支贵国的钢笔。"美国记者一听，顿时哑口无言。

运用所学知识分析周恩来总理外交礼仪小故事体现了怎样的礼仪风范？

任务二　认知服务礼仪

任务描述

《新时代公民道德建设实施纲要》中倡导，要充分发挥礼仪礼节的教化作用。礼仪礼节是道德素养的体现，也是道德实践的载体。研究制定继承中华优秀传统，适应现代文明要求的社会礼仪、服装服饰、文明用语规范，有利于引导人们懂礼节、讲礼貌。那么如何理解现代社会礼仪？服务行业中的礼仪又有哪些特点呢？

任务分析

礼仪无时不在，无处不有，首先从不同的角度来解读现代社会之礼仪。在服务行业中，礼仪就是竞争力，因此理解服务礼仪的概念，掌握家政服务岗位的礼仪要求。

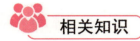

一、现代社会礼仪的理解

随着社会的发展进步，礼仪被不断地赋予新的时代内涵和现代表达形式，使礼仪的传统基因与现代文明相适应。那么我们如何理解现代社会礼仪？

从个人角度来看，礼仪是个人在待人接物时体现出的文明修养、内在道德和综合素质。礼仪源于祭祀，本意是仪式、礼器等外在的形式，体现出的是尊重。周公"制礼作乐"，孔子"释礼归仁、还礼于仁"都强调了礼仪的道德修养内涵。礼仪是一种内在修养的外在表现，我们通过

7

修身养性，提高内在修养，实现律己敬人。

从社会角度来看，礼仪是促进交往的艺术，是与人沟通、让人接受的桥梁和媒介。通过礼貌恰当的言行，传递尊敬之情，促进交往成功。礼仪具有传递信息的功能，言语礼仪、体态语言、着装礼仪都在传递信息，在人际交往中起到无声胜有声的作用。

从审美角度看，礼仪是一种形式美，是人类心灵美的外在表现，也是组织、社会文明的形象展示。礼仪具有美化生活的功能，通过礼仪的学习，提升仪表美、举止美、语言美、心灵美，塑造得体的个人形象、规范的组织形象以及文明的国家形象（见图1-3）。

图1-3　北京2022冬奥会礼仪形象

二、服务礼仪的概念

服务礼仪，是指服务岗位工作人员在工作中，通过言谈、举止、着装、行为等礼仪礼节，对交往对象表达出尊重和友好的行为规范和职业素养。服务礼仪是体现服务的素养和服务品质的重要途径，它可以使无形的服务有形化、规范化、系统化。

家政服务礼仪是在家政服务岗位中的职业礼仪，规范、系统的服务礼仪，不仅可以树立家政服务人员和家政企业的良好形象，更可以打造客户欢迎的服务规范和服务品牌，获得客户的理解和信任，提高企业的知名度和美誉度（见表1-2）。因此，服务就是营销力，礼仪就是竞争力。

表1-2　家政服务人员的服务礼仪基本素养

服务礼仪基本素养	积极主动的服务意识
	热情周到的服务态度
	敏锐细致的观察能力
	端庄得体的仪容仪态
	清晰流畅的口语表达能力
	灵活规范的时间处理能力

三、家政服务岗位礼仪要求

（一）准确角色定位

首先明确自身的角色。在服务工作中，家政服务人员应明确自己的社会角色，即"服务者"。其次为客户准确定位。要想更好地为服务对象提供有效的服务，就有必要先对服务对象进行一定的角色定位。只有在准确定位的基础上，才可能在为对方服务时真正做到"投其所好"。在工作中应以"尊重"为核心，遵循"客户至上"的基本理念，将其作为家政服务工作的基本出发点。

（二）秉持真诚平等

"质胜文则野，文胜质则史，文质彬彬，然后君子。"只有质朴品格和得体仪表言行的和谐统一，才是真正彬彬有礼的君子。礼仪贵在真诚地表达与运用，是发自内心的尊重，真情流露方能打动人心。平等是礼仪的基本原则，以礼待人，礼尚往来，既不盛气凌人，也不卑躬屈膝，对任何人都要以礼相待，一视同仁，不因交往对象的身份、职位、性别、文化差异区分三六九等，区别对待。家政服务人员在工作中，理应做到待人如己，出自真心，谦虚和气，一视同仁。

（三）注重形象效应

心理学上的"首因效应"认为，人们在日常生活中初次接触某人、某物、某事时所产生的即刻印象，通常会在对该人、该物、该事的认知方面发挥明显的，甚至是举足轻重的作用。人们的第一印象至关重要，第一印象甚至会决定一切。因此，每一位服务人员都应该对自己高标准、严要求，从自己的仪表仪容、态度神情及言谈举止等方面入手，力求使服务对象对自己产生较好的第一印象。这样，双方才会和睦相处，服务对象才会对服务人员所提供的各项服务舒心满意，而不至于处处对其进行刁难。

（四）保持适度距离

礼仪讲究适度，适可而止，"过犹不及""礼过盛者，情必疏"。在人际交往中，彼此在空间上会形成一定的间隔，这就是人际距离，即交往对象彼此相距的远近。不同的场合和不同的情况对交往对象之间的人际距离通常会有不同的要求。如服务距离，是指服务人员与服务对象之间所保持的一种最常规的距离。它主要适用于服务人员应服务对象的请求，为对方直接提供服务之时。一般情况下，服务距离以0.5米至1.5米为宜；引导距离，是指服务人员在为服务对象带路时彼此之间的距离。根据惯例，在引导之时，服务人员行进在服务对象左前方1.5米左右最为合适；禁忌距离，是指服务人员在工作中与服务对象之间应当避免出现的距离，其特点是双方身体相距过近，甚至直接发生接触，即小于0.5米。

（五）践行知行合一

良好的礼仪素养需要在实践中实现其价值。一方面，家政服务人员需要通过书籍、培训、网络等途径系统地学习家政服务礼仪知识，不断提高自身的礼仪素养；另一方面，家政服务人员需要将所学知识充分运用到实践工作中，不断提升服务技巧和服务艺术，为客户提供更优质的服务。

资源拓展

北京冬奥会颁奖元素尽显中国礼仪文化

颁奖仪式是奥运赛事中的高光时刻，是向获奖运动员表达祝贺和敬意的最好形式。北京冬奥会和冬残奥会颁奖仪式以"冰雪荣光"为主题创意，各项颁奖元素配合熠熠生辉的奖牌，为冰雪健儿的优异成绩喝彩，向运动员的拼搏精神致敬，同时展现出中国礼仪文化的独特魅力。

颁奖服装共有3个系列，分别为以中国传统吉祥符号为主题的"瑞雪祥云"、以中国名画《千里江山图》为灵感来源的"鸿运山水"和设计灵感源自中国传统唐代织物的"唐花飞雪"，分别应用于雪上场馆、冰上场馆和颁奖广场。

颁奖台以北京冬奥会色彩系统中的"天霁蓝"为主体颜色，运用核心图形与冰雪线条，整体形象简约、大方。箱体制作材料为可回收环保材料，采用模块化组合拼插方式，能够快速搬运拼装，满足从单人项目到多人项目的快速转换需求。冬残奥会颁奖台外观设计与冬奥会保持一致，同时增设了无障碍坡道设计。

颁奖托盘造型仿若打开的书页，寓意通过北京冬奥会向世界翻开了中国文化和各国友好的新篇。托盘边缘采用蓝白渐变的设计，呈现出"晕染"的东方美学意境，象征着中国文化与世界文化的交融，体现了中国开放、友好、和平、包容的心胸。

家政服务礼仪与沟通

获奖运动员定制版吉祥物纪念品总体设计以吉祥物冰墩墩和雪容融为原型,辅以"岁寒三友"松、竹、梅编织而成的花环造型,形成获奖运动员的专属定制纪念品,表达对获奖运动员的称颂、敬意和美好祝福。

颁奖花束采用手工绒线编结花束,既保留了奥运颁奖仪式中花束的形制,又践行了可持续的理念,寓意着温暖、祥和,可永久保存,成为"永不凋谢的奥运之花"。

(参考资料来源:2022年1月3日《中国体育报》04版)

 任务实施

【小组活动】

同学们,在我们身边有这样一群"最熟悉的陌生人"——家政人。他们对待客户,温暖真诚、守信付出;他们对待工作,专业尽责、爱岗敬业;他们对待行业,满怀信心、无限憧憬;他们是我们城市中必须要"关注"的一群人,他们是这个城市最美的一道风景。请小组讨论在家政服务工作中,如何体现服务礼仪素养,怎样做到知行合一,并完成表1-3。

表1-3 小组活动记录单

组号:		日期:	
主要观点:			
评价	教师评分:		
	小组互评:		

 同步测试

一、单项选择题

1. 孔子"释礼归仁、还礼于仁"强调的是礼仪的(　　)。
   A. 行为规范　　B. 道德修养内涵　　C. 促进交往　　D. 形式美

2. 人们在日常生活中初次接触某人、某物、某事时所产生的即刻印象,通常会在对该人、该物、该事的认知方面发挥明显的,甚至是举足轻重的作用。在心理学上指的是(　　)。
   A. 首因效应　　B. 亲和效应　　C. 晕轮效应　　D. 近因效应

3. 一般情况下,服务距离以(　　)为宜。
   A. 3米以外　　B. 小于0.5米　　C. 0.5米至1.5米　　D. 1.5米左右

二、多项选择题

1. 在人际交往中起到无声胜有声作用的礼仪形式有(　　)。
   A. 着装礼仪　　B. 仪态礼仪　　C. 仪容礼仪　　D. 言谈礼仪

2. 服务礼仪可以使无形的服务（　　　）。
   A. 有形化　　　　B. 规范化　　　　C. 系统化　　　　D. 标准化

三、案例分析

李女士是某家政服务公司财务人员，工位在进门的玄关旁边。公司里来了一个大学毕业生，入职不久，他每次进门首先看到李女士，不打招呼，也不点头，装作没看见一样。一开始，这个大学生以为李女士是前台阿姨，不屑一顾，后来才知道她是掌握工资的"财政大臣"，于是开始殷勤了起来，一进门"李老师"叫得响亮。但是李女士却心生反感，她觉得，一个堂堂大学生，刚进社会就学会了如此势利，对前台阿姨怠慢，却巴结比他职位高的领导。

请分析该大学毕业生的行为错在了哪里？人际交往中应具有的礼仪修养有哪些？

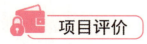

项目评价

项目评价见表1-4。

表1-4　项目评价表

项目	评价标准
知识掌握（40分）	说出传统礼仪中"礼"的含义（5分） 说出礼仪和礼仪文化的含义（5分） 说出礼仪文化的精神内涵（5分） 说出礼仪的起源与发展历程（5分） 说出现代礼仪的定义（5分） 说出服务礼仪的含义（5分） 说出家政服务岗位礼仪的要求（10分）
实践能力（25分）	能够理解传统礼仪文化的精神内涵（5分） 学会传承发扬优秀传统礼仪文化（10分） 能够在家政服务工作中展现服务礼仪素养（10分）
礼仪素养（35分）	具备敬人、友爱、谦和、雅正的礼仪修养（15分） 具有文化自信心，热爱优秀传统礼仪文化（10分） 追求正确价值观和人生观（10分）
总分（100分）	

项目二　人际沟通

【项目介绍】

当今社会人与人之间交流联系日益密切，良好的沟通能力已成为人们必备的一种基本能力。对于家政服务人员来说，人际沟通更有意义。通过学习人际沟通知识，家政服务人员可以更深入地了解自己的工作，掌握各种沟通技巧，协调好各方面的关系。人际沟通就是一个信息交流过程，有效的人际沟通可以实现信息的准确传递，从而达到与他人建立良好人际关系，借助外力和信息解决问题的目的。本项目中设置了认识人际沟通、人际沟通与人际关系、家政服务工作中的人际沟通三个工作任务，结合不同的工作情境，培养家政服务人员良好的沟通表达能力，以胜任工作岗位。

家政服务礼仪与沟通

【知识目标】

1. 掌握人际沟通的含义、特点、要素、影响因素和作用，熟悉人际沟通的主要方式；
2. 掌握人际关系的概念、建立良好人际关系的策略，熟悉人际关系的建立与发展的动机和阶段；
3. 掌握家政服务行业人际沟通的基本原则和家政服务人员人际沟通能力培养途径。

【技能目标】

学会建立良好人际关系的策略，以适应复杂的人际沟通环境。

【素质目标】

具有高尚的职业道德，具有处理各种复杂人际关系的信心和能力。

案例引入

小张是易居家政公司推广部的一名员工，为人比较随和，不喜争执，和同事的关系处得都比较好。但前一段时间，不知道为什么，同一部门的小赵老是和他过不去，有时候还故意在别人面前指桑骂槐，对跟他合作的工作任务也不怎么配合，甚至还抢了小张的好几个老客户。起初，小张觉得两人是同事，又没什么大不了的，忍一忍就算了。但是看到小赵如此嚣张，小张心里始终憋着一口气。这天两人又发生了口角，小张一怒之下告到了经理那儿，经理把小赵狠狠地批评了一通。从此，小张和小赵成了一对冤家，同事关系变得异常紧绷。在职场中，人际沟通的重要性不言而喻，积极有效地沟通能营造一种良好和谐的人际关系，反之，将带来很多不必要的烦恼。

任务一 认识人际沟通

任务描述

王强一年前从大学毕业后，进入本地的一家家政服务公司工作，一年后因表现突出，被提拔为客服部经理。王强升职后准备在新部门大干一场。很快他就发现，客服部从没做过客户回访，缺乏有效的客户反馈评价。于是他决定进行客户满意度调查，以查漏补缺，提升公司服务质量。王强借鉴国内家政服务公司的先进经验设计了一张客户意见反馈表，这张表非常完美，客户可以对各个服务环节进行评价反馈，他要求客服部在每一单完成后的三天内对客户进行电话回访。每天早上，客户服务反馈情况都会及时地放在王强的桌子上，他很高兴，认为拿到了有效的第一手反馈数据。但没过几天，回访后的一名满意评价客户竟对公司进行了投诉，王强这才知道，报表的数据都是员工随意填写上去的。为了让员工重视客户回访的重要性，王强多次开会强调，但都是在开完会头几天可以起到一定的效果，过不了几天又回到原状。对此，王强怎么也想不通。

模块一　礼仪文化与沟通意识

 任务分析

从任务描述中可以看出王强是一个精力充沛、敢作敢为的人，且具有很高的市场敏感度，但是由于身份角色转换，缺少一定管理经验和沟通技巧，所以在工作中碰到了困难。本任务要求掌握人际沟通的含义、作用和影响因素，熟悉人际沟通的方式、特点和要素；学会将沟通技巧自觉应用到家政服务工作中，克服不利因素，针对不同沟通对象，进行有效沟通；具有高尚的职业道德和良好的人文素养，培养乐于沟通、善于沟通的习惯和性格品质。

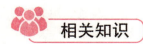 相关知识

一、人际沟通的含义

在我国"沟通"一词最早出现在春秋时期《左传·哀公九年》中，书中记载："秋，吴城邗，沟通江淮。"说的是吴国修建邗沟连通长江、淮河的事。因此，"沟通"本义是挖沟使两水相通的意思。后来，"沟通"被引申为人与人之间信息的传递。

> **资源拓展**
>
> 在学术界，学者们对沟通有着150多个定义，概括起来有以下几种：
> 1. 交流说。沟通就是用语言交流思想。其代表者是美国的学者肖本。他认为沟通是传播者与接收者有来有往的双向活动。
> 2. 分享说。沟通就是传播者和接收者对所交流信息的共享。其代表者是美国的学者施拉姆。
> 3. 媒介说。沟通就是通过大众传播和人际交流的主要媒介所进行的符号的传送。其代表者是美国学者贝雷尔森。
> 4. 劝服说。沟通就是传播者通过劝服对接收者施加影响的行为。其代表者是美国学者J. 露西。
> 上述这些说法，从不同角度描述了人际沟通的内涵，对我们理解人际沟通的含义有重要启示。

我们认为，人际沟通是指人们在交往活动中共同遵循一系列规则，并通过一定方式，运用语言或非语言符号系统彼此进行信息交流，实现对思想和行为调控的过程，以取得彼此间的了解和信任，建立良好的人际关系。

二、人际沟通的特点

（一）目的明确

在人际沟通中，沟通双方都有各自的动机、目的和立场，都会设想和判定自己发出的信息会得到什么样的回答。双方的沟通是以改变对方的思想和行为为目的，是一方对另一方心理作用的过程。因此，沟通的双方都处于积极主动的状态，在沟通过程中发生的不是简单的信息运动，

13

而是信息的积极交流和理解。

（二）积极互动性

人际沟通是一种动态系统，沟通的双方都处于不断的相互作用中，刺激与反应互为因果，沟通过程是双向的互动过程。在一个完整的沟通过程中，沟通参与的双方几乎同时充当信息发送者与接收者的角色。

（三）符号共识

在人际沟通中，沟通双方借助符号系统相互影响。作为信息交流工具的符号，只有信息发送者和信息接收者共同掌握统一的信息编码和译码的情况下，沟通才能实现。沟通的双方应有统一的或近似的编码系统和译码系统。也就是说，尽量使用双方都熟悉的语言进行沟通。沟通不仅体现在语言上，也会通过非语言表达，这两类符号往往被同时使用。除面对面的沟通外，人们之间的信息传递和相互作用还可以有多种形式，比如可以在电话中进行交流，也可以通过电子邮件等多种通信工具进行交流。

（四）沟通效果的情境性

任何人际沟通都是在一定的情境和社会背景下进行的，情境因素始终对人际沟通具有制约作用。如社会、心理、时间、空间，以及沟通者的情绪、性格、文化程度、宗教、信仰、职业、地位等，这些因素都不同程度地影响沟通的效果。相同的沟通内容在不同的情境下，也会出现不同的效果。

（五）沟通发生的客观性

在感觉可及的范围内，人际沟通都会通过语言和非语言表现而发生。即使没有开口说话，听者也可从言者的表情、神态、动作中了解到相关信息。如客户从一个家政服务人员的站、坐、行以及工作操作中，就可以对这位家政服务人员的工作能力、责任心及整体素质等做出基本判断。

三、人际沟通的方式

人们在沟通过程中，各种信息不仅被传递，还不断地形成、明确、补充和发展。人际沟通的方式是多种多样的，根据不同的划分方法，通常有以下几大类：

（一）按沟通的组织程度划分

（1）正式沟通。指在一定的组织机构中通过组织明文规定的渠道进行信息的传递与交流，如各种会议、汇报制度等。在正式沟通中，按照信息传递的方向，又分为上行沟通、下行沟通和平行沟通。以公文为例，下级机关向上级机关所做的请示、汇报，就是上行沟通；上级机关向下级机关所发命令、指示，就是下行沟通；平行机关所发的函，就是平行沟通。

（2）非正式沟通。指通过正式沟通以外的渠道所进行的信息传递和交流。这种沟通是建立在组织成员之间的社会和感情基础之上的，人们以个人身份所进行的沟通活动，如朋友聚会、邻居聊天、背后议论、座谈、员工活动等。有一些企业文化建设非常好的公司，经常运用非正式沟通来提升凝聚力，它可以起到比正式沟通更好的效果，如员工的康体活动、员工的生日会等。

（二）按沟通是否具有反馈的情况划分

（1）单向沟通。指信息单向流动的沟通，即信息接收者只接收信息而不向发送者进行信息反馈，信息的发送者和接收者的地位不发生改变的非交流性信息传递活动，如会议、报告、演讲等。单向沟通具有信息沟通速度快、条理性强且不易受干扰等特征。单向沟通不允许对方提问。这种沟通模式在我们日常工作中相当普遍。在进行单向沟通时,我们应该特别注意所选择的沟通渠道、接收者的接受能力和信息发出者的表达能力。

(2) 双向沟通。指信息双向流动的沟通。在双向沟通过程中,信息的发送者和接收者的地位不断发生改变,即信息的发送者和信息的接收者既相互发送信息,又相互反馈信息,如讨论、谈话、谈判等。双向沟通具有传送信息准确、双方自信心较强、易受干扰和缺乏条理性等特征。

沟通在正常的情况下应该是双向的、反复的过程,由一方首先传达给另一方,另一方有什么不理解或意见等便反馈回来,然后再传达、再反馈,形成一个循环往复的过程。只有做到了这些,才能保证所传达的信息准确无误。

(三) 按沟通时对媒介的依赖程度划分

(1) 直接沟通。指直接面对沟通对象所进行的信息传递和交流。直接沟通无须沟通媒介参与,是以自身固有的手段进行的人际沟通,如谈话、演讲、授课等。

(2) 间接沟通。指需要媒介参与的人际沟通,是通过文件、信函、电话、电子邮件等媒介所进行的信息传递和交流。

(四) 按沟通时所使用的符号形式

(1) 语言沟通。指信息发送者以语言符号形式,将信息发送给接收者的人际沟通,就是使用口头语言或文字语言所进行的信息传递和交流,也可称为口头沟通和书面沟通。

(2) 非语言沟通。指以除语言之外的表情、动作、眼神、气质、外貌、衣着、个人距离等为媒介的沟通方式。

四、人际沟通的要素

人际沟通过程包括信息发送者、信息接收者、信息、途径四个要素。

(1) 信息发送者。指在沟通过程中发出信息的人。信息发送者需要对接收者的情况有一个基本的了解,以选择合适的沟通途径和方式。

(2) 信息接收者。指获得信息的人。信息接收者必须从事信息解码的工作,即将信息转化为他所能了解的想法和感受。这一过程受到接收者的经验、知识、才能、个人素质以及对信息发送者的期望等因素的影响。

(3) 信息。指在沟通过程中发送者给接收者(包括语言和非语言)的消息。具有某种意义的信息必须转化成符号才能表达出来,双方的沟通交流才能顺利进行。沟通符号是人类在社会交往中经过不断实践而创造出来的,是一种代表人的思想、情感、意愿的通用记号或标志,如文字、图像、声音、记号、表情、姿势等。同样的信息,发送者和接收者可能有着不同的理解,这可能是发送者和接收者的差异造成的,也可能是由于发送者传送了过多的不必要信息导致的。

(4) 途径。指信息得以传送的载体。在沟通过程中,人们既依靠语言和非语言符号发出信息,也通过各种感官系统来接收信息。社会发展到信息时代,无线电、信息网络的传输方式越来越受到广泛的应用。

五、人际沟通的影响因素

了解什么因素在影响沟通,有利于我们提高沟通技巧,改进沟通品质。信息传递的各个环节常会受到某些因素的作用,从而影响到人际沟通。影响人际沟通的因素主要有以下几个方面:

（一）个人因素

（1）生理因素。指由于沟通者的生理因素造成的影响。例如：生理缺陷（盲人、聋哑人），遇到这类问题需要运用特殊手段（如哑语、盲文）或通过提高声音强度和光线强度进行沟通；暂时性的生理不适（疲劳、饥饿、疼痛等），可以待生理不适缓解后再沟通；年龄因素，如老人听力退化反应慢，小儿发育未成熟恐惧陌生人等。这就需要家政服务人员具体分析对待。

（2）情绪因素。如果沟通双方的情绪都很好，那么他们的交流会很愉快、顺利；否则，沟通可能达不到预期的目的。沟通者情绪稳定是正确理解沟通信息的前提，当个体处于激动和愤怒状态时，常常会对信息产生过度反应；处于悲伤、焦虑等状态时，又会对信息反应比较淡漠、迟钝。因此家政服务人员应有敏锐的观察力，及时发现隐藏在客户内心深处的情感并引导客户摆脱不良情绪的影响，同时也要学会控制自己的情绪，以确保自己的情绪不会妨碍有效的沟通。

（3）个性因素。个性是个体在社会活动中表现出来的比较稳定的成分，包括能力、气质、性格、品德、观点等。一个人是否善于沟通，如何沟通，与他本身的个性密切相关。外向、直爽、热情、开朗的个性容易达到良好的沟通效果；内向、狭隘、冷漠、固执的个性不易于沟通，甚至容易发生冲突。交往双方在信息交流中看问题的角度不同、思维方式不同、认知风格不同均会造成认知差异而影响交往。在人际沟通中，良好的品质最能吸引人，人们对有才华的人容易产生好感，愿意靠拢他并与之交往。因此，要想在人际沟通中取得成功，就必须不断努力地培养和完善自己的品质，提高自己的能力。

家政服务人员要学会与各种类型的人进行沟通，就必须具备心理学的基本知识，善于观察个体的言谈举止，分析其个性特征。在遇到独立型个性的人时，要注意沟通的方式，尽量多用商量的口吻；在遇到内向、拘谨的人时，要耐心地启发引导，以收集所需要的信息。作为家政服务人员还应努力培养自己开朗、大度的个性特征。

（4）认知因素。判断和思维能力对于沟通信息的理解有很大影响，由于个人的经历、教育程度和生活环境等不同，每个人的认知范围、深度、广度以及认知涉及的领域、专业都有差异。一般来说，从事相同或相似专业、受教育程度接近的人，沟通时较容易相互理解，对一些问题能产生共鸣；受教育程度高、知识面广、认知水平高的人比较容易适应与不同知识范围和认知水平的人沟通。家政服务人员要不断扩大自己的知识面，使沟通语言尽可能符合沟通对象的认知程度，选用符合对方认知层次的语言。

（二）环境因素

人与人的沟通常会受到各种因素的影响和干扰，这些因素对沟通过程的质量、清晰度、准确度有着重大的影响，直接关系到沟通效果。

（1）安静的环境。安静的环境是保障语言沟通信息有效传递的必备条件。若环境中有许多噪声，如各种喧哗声、电话铃声、机器的轰鸣声等，就会影响沟通的有效进行。当沟通一方发出信息后，可能会因噪声干扰而失真，造成另一方无法接收信息或误解信息含义，出现沟通困难。家政服务人员在与客户进行沟通交流前，一定要排除噪声源，创造一个安静的环境，以增强沟通的效果。

（2）距离。心理学家研究发现，在合适的距离内沟通，容易形成融洽和谐的沟通气氛。人们常说的"远亲不如近邻"就是在表达距离和沟通的关系。彼此沟通机会多，容易形成融洽合作的气氛，如在同一部门、同一宿舍的人，就容易互相了解，建立友好关系。当沟通的距离较大时，则容易造成沟通困难。

（3）环境隐秘性。对家政服务人员来讲，有时工作内容会涉及一些客户的隐私，为尊重保护客户隐私，在与客户沟通时，应考虑到环境的隐秘性是否良好。条件允许时，最好选择无人打扰的房间，或请其他人暂时离开或是注意说话音量，以解除客户的顾虑。

（4）背景因素。指沟通发生的环境或场景。沟通场所应带给人生理及心理上舒服安逸的感觉。沟通环境的光线、温度、气味等也能影响沟通的效果。温馨优雅的环境布置，可使沟通者精神放松，心情愉快，有利于沟通；光线昏暗，沟通者看不清对方的表情，且室温过高或过低及存在难闻的气味等，会使沟通者精神涣散，注意力不集中；除了物理环境外，沟通场所人员的组成和人员的变化等，也会影响沟通内容和气氛。

（5）频率因素。一般来说，人们彼此间沟通的频率越高越容易形成较密切的关系。因为沟通的次数越多，越容易形成共同的理念、共同的话题和共同的感受，尤其对素不相识的人来说，空间距离和沟通频率在形成人际关系的初期往往起着重要的作用。

（三）社会文化因素

文化包括知识、信仰、习俗、价值观、个人习惯和能力等，它规定和调节着人们的行为。不同种族、民族、地域、职业和社会阶层的人往往形成特有的文化背景，相互间可能存在价值观上的差异，对沟通行为所赋予的意义理解会有所不同，很容易使沟通双方产生误解。家政服务人员在工作中，常会遇到来自不同民族或不同宗教信仰的客户，要全面了解不同种族、民族、职业、信仰的客户的文化背景，与他们沟通时，应尊重、理解对方的习俗和文化传统。

六、人际沟通的作用

（一）生理作用

人的成长和成熟，必然建立在与外界广泛接触的基础上。只有更多地感受到外界的刺激，加强和改进与外界的联系，人的心理、生理和思想境界才能保持优良状态。缺乏有效的沟通，会使人变得封闭，影响人的健康。

> **资源拓展**
>
> **感觉剥夺试验**
>
> 1954年，加拿大麦克吉尔大学的心理学家首先进行了感觉剥夺试验：将志愿者置于和外界环境刺激高度隔绝的特殊状态，在这种状态下，各种感觉器官接收不到外界的任何刺激信号，经过一段时间之后，就会产生这样或那样的病理心理现象：①出现错觉、幻觉，感知综合障碍及继发性情绪行为障碍；②对刺激过敏，紧张焦虑，情绪不稳；③思维迟钝；④暗示性增高；⑤各种神经症症状。此外，美国心理学者的感觉剥夺试验，也说明一个人在被剥夺感觉后，会产生难以忍受的痛苦，各种生理、心理功能将受到不同程度的损伤，经过数天以上的时间才能逐渐恢复正常。

（二）心理作用

人际沟通满足了人际交往的心理需求，具有自我认知功能。生活在现实社会中的人，必然是生活在一定社会关系中的人，这种复杂的社会关系就决定了人具有社会属性，具有与他人交往和沟通的心理需求。如果失去和他人接触的机会，人就会感到孤独、寂寞、烦躁、焦虑，最终心理失调。在生活中，人们高兴的时候希望和大家一起分享，心情郁闷的时候希望向他人倾诉烦恼。人们习惯用一些时间和他人交流，即使没有实质内容也感到心情舒畅，因为这样的交谈满足了人们和他人进行沟通的需要。

自我认知功能包括对自己的评价和对自己身份和角色的认识。人的自我认知是在人际沟通中逐步形成和发展起来的。沟通是人们进行自我探索、自我肯定的过程。人们也希望从沟通的结果中认识自我，了解他人对自己的态度和评价，找到自己被肯定或者被否定的答案。

（三）促进社会和谐发展

每个人都生活在特定的社会环境中，沟通使人与人之间的关系得以发展和维持，一个人只有和他人进行准确、及时、有效的沟通，才能传递人与人之间、人与团队之间、团队与团队之间的信息。人们通过沟通的纽带，形成不同的社会关系，维系着复杂的社会关系网络。人际沟通是社会运行的一种机制，社会和谐稳定，需要大家对问题和事物有一个共同的观点或认知。也正是通过沟通才使社会矛盾得以化解，家庭、工作、朋友之间的关系和谐友好。社会绝大多数信息的传播和反馈都与沟通有关，有效沟通是社会正常运转的重要保障。

（四）有利于科学决策

在生活和工作中，人们随时随地都在进行着各种决策，一方面要依靠自己的经验和知识的积累做出判断，另一方面要通过与他人讨论商议进行集体决策。讨论的过程是发挥集体智慧的过程，可以让决策者广泛收集信息，使决策者掌握的信息更加全面、真实，还可以在与他人沟通的过程中受到启发或帮助。集众智、凝众力正是通过科学的沟通实现的。

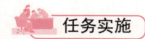

前面任务描述中的案例是一个典型的上下级没有形成有效沟通的案例。开会强调属于下行沟通，是一种自上而下的命令传达，具有指令性、强制性。虽然王强不断强调认真填写意见反馈表对于公司发展的重要性，但大多数人都只知道早点干完活，拿工资养家糊口。不同的人，所站的高度不一样，单纯地强调开会，效果是不明显的。

而且，王强作为一个初出茅庐的年轻人在公司还没有形成一定的权威性，自身的信誉度不高，很难让这些客服部的老员工心服口服。因此在人际沟通中，不要简单地认为所有人都和自己的认识、看法、高度是一致的，干扰人际沟通效果的影响因素非常多。

接下来请你从人际沟通的四要素出发，分析怎样才能提升人际沟通效果，让这个工作有序地进行下去，并完成表1-5。

表1-5　人际沟通的要素

人际沟通的要素	特征	影响因素	改进措施
信息发出者			
信息接收者			
信息			
途径			

模块一　礼仪文化与沟通意识

 同步测试

一、简答题
1. 人际沟通的作用有哪些？
2. 人际沟通的特点有哪些？
3. 影响人际沟通的因素有哪些？

二、讨论题
从沟通的角度，谈一谈如何做一名优秀的家政服务人员。

任务二　人际沟通与人际关系

任务描述

小李在爱家家政公司工作3年了，凭借认真踏实、勤劳聪明的工作作风，受到了客户和公司老板的一致好评。今年年初，老板把他提升为业务部门主管。过完年，他怀着非常激动的心情去公司上班。上班第一天，他要给业务部全体员工开会安排下一年的工作计划，头一次在这么多人面前讲话，他心里很紧张。本来他是个很普通的员工，突然当上了部门主管，一时之间还不适应，面对以前的同事也有些不自然，会上说话结结巴巴。他看到同事们对他微笑，不知道自己该笑还是不该笑，最后只是牵动了一下嘴角。由于紧张，整场会议他不敢抬头正视大家，匆匆讲完就慌乱地走回座位，结果还碰倒了椅子，引得同事们大笑起来。接下来的几天小李安排工作也不顺利，他感觉大家都对他当上经理不服气，甚至看到别人的笑脸他也觉得是在讽刺他。小李对自己失望极了，心想："原来我只要把客户的活干好就行了，现在这个职位压力太大，与人打交道太累，一辈子不与人来往才好。"他认为自己可能不适合这种岗位，心想实在不行过一阵就去向领导请辞吧。

 任务分析

人际关系是与人类起源同步发生的一种极其古老的社会现象，是人类社会中最常见、最普遍的一种关系，贯穿于人类社会历史演变过程的始终。在社会生活中，人不可能完全脱离他人而独立存在，在工作和生活中必然会形成各种各样的人际关系。本任务要求掌握人际关系的概念，熟悉人际关系的建立与发展的动机和阶段，学会建立良好人际关系的策略；具有尊重、宽容、诚信的良好品质，具有处理各种复杂人际关系的信心和能力。

 相关知识

一、人际关系的概念

人际关系是指人与人在相互交往过程中所形成的心理与行为关系。人与人交往关系包括亲属关系、朋友关系、同学关系、师生关系、战友关系、同事关系等。

19

人际关系表明人与人相互交往过程中心理关系的亲密性、融洽性和协调性的程度。人际关系由三种心理成分组成：认知、情感和行为。认知表现为人与人之间是相互肯定还是否定，是人际关系的前提条件；情感表现为人与人之间是相互喜欢还是厌恶，是人际关系的主要调节因素；行为表现为人与人之间是相互接近还是疏远，是人际关系的交往手段。

人际关系是在彼此交往的过程中建立和发展起来的。接纳、友好、亲密的人际关系是良好的人际关系，它可以使人心情舒畅、精神愉悦，能促进工作、学习和生活；相反，否定、排斥、敌对紧张的人际关系则是不良的，它会使人心情苦闷、烦恼压抑，对人的工作、学习和生活有害无利。

资源拓展

22个常用雅语

初次见面说"久仰"，久别重逢说"久违"，征求意见说"指教"，求人原谅说"包涵"，求人帮忙说"劳驾"，求人方便说"借光"，麻烦别人说"打扰"，向人祝贺说"恭喜"，求人解答用"请问"，请人指点用"赐教"，托人办事用"拜托"，看望别人用"拜访"，赞人见解用"高见"，宾客来临用"光临"，送客出门说"慢走"，与客道别说"再来"，陪伴朋友说"奉陪"，中途离开说"失陪"，等候客人用"恭候"，请人勿送叫"留步"，欢迎购买叫"光顾"，归还物品叫"奉还"。

二、人际关系的建立与发展

（一）人际交往的动机

人际交往活动以人的需要为前提。人与人之间的一切关系，都建立在一定的相互需要的基础上，如果没有相互需要，即使有彼此接触的机会，也不会建立一定的关系。每个人不同的需要，决定了不同类型的交往动机，具体来说大致有以下几种：

1. 亲和动机

亲和动机是指个体与他人结群、交往并希望有人陪伴的内在需要。在人类社会中，每个人都注定要与他人建立一定的关系，每个人本身都有一种亲近他人、接近他人的欲望。亲和的动机出自人的本能。

2. 成就动机

成就动机是指个人专注自己认为重要的工作，并且愿意全力做好这一工作的心理倾向。人是一种理性动物，从自我意识出现的那一天起，人就有一定的价值判断。从某种程度上说，人际交往过程是个体借助交往来认识和证实自己，从而表现自己的过程。

3. 赞许动机

赞许动机是指交际的目的是能得到对方的鼓励和称赞，从而获得心理上的满足。赞许动机实质上是个体取得成就而得到他人或组织的尊重承认和赞扬的需要。社会心理学家认为，人总是通过与他人的交往来增加对自己的认识。赞许动机对于人际交往行为的效果有直接影响，我们在实际交往中，要诚恳、不失时机、恰当地使用赞许，强化人的交际动机，激励人的积极行为。

（二）人际交往的阶段

奥尔特曼和泰勒认为，良好的人际关系的建立和发展，从人际交往由浅入深的角度来看，一般需要经过定向、情感探索、感情交流和稳定交往四个阶段。

1. 定向阶段

定向阶段包含着对交往对象的注意、抉择和初步沟通等多方面的心理活动。在熙熙攘攘的世界里，我们并不是同每个人都要建立良好的人际关系，而是对人际关系的对象有着高度的选择性。在通常情况下，只有那些具有某种特征会激起我们兴趣的人，才会引起我们的特别注意。在一个团体中，我们会将这些人放在注意的中心。这一阶段，我们所暴露的有关自我的信息是最表面的，都希望在初步沟通过程中给对方留下良好的第一印象，以使以后关系的发展获得一个积极的定向。

2. 情感探索阶段

这一阶段的目的，是彼此探索双方在哪些方面可以建立真实的情感联系，而不是仅仅停留在一般的交往模式。在这一阶段，随着双方相互了解的加深，双方的沟通也会越来越广泛，自我暴露的深度与广度也逐渐增加。但在这一阶段，人们的话题仍避免触及别人私密性的领域，自我暴露也不涉及自己根本的方面。尽管在这一阶段人们在双方关系上已开始有一定程度的情感卷入，但双方的交往模式仍与定向阶段相类似，彼此仍然注意自己表现的规范性。

3. 感情交流阶段

人际关系发展到感情交流阶段，双方关系的性质开始出现实质性变化。此时双方的人际关系安全感已经得到确立，因而谈话也开始广泛涉及自我的许多方面，并有较深的情感卷入。如果关系在这一阶段破裂，将会给人带来相当大的心理压力。在这一阶段，双方的表现已经超出一般交往的范围。此时，人们会相互提供真实的评价性的反馈信息，提供建议，彼此进行真诚的赞赏和批评。

4. 稳定交往阶段

在这一阶段，人们心理上的相容性会进一步增加，自我暴露也更广泛深刻。此时，人们已经可以允许对方进入自己高度私密性的个人领域，甚至分享自己的生活空间和财产。但在实际生活中，很少有人达到这一情感层次的友谊关系。许多人际关系并没有在第三阶段的基础上进一步发展，而是仅仅在第三阶段的同一水平上简单重复。

三、建立良好人际关系的策略

人际关系在中国人的社会生活中具有特别的重要性。行为失谐，尚可挽正；人际失谐，百事难成。只有以良好和谐的人际关系为基点，才能协调各种社会关系，化解各种现实矛盾，促进个体素质的提高和全面发展，建设健康和谐的美好社会。因而，我们应该充分认识人际关系的作用，掌握一定的技巧，不断改善人际关系。

（一）建立良好人际关系的基本原则

1. 平等原则

这主要是指交往的双方人格上的平等，包括尊重他人和保持自我尊严两个方面。彼此尊重是友谊的基础，是两心相通的桥梁。贯彻平等原则，是人际交往成功的基础。

2. 相容原则

这主要是指与人相处时的容纳、包含、宽容、忍让。要求做到主动与人交往，广交朋友，交好朋友，不但交好与自己相似的人，还要交好与自己性格相反的人。求同存异、互学互补，处理好竞争与相容的关系。

3. 互酬原则

人际交往的频率往往会被预期中的报偿所支配，故有"来而不往，非礼也"之说。互酬性高，交往双方的关系就稳定密切；互酬性低，交往双方的关系就疏远。人际互酬包括物质内容和心理内容。

> **资源拓展**
>
> **人与人之间的交往本质**
>
> 美国社会学家霍曼斯早在1974年就曾经提出，人与人之间的交往本质上是一个社会交换过程，人们希望交换对自己来说是值得的，希望在交换过程中至少得等于失，不值得交换是没有理由去实施的，不值得交换的关系也没有理由维持，所以人们的一切交往行动及一切人际关系的建立与维持都是根据一定的价值观进行选择的结果。对于那些对自己来说值得的，或得大于失的人际关系，人们倾向于建立和保持；对自己来说不值得，或失大于得的，人们就倾向于逃避、疏远或终止。

4. 守信原则

人际交往离不开信用。信用指一个人诚实、不欺、信守诺言。古人有"一言既出，驷马难追"的格言，现在有"诚信为本"的原则。不要轻易许诺，一旦许诺，就要设法实现，以免失信于人。

（二）培养和提升人际交往的能力

1. 努力建立良好的第一印象

（1）要注重外在仪容仪表：追求美、欣赏美、塑造美是人的天性。美的外貌、风度能使人感到轻松愉快，并且在心理上构成一种精神的酬赏。我们应学会恰当地修饰自己的容貌，扬长避短，注意在不同场合选择样式和色彩适合自己的服装、饰物，形成自己独特的气质和风格。

（2）要注意谈吐：要尽量使用准确的语义，有逻辑、高雅有趣的内容会使语言充满魅力。

（3）要注意行为举止：一个人的行为举止反映了其临场状态和对人的态度，男子的举止要潇洒、刚强，女子的举止要优雅、大方。

> **资源拓展**
>
> **人际交往的适度性**
>
> 中国人管犯错误叫过失，"过"之有余，"失"则不足，都不可取，应当恰到好处。在成功的人际交往中，十分讲究适度。既不能过，也不能不及，不妨从以下几个方面来看适度性：
>
> 1. "谢谢"这两个字，如果能够被正确地运用，就会变得很有魅力。只有当你真心有感谢的欲望时，再去说它，这才会令人感到亲切；否则，便成了应付人的"客套话"。要直截了当地道谢，不要含糊地小声嘟哝。指名道姓地一一道谢，比笼统地致谢，显得有诚意。
>
> 2. 当你应邀拜访亲朋时，应注意准时。姗姗来迟，是不尊重主人的表现；太早到，对方还没做好准备，也会很尴尬。
>
> 3. 跟对方交谈应注意得体。不应抢接别人的话头或连续地追问，也不应独占话题；如果对方比较拘谨，不妨随便谈些琐碎的小事，以便打开僵局。如果觉得对方与自己在情趣上相差较远，话题不可深入，适可而止。
>
> 4. 人际交往中第一次"亮相"不能贸然前往。首次印象往往决定着交际的成败，出场前必须对交际场所的情景、活动内容和参加的人员有所了解，特别是对你交际对象的职业、

爱好、家庭、气质、性格等尽可能了解得详细些，相应地设计好自己的亮相。这点在交际中是不可忽视的。

5. 社交中作介绍时要有分寸。介绍时应先向对方打个招呼，如"请允许我介绍你们认识一下"，介绍名字时，吐字要清楚并作必要的说明。

6. 告别方式也应该适度。如果在宴会里你想早走，不能匆匆离去，应小声向主人表示谢意，对其他客人说声再见。

2. 增加性格在人际吸引中的魅力

良好的个性特征对建立良好的人际关系具有非常重要的作用。在人际交往中，真诚、友善、热情、开朗、幽默等个人品质能促使人们喜爱、仰慕和渴望接近。因此，作为家政服务人员，应该努力改变自己性格中的弱点，如沉闷、孤僻、虚伪、自私、粗暴、忌妒等，不断形成良好的、健康的个性特征，增加性格在人际吸引中的魅力。

3. 善于换位思考

这对建立良好的人际关系很重要。如果你经常站在对方的角度去理解、处理问题，常常想"我在他的位置上，我会怎么做"，那么，一切就会变得简单多了。你会成为一个善于发现他人价值、懂得尊重他人、愿意信任他人的人，就能容忍他人有不同的观点和行为，就能不斤斤计较他人的过失，并在可能的范围内提供帮助而不是指责。

4. 掌握人际冲突的化解途径

在现实生活中，人际冲突是难免的，我们大可不必视人际冲突为洪水猛兽，只要处理得当，人际冲突就不会给人际关系造成太大的伤害。为了有效控制和消除人际冲突，我们需要掌握以下解决冲突的有效步骤：①相信一切冲突都可以理性而建设性地获得解决；②具体地描述冲突；③客观地分析冲突的原因；④向别人核对自己有关冲突的观念是否客观；⑤提出可能的解决冲突的方案；⑥对提出的办法逐一进行评价，筛选出最佳的解决途径，最佳方案需对双方都有益；⑦尝试使用选择出的最佳方案；⑧评估实现最佳方案的实际效应。

近些年，随着家政服务行业的红火，越来越多人进入了这个行业，但同时从业人员素质参差不齐，行业服务标准不健全，市场监管难度大等问题也一直存在，导致很多客户满怀期待地购买家政服务却最终失望而归。在这个过程中很多矛盾和冲突就是由于沟通不当引起的。当然片面地把所有问题归结到家政服务人员身上是不恰当的，因为有社会因素的影响。但如果广大家政服务人员能够掌握一些建立良好人际关系的策略，掌握一些化解冲突的技巧，积极沟通，诚心诚意地同客户进行交流，绝大部分纠纷是能够解决的，冲突是可以避免的，和谐的人际关系也是能够建立起来的。

任务实施

每个人都生活在与他人所共同组成的社会之中，因而会形成各种各样的人际关系，而且各种关系的好坏直接影响着我们的学习、生活和工作。家政服务是服务性工作，在工作中需要与同事、领导和形形色色的客户群体打交道。在家政服务行业中，要想获得更好的职业发展，就要有较好的人际沟通和组织协调能力，这些能力都是可以在工作中实践锻炼的，逃避不可取。因此家政服务人员在工作中建立良好的人际关系非常重要，对于个人专业素质、服务意识和服务质量的提高有重要意义。

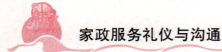

小组讨论后完成表1-6。

1. 任务描述中小李的紧张和我们慌乱是什么原因造成的？你或你的同学有没有类似的经历？后来怎样了？

2. 人际关系对一个人有何意义？只要勤劳、业务好就一定会有成就吗？

表1-6　小组活动记录单

组号：	日期：
主要观点：	
评价	教师评分： 小组互评：

一、简答题

1. 举例说明良好人际关系建立和发展的四个阶段。
2. 建立良好人际关系的策略有哪些？

二、讨论题

你对于自己与舍友的关系满意吗？如果不满意，你觉得是哪方面存在问题呢？你准备如何解决？

任务三　家政服务工作中的人际沟通

任务描述

上周，孙先生家的宝宝出生了，是一个漂亮的小女孩。孙先生工作忙，为了更好地照顾妻子和孩子，他从爱婴月嫂中心聘请了一名月嫂来帮忙照顾母女俩。这天，孙太太给女儿喂完母乳，刚把她放下没多久，她就吐奶了还使劲哭闹，把孙太太吓坏了。孙太太连忙叫来正在厨房忙碌的月嫂，紧接着打电话告诉了孙先生。孙先生听后在单位干着急，在电话里忍不住对月嫂大发脾气："我花钱雇你来，你是怎么看孩子的？我马上就回去，孩子要是有问题，我就到你们公司投诉。"孙太太也非常恼火，跟着斥责该名月嫂。

面对这样的情形，这里有三种不同的沟通回应方式，请你分析一下利弊。

示例	具体内容
示例一	月嫂：面对大声嚷嚷的夫妻俩，月嫂强忍住自己的怒气，心里想：等他们火气小点时再来谈。然后就走开了。
示例二	月嫂："你嚷什么？少见多怪。早就告诉过你，喂完奶一定要竖抱拍嗝，自己没做好，你怨谁？"说完，扭身走了。
示例三	月嫂（认真倾听并关注着孙太太和孩子）："孙太太，您先别着急。我家孩子小的时候也常这样，我当时也急得不行。刚出生的新生儿胃部和喉部还没有发育成熟，本身就容易出现吐奶现象。" 孙太太："可是我明明把她放在我肩头拍嗝拍了很久，怎么还是这样啊？" 月嫂："这个和喂得太多太急也有关系。我们以后采用少量多次的方式喂，这种情况应该就会得到缓解。我到时候提醒你别给孩子喂太多。过会儿我再给孩子沏一包妈咪爱，能让孩子舒服一些。妈咪爱不是药是益生菌，对孩子娇嫩的肠胃有保护作用。您要是实在不放心的话，一会儿等先生回来我们一起去医院找儿科大夫看看。还有什么事需要我帮助解决的，您尽管说，我一定尽力帮助您。" 孙太太：（情绪冷静下来）"嗯，好。谢谢你了。刚才我太着急了，就是孩子这么小，生怕出问题，我老公也没在身边……唉，怎么说呢，心里总觉得不踏实。" 月嫂："您初次当妈妈没经验，担心害怕很正常，我能理解您的心情。没关系的。" （孙太太转身给孙先生打了一通电话，说明了现在的情况，孙先生向月嫂表示了歉意。）

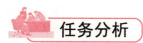

任务分析

从家政服务行业的服务特性出发，分析任务描述中三种沟通回应方式的优势和不足。本任务要求掌握家政服务人员人际沟通能力培养途径，掌握家政服务行业人际沟通的基本原则；学会在家政服务工作中与客户建立良好的人际关系，以适应复杂的人际沟通环境；具有高尚的职业道德和较强的沟通协调能力。

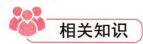

相关知识

一、家政服务行业人际沟通的基本原则

（一）真诚待人

家政服务人员是以客户家庭为单位，在不同的家庭中为家庭成员提供服务，那么如何协调与家庭成员间的关系，如何与家庭成员和谐相处，是非常重要的。最简单有效的方法就是真诚。一个真诚的人，不论他有多少缺点，同他接触都会让人感到安全。以诚待人，别人也会以诚相见。在与陌生人交往的过程中，真诚能为你赢得依赖；在与朋友交往的过程中，真诚能为你赢得尊重与支持。在你进入一个新的客户家庭时，你的真诚将使你很快被这个家庭所接受，并逐步赢得信任、尊重和支持。

（二）平等尊重

被尊重是人的一种需要，每一个人都应得到社会和他人的尊重。尊重是不分对象的，即不管你的客户是什么身份、地位、年龄。尊重客户也是对家政服务人员的基本要求之一。在与客户沟通过程中，耐心倾听对方的话，不要急于打断对方。对于客户的问题，要及时准确地进行回答，表现出对客户的充分尊重和重视，这样客户更容易产生好感，也会更加愿意接纳你的意见，更容易被说服。

（三）礼貌规范

家政服务是一种高接触的服务行业，家政服务人员为获得报酬而出售的商品是服务。服务是否标准规范影响着服务是否能卖出去，卖得好不好，能否持续提高服务品质，能否获得较高的客户满意度等。在工作过程中要严格要求自己，动手操作的内容要合乎规范标准，日常沟通用语也要礼貌规范。规范礼貌的用语不仅是指语言上的温和、亲切和礼貌，还要将积极的工作态度也展现出来。善用"您好""请"等常见礼貌用语；对客户的问题要口齿清楚、言简意赅地进行回答；因为语言的原因未听懂或未听清楚的就请客户重复一遍，不要用点头或摇头表示，要明确表达自己的意思。

（四）善于倾听

作为一个家政服务人员，一定要善于倾听客户的问题和要求。倾听是达成有效沟通的基本条件之一。在与客户交流时，要通过倾听分析客户的心理需求，抓住客户想表达的主旨，从而快速做出正确的反应，给出使客户满意的解决方法或服务。同时，认真倾听也可以让客户感觉你对话题的关注和重视，是值得信任的人。

（五）冷静平和

家政服务人员日常工作中需要频繁地和客户打交道，但由于客户的性格、兴趣、素质等存在差异，导致有些沟通非常轻松，有些沟通却显得很烦琐。尤其当工作比较劳累、心情比较烦躁时，容易控制不好自己的情绪，出现沟通的矛盾和冲突。这就要求家政服务人员善于控制自己的情绪。当遇到客户情绪比较激动时，切忌和客户争执，不要草率地采取强硬的态度和手段来加剧彼此的矛盾。家政服务人员应该始终保持理性与冷静，心平气和地进行沟通，这样才有可能解除误会或者挽回错误。

（六）严格保密

在整个家政服务过程中，常涉及客户及其家人的隐私，家政服务人员应恪守家政服务职业道德，严格为客户保密。保守秘密有利于建立客户与家政服务人员之间的信赖关系，有利于形成稳定友好的客户关系。不应对客户的个人隐私问题干涉或提出过多建议，即使是出于好心。不打听客户家和别人家的私事，不参与讨论客户家的事，不传话，更不要说长道短。

二、家政服务人员人际沟通能力培养途径

（一）培养高尚的职业道德

职业道德是从事专门职业活动的人们，在特定的活动中应该遵守的行为准则和规范。遵守这些行为准则和规范，就能协调彼此之间的关系，妥善解决交往中出现的各种问题。高尚的职业道德包括高度的责任心、爱心、同情心、尊重人格、平等待人、诚实谦让、文明礼貌、恪守信誉、保守秘密等。在家政服务工作中，高尚的职业道德可获得客户的信任，能更轻松地完成所要完成的工作，获得较高的评价和满意度，有利于自己职业生涯的发展。

模块一　礼仪文化与沟通意识

> **资源拓展**
>
> **家政服务人员的道德标准**
>
> 1. 对客户态度和蔼、诚恳，服务积极、认真，说话和气、礼貌。
> 2. 对客户要一视同仁，不以貌取人，不优亲厚友，不走后门、拉关系。
> 3. 对客户要耐心周到。做到有问必答，百问不厌，百挑不烦，千方百计为客户着想，急客户所急，帮客户所需。
> 4. 对客户要谦虚谨慎，自觉接受客户监督，欢迎客户批评，切忌与客户发生争吵。
> 5. 仪容要整洁，举止要文雅。要通过服装打扮，仪容姿态，举止动作反映出优良的思想品德和文明的时代精神。语言要有艺术，不说粗话、脏话。
> 6. 刻苦学习业务技术，不断提高服务质量。每个人都必须在自己的工作范围内，刻苦钻研学习，练好基本功，做一名合格的家政服务人员。

（二）摄取广博的知识

家政服务人员要想在本行业工作中做出一些成绩，有更高层次的发展机会，需要不断提高自身的知识水平和专业能力。但同时若想在恰当的时候和适当的场合用得体的方式表达自己的观点，用自己过硬的专业能力获得别人的认可，还必须做到博览群书，要具有较好的言辞修饰和表达能力。培养和提高沟通能力，必须具有良好的人文素质，比如学习与美学、礼仪、哲学等相关的知识，为培养和提高自身的沟通能力奠定人文底蕴。

（三）在实践中锻炼提高

人际沟通能力是在正确的理念指导下，在长期的社会实践中形成和发展起来的。无论是在校学习期间，还是实习工作期间，都应主动尝试在各种场合与各种人进行沟通。因为凡是与人打交道的工作，实践经验往往比书本知识更为重要和实用。通过人际沟通理论的学习，可以提高家政服务人员的理论素养和理论水平，但再好的理论也必须在实践中巩固、发展和完善。在实习和正式工作过程中，真实感受沟通的方式和技巧，反复练习，既能提高人际沟通能力，又能锻炼解决实际问题和运用专业知识的能力。

（四）掌握娴熟的沟通技巧

掌握家政服务人员人际沟通的基本原则，应善于倾听客户和同事说的话，注意表达时语言的科学性和艺术性，善于运用非语言行为等，同时还要注意自我表达技巧、反应技巧、影响技巧、营造氛围技巧的综合运用。通过良好沟通，达成共识、建立互信、促进彼此感情，形成团队合力，提高落实效率。娴熟的沟通技巧对建立良好的客户关系会起到事半功倍的效果。

三、家政服务中良好人际关系的搭建

人际关系对于一个人的成功来说至关重要。世界著名人际关系学大师卡耐基认为："专业知识在一个人成功中的作用只占15%，而其余的85%则取决于人际关系。"这句话对家政服务人员而言颇为适合，因为家政服务人员本身是在客户的家中为其提供服务的，而客户的家庭可能本身就存在着各种矛盾和复杂的人际关系。因此家政服务人员要想把工作完成好，首先要懂得怎样和客户建立一个和谐的人际关系，能够在交往中把握好双方的心理与行为规律，有正确的沟通态度，实现自我约束，遵守客户家的无形规矩，与客户一家和谐相处。

（一）要做到入乡随俗

家政服务人员进入陌生的生活环境，要积极适应环境的变化，做到入乡随俗。学会主动熟悉和掌握客户家的成员组成以及客户一家的生活习惯、作息规律、饮食习惯、兴趣爱好、物品的基本摆放等方方面面的信息，然后尽快适应客户家的要求和习惯，达到客户的满意。好记性不如烂笔头，你可以

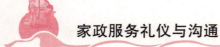

用笔记录下这些细节，不清楚的地方一定要问清楚，不可以擅自做主，不要不懂装懂。客户的叮嘱和交代要记清，交代过的事情不能让客户总是提醒，做事要有计划、有程序，不可丢三落四。

（二）重视客户的合理需求

个人总是希望自己的需求能得到满足，如果别人能将自己的需求放在首位，自己就能感受到被尊重和重视，并产生一种满足感，此时人就更容易相处。但鉴于家政服务人员的工作空间的封闭性等特点，女性家政服务人员遭受性骚扰的可能性大大增加，于是要求家政服务人员学会保护自己，自尊自爱，避免给自己和他人的家庭带来伤害。

（三）摆正自身的位置

在家政服务的实现过程中，双方存在着双重关系，一是双方的社会角色关系，二是双方的人际关系。家政服务人员在服务过程中，要按照社会所期待的，符合社会规范的行为模式来扮演这个社会角色。认清此时双方服务与被服务的关系，不能与客户"平起平坐"；但双方又存在着一种人际关系，此时双方的"人格"是平等的。处理好这两种关系在服务中极为重要。家政服务人员要有"角色意识"，就是在服务工作中自始至终要清楚地意识到彼此所扮演的角色，自己的一言一行都要与自己扮演的"提供服务者"这一角色相称，要严格按角色规范工作。同时家政服务人员要有"超角色意识"，就是把角色和作为角色扮演者的人区别开来，不能把一个人和他所扮演的某种角色混为一谈。

资源拓展

细节决定成败

1. 在未经过客户许可的情况下，不要随意进入客户的卧室，必须进去时请主动敲门或提前沟通，出门也要轻轻将门带上。
2. 工作要细心仔细，若是损坏客户家的东西，必须主动向客户认错，争取其谅解，不可以将损坏的东西扔掉、私自隐瞒替换、推诿责任。
3. 不要用客户家的电话，更不能把客户家中的电话号码告知其他家政服务人员、老乡、不相干人员等，也不能随意动客户手机、电脑等含个人信息较多的物品。

任务实施

在任务描述中，孙某夫妻发火的原因有：太过于担心孩子身体健康，关心则乱，急于找一个怒气的发泄口；明知孩子不舒服自己无能为力，为自己的无能而着急；认为月嫂不专业，怕耽误孩子的身体。针对这种情况，月嫂首先要共情地理解夫妻俩当时的处境和心情，调整好自己的情绪，并设法满足对方的迫切需求，给予对方一个满意的答复。这样可以缓解他们不满的情绪，从而建立良好的信任关系。示例分析见表1-7。

表1-7　示例分析

示例	示例分析
示例一	月嫂所关注的重点全在孙先生夫妻的态度和语言方式上，既没有理解他俩的心情，也不关心他们的诉求，只关注自己的感情克制，没有为客户解决任何问题。但月嫂的克制避免了更激烈的对抗。

续表

示例	示例分析
示例二	月嫂同样过分计较客户的态度和语言方式，并明确地加以指责。客户心里已经很难受很着急了，月嫂还要说他们是自找的，怨不得别人，表现出该名月嫂缺乏应有的同理心，也显示出月嫂的尖酸刻薄和缺乏教养。这种不负责任的刻薄态度，只会引起客户更强烈的反感和对抗，后果严重。
示例三	这种沟通方式是最具有爱心、同理心和责任心的回答。以亲身体会为例，表现了移情式的理解和同情。然后针对孙太太的问题，合情合理地帮她分析问题，并给出了准确的解决办法，让孙太太自己去考量该怎么做，不强制又游刃有余，有效地缓解了孙太太的急躁情绪。最后，对对方先前粗暴的行为表示理解，更有效地消除了对抗，使对方恢复自我控制能力，终于意识到自己的言行失当而向月嫂道歉。

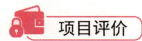

一、简答题
1. 家政服务行业人际沟通的基本原则有哪些？
2. 什么是"超角色意识"？

二、讨论题
1. 家政服务人员在工作中，可以从哪些方面提高自己的人际沟通能力？
2. 通过对本项目的学习，你受到了哪些启发？对你的职业生涯规划有帮助吗？

项目评价

项目评价见表1-8。

表1-8　项目评价表

项目	评价标准
知识掌握（30分）	掌握人际沟通的含义和方式（5分） 掌握人际沟通的特点、要素及影响因素（10分） 掌握人际关系建立与发展的过程（5分） 掌握建立良好人际关系的策略（10分）
实践能力（40分）	能在工作中建立良好的人际关系（10分） 能熟练运用人际沟通技巧（10分） 能主动地通过多途径提升自己的沟通能力（10分） 能自觉遵守家政服务行业人际沟通的基本原则（10分）
沟通素养（30分）	具备高尚的职业道德（10分） 具备乐于沟通、善于沟通的习惯（10分） 具备建立良好人际关系的信心和能力（10分）
总分（100分）	

模块二　家政服务人员职业形象

项目一　仪容礼仪

【项目介绍】

仪容是由面容、发型及人体未被服饰遮掩的肌肤所构成的。作为一名家政服务人员，整洁简约、自然大方、修饰规范的仪容不仅会给客户留下平易近人、亲切温和的第一印象，同时，也在一定程度上反映了家政企业的管理水平和服务质量，对本单位也能产生积极的宣传效果。

【知识目标】

1. 掌握仪容修饰的有关知识及基本要求；
2. 熟悉家政服务人员仪容的重要性；
3. 了解仪容的含义。

【技能目标】

能正确地进行头发和面部的修饰，采用合适的目光交流和微笑服务，使仪容和职业岗位相匹配，以良好的仪容从事工作。

【素质目标】

具有正确的审美意识，塑造优雅的仪容礼仪，树立良好的家政服务职业礼仪观念。

> **案例引入**
>
> 小孙刚大学毕业，是某家政公司新进工作人员。第一天上班，为了给同事和服务对象留下良好的外在印象，特意装扮了自己，以青春靓丽的学生形象出现在大家面前，下班的时候，领导却提醒她要注意仪容礼仪。

模块二　家政服务人员职业形象

任务一　头面礼仪

任务描述

在服务过程中，家政服务人员的形象展现是全方位的，而头面部是最容易被人关注的部位，因此头面部的修饰显得非常重要。头面部应以整洁、简约、端庄的状态示人。

任务分析

头面礼仪是指不同性别的工作人员为适应职业角色要求，对自己的头面进行一定程度的修饰。家政服务人员要在个人卫生符合职业标准的同时，进行相应的头面修饰，使自己的头面形象和家政服务工作相匹配。做好头面礼仪，不仅要知道仪容礼仪的重要性，保持良好的头面部卫生，还要根据自身性别和工作性质选择合适的发型。

相关知识

一、仪容的概念

仪容主要是指一个人的容貌，包括面容、适当的发型及身体未被服饰遮掩的肌肤部分。仪容主要体现在个人的先天条件和本人的修饰维护两方面。

二、家政服务人员仪容的重要性

（一）仪容是家政企业树立良好形象的重要手段

家政服务人员的仪容反映了家政企业的整体形象。家政企业的形象取决于家政企业服务的质量水平和相关工作人员的形象。在家政服务人员形象中，员工个人的仪容是最重要的表现。外界对家政企业的第一印象往往是服务形象，而服务形象主要通过员工的形象来体现。某种意义上，工作人员的形象代表着家政企业的服务形象。家政服务人员良好的仪容是家政企业树立良好形象的重要手段。

（二）仪容是尊重自我和尊重他人的体现

一个人的仪容仪表在人际交往中会被对方直接感受，也是个人给对方的第一印象，并由此反映出自身的个性、修养以及工作作风、生活态度等最直接的个人信息，这将决定对方心理的接受程序，继而影响双方进一步的沟通与交往。作为一名家政服务人员，通过仪容仪表，反映出良好的修养，才会受到客人的称赞和尊重，才会对自己良好的仪容仪表感到自豪和自信。注重仪容仪表是尊重客人的需要，是讲究礼节礼貌的具体表现。如果尊重他人，就应该通过仪容仪表来体现对他人的重视。仪表端庄大方、整齐美观，就是尊重他人的具体体现。

(三) 仪容反映了家政企业的管理水平和服务质量

家政企业的产品就是服务，而家政服务人员的仪容本身就是服务的组成部分。家政服务人员的仪容可以反映家政企业的管理水平和服务水平。

三、头发修饰

(一) 保持头发清洁

家政服务人员要勤洗发，保证头发干净无异味、无头皮屑。清洗头发既有助于保养头发，又有助于消除异味，保持良好的工作形象。

(二) 要选择合适发型

发型在一定程度上可以表现出一个人的道德修养、审美情趣、精神状态。男员工头发长短要适宜，前不及眉、旁不遮耳、后不及领，不要留光头或者留长发、大鬓角。女员工发型的选择较之男性来说更为多样，可以根据不同的脸型、体型、发质等选择适合自己的发型，但要符合职业要求。作为家政服务人员，为了方便服务工作的开展，要选择干练简单的发型。如若选择留长发，要尽量将长发扎起，不宜将头发披散开来。

四、面部修饰

(一) 面部清洁

要勤洗脸，保持面部清洁和润泽。特别是男员工，油脂分泌过多，应加强面部清洁，并进行适当的面部皮肤护理。女员工要做好面部皮肤养护，可适当选用符合自己皮肤的化妆品，工作中化淡妆。

(二) 眼部修饰

眼部修饰应注意保持眼部清洁无异物。若患眼疾要尽量避免与人近距离接触，并及时治疗。正确佩戴眼镜和饰品，切勿选择奇形怪状或者过于夸张的眼镜，保持眼镜清洁无污渍。家政服务行业的女员工，切勿佩戴过于夸张的美瞳或者假睫毛，眉毛的修饰要美观，眉形自然优美，眉清目秀。

(三) 鼻部修饰

修饰鼻部时应注意及时修剪鼻毛，不可使其长出鼻孔，切忌当众剪拔。注意鼻腔清洁，不要让异物堵塞鼻孔。清理鼻腔时应回避他人，切忌当众挖鼻孔。鼻子及其周围若是生出"黑头"或者出现"酒糟鼻"，会严重影响美观；如若有条件，应半个月清理一次。

(四) 口部修饰

(1) 护牙。家政服务人员要保证牙齿清洁、健康和美观。正确有效的刷牙要做到"三个三"：即每天刷三次牙，每次刷牙宜在餐后三分钟进行，每次刷牙的时间不应少于三分钟。一般情况下，半年左右即应洗牙一次。

(2) 禁食。在工作岗位上，为防止因为饮食的原因而产生口腔异味，应避免食用一些气味过于刺鼻的食物，主要包括葱、蒜、韭菜、腐乳、虾酱、烈酒及香烟。必要时，可口含茶叶、口香糖或喝纯牛奶祛除异味。

(3) 护唇。在唇部干燥时可用唇膏，避免嘴唇干燥起皮，影响美观。女员工可使用浅色口红，使自己显得更有神采。

(4) 剃须。男员工若无特殊宗教信仰和民族习惯，最好不要蓄须，每天坚持将胡须清理干净，显得自己精明强干，有阳刚之气。"胡子拉碴"是不修边幅的代名词，这样的形象在工作中只能落得一个印象不佳的结果。

（五）耳颈部修饰

要保持耳部、颈部清洁卫生，特别是脖后和耳部。颈部皮肤非常薄，易老化，要防止其过早老化，就要做好保养。女员工耳部和颈部可适当修饰，佩戴简单大方的饰品，但不宜过度夸张和贵重。

头面部修饰如图2-1和图2-2所示。

图2-1　女员工头面部修饰

图2-2　男员工头面部修饰

资源拓展

肢体修饰礼仪

1. 手部修饰。保持手部干净卫生，常洗手，特别是指甲缝要清理干净，不得有残留物。男女员工均不得留长指甲，经常修剪指甲，指甲长度以1~2毫米为宜，不得在外人面前修剪指甲。工作中不允许涂抹指甲油或对指甲做过度或夸张修饰。

2. 肩臂修饰。按礼仪规范要求，在工作中不应该暴露肩部以下的手臂，所以不宜穿着无袖装工作。穿着短袖工作服时，应避免腋毛暴露，可采取适当措施脱毛。

3. 腿部修饰。手臂修饰是修饰的重点，腿部修饰也不容忽视，腿部在近距离之内也为他人所重视。在工作过程中应鞋袜整齐，不穿残破、有异味的袜子，不在他人面前换、脱鞋袜。穿夏季裙式服装时，应配上肉色长筒袜。如腿部汗毛浓密，最好祛除，以免失仪或影响美观。男员工不宜穿短裤、暴露腿部，应穿长工作服。

家政服务礼仪与沟通

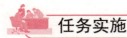 任务实施

一、日常护发

（一）勤于洗发

勤于洗发既有助于保养头发，又有助于消除异味。一般2~3天洗一次头发。洗发时的水温要适中，结合个人的耐受程度，一般以37 ℃~40 ℃为宜。水温过高，容易带走头皮中的过多油脂，不仅会损伤发质，还会令头皮出油和产生头皮屑的情况更严重；水温低，不易把油脂等污染物洗掉。

（二）做好头发保养

1. 健康生活。补充充足的维生素、矿物质和蛋白质。保持良好的生活习惯，不熬夜，适量运动，保持良好心态。

2. 选择适合自身发质的洗发用品。油性发质应选用微碱性单纯清洁洗发水来控制头发的水油平衡；中性发质应选用中性、微酸性洗发水，含简单护理成分的即可；干性发质则应选用微酸、弱酸性含护理成分的洗发水。

3. 科学护发。减少吹风机的使用，如确需使用，吹风筒应距离头发15厘米左右。正确梳理头发，选用牛角梳、木梳，顺经络走向从前额正中开始，以均匀的力量向头顶、枕部、颈项顺序梳理。

4. 减少头发损害。延长染发、烫发周期。做好头发防晒，游泳后及时清洗头发。

二、发型选择

发型要符合家政服务人员的工作特点，男员工留平头或寸头，头发长度以1~3 cm为宜，其他发型要符合前不及眉、旁不遮耳、后不及领的要求。

女员工以短发为好，若留长发，可在工作中盘起，散发用发卡固定。总体上，家政服务人员不宜选择美艳、夸张的发型，不宜将头发染成其他颜色。

三、面部整洁

（一）保持洁净卫生

洁净是面部修饰最优先考虑的问题。除日常洗脸外，在工作中流汗或沾染灰尘后都要及时洗脸，保持面部清洁卫生。注重面部局部眼、鼻、口、耳及颈部整洁。男员工要注意修剪鼻毛和胡须。

（二）简单妆饰

家政服务行业女员工可化淡妆，做到淡雅、简洁、庄重，适度修剪眉毛。在出汗、用餐或休息后，如需要补妆要回避他人，不宜在工作岗位和公共场所补妆。补妆以局部修补为主，不要重新化妆。

 同步测试

一、单项选择题

1. 男员工适合的发型是（　　）。

A. 平头　　　　　　B. 光头　　　　　　C. 长发　　　　　　D. 盘头

模块二　家政服务人员职业形象

2. 下面符合仪容礼仪要求的是（　　）。
A. 不修边幅　　　　B. 经常洗头　　　　C. 留胡子　　　　D. 上班时间紧，不洗脸
3. 下面不符合仪容礼仪要求的是（　　）
A. 留长指甲　　　　B. 经常洗头　　　　C. 化淡妆　　　　D. 工作期间不吃蒜

二、判断题

1. 小孙认为上班期间，早餐吃韭菜盒子，无关紧要。（　　）
2. 仪容是尊重自我和尊重他人的体现。（　　）

三、案例讨论

小孙的同学要去一家家政公司面试工作，知道小孙在家政公司工作后，打电话咨询她应该保持怎样的仪容去参加面试。

如果你是小孙，从符合家政服务工作要求的角度，该如何指点同学呢？

任务二　目光礼仪

任务描述

眼睛是人类面部的感觉器官之一，最能有效地传递信息和表情达意。在与人交往和对客服务过程中，目光交流是很重要的一个部分，目光运用要符合一定的礼仪规范。

任务分析

目光是表情的核心，是承载和传递情感、态度和意向的重要媒介，它不仅有传递信息的功能，而且有让人借以把握信息的价值。交往双方总是最先注意到对方的眼睛，并且对眼神的褒贬色彩最为敏感。良好的职业形象要求拥有坦然、亲切、友善、有神的目光。在对客服务的全过程中，必须自觉掌握目光礼仪的基本规范，以期达到最佳服务效果。

相关知识

一、表情的含义

表情泛指面部所呈现的具体形态。表情是最丰富、最具表现力的一种无声语言，可以表现出喜、怒、哀、乐等各种复杂的思想感情。表情也是个人修养的外在表现，它可以体现出一个人的知识水平、内在素养等。同时面部表情对人的语言也起到了一种澄清、解释、纠正、强化的作用。表情是人的心灵脸谱，是人的思想感情和内在情绪的外在表现。在工作中，表情备受关注，在人的千变万化的表情中，眼神和微笑最具礼仪功能和表现力。

二、目光礼仪的要求

眼神指交往过程中，目光注视时眼部活动及表现出的神态。眼睛是心灵的窗户，是人体传递

35

信息最有效的器官,它能表达出人们最细微、最精妙的内心情思,从一个人的眼睛中,往往能看到他的整个内心世界。在为客户服务的过程中,眼神的运用不仅要符合一定的礼仪规范要求,而且要坦然、亲切、和蔼、有神。

(一) 注视的范围

目光的注视范围是指人的目光所落的位置。根据工作和交往活动内容的不同,人的目光凝视区域也不同,一般划分为以下三种情况:

(1) 公务型注视:注视的位置在对方双眼或双眼与额头之间的区域。这种注视比较严肃、认真、庄重,可以体现出对对方的尊重。客户刚开始来咨询相关服务事宜时,为了表示正式,家政服务人员可以使用公务型注视。

(2) 社交型注视:注视的位置在对方唇心到双眼之间的三角区域。这种注视给人一种平等、轻松的感觉,可以创造出良好的社交氛围,适用于各种社交场合。当客户遇到一些烦恼,急需向人倾诉或者想要与人诉说内心的想法时,家政服务人员可以采用此种注视方式。

(3) 亲密型注视:双眼到胸部之间。这是亲人、恋人、家庭成员之间使用的一种注视,往往带着亲昵的感情色彩,所以非亲密关系的人不应使用这种凝视,以免引起误解。这种注视方式也适合家政服务人员和相处时间比较长久的老人或未成年服务对象之间。

(二) 注视的时间

注视对方时间长短也是有讲究的,它往往代表着对对方的态度,在社交过程中占据着重要地位。无论是使用公务型注视、社交型注视还是亲密型注视,都不可将视线长时间固定在所要注视的位置上。这是因为,我们本能地认为,过分地被人注视是在窥视自己内心深处的隐私。

(1) 表示友好:注视对方的时间应占全部相处时间的1/3左右。家政服务人员与客户交流过程中,应注意"散点柔视",即将目光柔和地、多次地落在对方脸上。

(2) 表示轻视:注视对方的时间不到相处全部时间的1/3。往往意味着瞧不起或不感兴趣,在日常工作中要避免出现。

(3) 表示重视:注视对方的时间占全部相处时间的2/3左右。当倾听客户对象诉说时,为了表示对服务对象的尊重,注视对方的时间应占2/3左右。

(4) 表示敌意或兴趣:注视对方的时间超过全部相处时间的2/3。

(三) 注视的角度

注视别人时,目光从眼睛里发出的方向不同,也代表了不同含义。在日常服务工作中,为了不引起服务对象的误解,我们应该把握正确的注视角度。

(1) 正视:用柔和友善的目光正面注视对方,即在注视他人的时候,与之正面相向,同时还须将身体前部朝向对方,表示重视对方。正视对方是交往中的一种基本礼貌。

(2) 平视:视线呈水平状态。适合与身份、地位平等的人进行交流时使用。在注视他人的时候,目光与对方相比处于相似的高度。在服务工作中平视客户可以表现出双方地位平等和不卑不亢的精神面貌。

(3) 侧视:平视的一种特殊情况,即居于交往对象的一侧,面向对方,平视对方。

(4) 仰视:即主动居于低处,抬头向上注视他人,表示尊重、敬畏之意。在注视他人的时候,本人所处的位置比对方低,就需要抬头向上仰望对方。在仰视对方的状况下,往往可以给对方留下信任、重视的感觉,显示出家政服务人员对客户的尊重。

（5）环视：家政服务人员在与多位客户交流谈话时，为了兼顾到每位客户的情绪，让每位客户都有受到重视的感觉，可以采用这种兼顾多方的眼神。

三、目光注视的原则

（一）做到"心中有人"

只有内心是尊重对方的，目光才可能是亲切友好的。在与客户交流时，如果仅仅显露麻木的目光、僵硬的表情，势必不会得到客户的回应。一个对工作应付、敷衍的工作人员，与客户进行眼神交流时是不会做到亲切注视的。因为目光生成于内心，一个热爱生活和工作的人的目光才具有吸引力，才能让客户感受到真诚。

（二）做到"目中有人"

与客户谈话时要尊重对方，与其进行亲切的目光交流。不能不看对方或者目光飘忽不定，眼神不集中，东张西望，更不可眯视、斜视、瞟视对方。在初次相见的短暂时间应注视对方的眼睛，但如果交谈的时间比较长，可以将目光迂回在眼睛和眉毛之间。切记千万不要长时间生硬地盯着对方，这样的目光意味着挑衅、挑剔、刁难，容易使人产生误解。

客户沉默不语时，不要盯着客户，以免使对方感到不安。同时，视觉要保持相对稳定，注意自然，不要在某一局部区域内上下翻飞，否则会让对方感到莫名其妙。在服务过程中，要特别注意不能使用向上看的目光，这目光会给人目中无人、骄傲自大的感觉。

（三）做到"口眼一致"

现在很多家政服务机构都注意使用礼貌用语，甚至开始制作机构的"话语模板"。如此的确可以使服务变得更加规范，但如果忽略了目光甚至整个面部表情的配合，那么，再完美的服务语言都会缺乏诚意，很难被客户喜欢和接受。因此，要学会用目光配合语言，用目光提升语言的价值。语言与目光完美结合，才可以获得最好的服务效果。

（四）做到"得体自然"

注视的时候应得体、自然，表示重视、友好或尊敬。不要东张西望、左顾右盼，显得心不在焉；不要含胸埋头，显得胆小或者对谈话不感兴趣；不要高高昂起头，两眼望天，显得傲慢：这些都是失礼和缺乏教养的表现。

要自然对视，不应慌忙移开视线，应当顺其自然地对视1~3秒后再缓缓移开，这样显得心地坦荡，容易取得对方的信任。一遇到对方的目光就躲闪的人，容易引起对方的猜疑，或被认为是胆怯。

（五）做到"兼顾他人"

若客户较多时，家政服务人员应该学会巧妙地运用自己的眼神，兼顾到每一位客户。兼顾多方的标准做法就是：适当地注视每一位客户，让每一位客户都感受到家政服务人员的关注。

当几位客户一起过来的时候，家政服务人员既要重视对重点客户的注视，又不能忽视对其他次要客户的注视。尤其是当客户中有女性时，更应该适当地多给予一些注视。

当多名客户陆续到来的时候，家政服务人员既要根据先来后到的顺序，对先到的客户多给予一些关注，同时要用略带歉意和安慰的眼神环视等候在周围的其他客户。这样不仅可以让先来的客户感受到重视，也可以让等候的客户感到安慰。

家政服务礼仪与沟通

资源拓展

表情的原则

服务工作中，表情是非常重要的。客户往往以家政服务人员的表情神态来判断其对自己的态度。因此家政服务人员一定要管理好自己的表情神态，努力向客户展现和善、友好的表情神态。

一般来说，家政服务人员在服务岗位上应用表情时，应该遵循以下几个原则：

1. 谦恭。客户非常重视服务人员的表情是否谦恭，这是他们衡量服务水平的一个指标。因此，家政服务人员在工作岗位上应该表现出谦恭的表情神态。

2. 友好。家政服务人员应该对客户表现出友好的态度，而友好主要是通过表情神态来表现。例如，要求家政服务人员微笑服务就是为了向客户表示友好。

3. 适时。人的表情神态往往会随着不同心情、不同场合而改变。尽管我们提倡家政服务人员应该微笑服务，但是微笑服务也要根据场合而定。也就是说，家政服务人员的表情神态应该随着场合的变化而变化，要适合时机的需要。例如，当客户正处于情绪低落的时候，如果家政服务人员还是面带微笑，这是非常不礼貌的行为。

4. 真诚。表情神态可以反映一个人的思想情感，因此，家政服务人员的表情神态应该是真诚的、发自内心的。弄虚作假的表情神态往往会让人觉得非常虚伪。

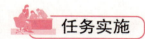

任务实施

目光的应用见表2-1。

表2-1 目光的应用

使用场合	使用技巧
迎宾时的目光	迎宾时，3米之内目光真诚地注视对方，以示期盼
送客时的目光	送客时，目光向下，以示谦恭
会谈时的目光	会谈时，目光平视，表示自信、平等、友好
倾听时的目光	倾听时，目光专注，要适时回应、交流
见面时的目光	见面时，凝视1~3秒，初次见面时对视不超过10秒

 同步测试

一、单项选择题

1. 亲人、恋人、家庭成员之间使用的一种注视是（　　）。
   A. 仰视　　　　　　　　　　　　B. 公务注视
   C. 社交注视　　　　　　　　　　D. 亲密注视

2. 适合与身份、地位平等的人进行交流时使用的是（　　）。
   A. 正视　　　　B. 平视　　　　C. 侧视　　　　D. 仰视

3. 表示友好时注视对方的时间应占全部相处时间的（　　）左右
A. 1/3　　　　　　B. 2/3　　　　　　C. 3/4　　　　　　D. 1/5

二、判断题
1. 注视时间越久越表示重视。（　　）
2. 眼神要兼顾多方。（　　）

三、案例讨论
张奶奶因年事已高，喜欢讲过去的事。在家政服务员小邵入户服务期间，张奶奶总是给小邵讲过去的经历，小邵在倾听的时候，不正眼瞧对方，眼神飘忽不定，也不回应张奶奶讲的内容。张奶奶觉得小邵不尊重她，非常生气。如果你是小邵，你会怎么做？

任务三　微笑服务礼仪

任务描述

20世纪，希尔顿通过"微笑"服务使希尔顿酒店度过危机。时至今日，微笑已成为服务行业的基本礼仪，各行业都把微笑视为成功的制胜法宝。微笑服务也成为家政服务人员必须掌握的一项基本功。

任务分析

家政服务人员在工作岗位上，应该面带微笑，让客户在享受服务的同时，感到愉快、欢乐和喜悦。微笑是与生俱来的，但找到自己最美的微笑、最佳的状态、露出几颗牙齿，以及恰如其分地与其他礼仪相结合，则需要经过专业训练。

相关知识

一、微笑的价值

（一）微笑是情感表达的方式

微笑是服务行业最具吸引力、最具价值的情感表达方式。它表现着人与人之间友善、谦恭、融洽的社会关系，早已成为人际交往中最为重要的一部分。

（二）微笑是世界通用语言

微笑是一种国际性的语言，不用语言解释就能打动人们的心弦，它传递着友好、欢快的信息。微笑无国界、无年龄、无性别差异，任何人都可以通过微笑将快乐传递到世界的任何角落。

（三）微笑可以拉近彼此之间的距离

微笑是人际交往中的一种轻松剂和润滑剂，是一种最美的无声语言，是沟通的开端，是人际交往的魔力开关，只要你轻轻一笑，就胜过万语千言。微笑可以消除彼此之间的陌生感，打破沟通障碍，从而建立和谐融洽的社交环境。

（四）微笑可以获取客户的信任

微笑服务是所有服务工作中投资最少、收效最大、事半功倍的一项措施。在服务交往中，家政服务人员很自然地使用温和的语调和礼貌的语气，不仅能引发客户发自内心的好感，有时还可稳定客户的情绪。通过微笑服务能给客户带来安全感和信赖感，有利于服务工作的顺利进行。

二、微笑的原则

（一）真情实意

微笑要发自内心，这样才能感染到别人。当一个人心情愉快或遇到高兴的事情时，就会自然地流露出笑容。这是一种心情的调节，是内心情感的自然流露，绝不是故作笑颜、假意奉承。发自内心的微笑既是一个人自信、真诚、友善、愉快的心态表露，同时又能营造明朗而富有人情味的氛围。发自内心的真诚微笑应是笑到、眼到、心到、意到、神到、情到。在家政服务工作中，只有真正敬重客户，才能发出真情实意、发自内心的微笑，才能让客户感受到真诚，受到感染，也只有发自内心的微笑才是最美的笑。

微笑服务，并不仅仅是一种表情的表示，更重要的是与客户感情上的沟通。微笑服务，最重要的是在感情上把客户当亲人、当朋友，与他们同欢喜、共忧伤，成为客户的知心人。

（二）亲切自然

微笑可以反映出一个人的文化修养及内在素质。家政服务人员在微笑时应保持情绪饱满、神色亲切自然。微笑是人的五官和声音相互协调的动作，在笑的时候各个部位需要运动和谐到位，不能笑得虚假，皮笑肉不笑。微笑由心而生，要自然而然地微笑。摆正心态，必须正确领会客我之间的关系，建立对人、对己、对工作的合理认知。

微笑虽然是人们交往中最有吸引力、最有价值的面部表情，但也不能随心所欲，不加节制。既不要故意掩盖笑意、压抑喜悦，也不要咧嘴大笑。只有笑得得体、笑得适度，才能充分表达友善、诚信、和蔼、融洽等美好的情感。

（三）注意场合

微笑要符合环境和场合，在应用微笑的时候，当笑则笑。不能走到哪里笑到哪里，见谁都笑。微笑要适宜，不合时宜的微笑可能会引起误解，不要让自己的行为影响到别人。有下面这些情形时是不适宜微笑的：特别庄严、肃穆的场合；当别人做错了事、说错了话时；对方有先天缺陷时；对方出了洋相时；当别人遭受重大打击，心情悲痛时。

（四）注意对象

微笑时要注意对象，控制情绪，做到一视同仁。两人初次见面，微笑可以拉近双方的心理距离；同事见面点头微笑，显得和谐、融洽；服务员对客人微微一笑，表达的是服务态度热情与主动。如果遇到一个彬彬有礼的客户，家政服务人员露出微笑也许不难，但如果遇到一个满身酒气或者出言不逊的客户，仍然能平静地露出微笑恐怕就有点难度，况且家政服务人员也会有喜怒哀乐。当情绪沮丧、郁闷、焦躁、愤怒时，家政服务人员需要学会控制情绪。上岗前，如发现自我情绪状态不佳则应主动进行自我调控，调整到最佳状态，时刻保持一种轻松愉快的心情。

三、微笑服务的标准

微笑服务包含以下两方面的标准：

（一）面部表情

微笑时面容要亲切，嘴角微微上翘，自然露出6~8颗牙齿。微笑要口眼结合，嘴唇、眼神含笑，做到真诚、亲切、善意、充满爱心。

（二）眼睛眼神

目光友善，眼神柔和，自然流露真诚，正视客户，不左顾右盼，不心不在焉，眼睛注视对方双眼和嘴之间的部位。

四、微笑的应用规范

微笑礼仪在实际运用过程中要遵循一定的规范，要做到四个结合：

（一）口眼结合

要口到、眼到、神色到，笑眼传神，微笑才能扣人心弦。

（二）笑与神、情、气质相结合

这里讲的"神"，就是要笑出自己的神情、神色、神态，做到情绪饱满，神采奕奕；"情"，就是要笑出感情，笑得亲切、甜美，反映美好的心灵；"气质"就是要笑出谦逊、稳重、大方、得体的良好气质。

（三）笑与语言相结合

语言和微笑都是传播信息的重要符号，只有注意微笑与美好语言有机结合，声情并茂，相得益彰，微笑服务方能发挥出它应有的特殊功能。

（四）笑与仪表、举止相结合

端庄的仪表、适度的举止，是每个家政服务人员的基本要求。以笑助姿、以笑促姿，形成完整、统一、和谐的美。

五、微笑的练习方法

（1）放松自己的心情，进而放松面部肌肉，然后使自己的嘴角微微向上翘起，让嘴唇略呈弧形。

（2）默念英文字母 G 或普通话"茄子"。普通话"茄子""钱"，英文字母"G""E"，这些字、词的发音口型，正好是微笑的最佳口型。

（3）注意面部其他各部位的配合，做到表里如一，发自内心地微笑（见图2-3）。

（4）每天至少用20分钟对着镜子练习微笑，对着镜子找出自己最佳微笑口型和面部表情，反复练习。

（5）取一张厚纸遮住眼睛下边部位，对着镜子，心里想着最使你高兴的情景。这样，你的整个面部就会露出自然的微笑，眼睛周围的肌肉也处于微笑的状态，这是"眼形笑"。然后放松面部肌肉，嘴唇也恢复原样，可目光中仍然含笑脉脉，这就是"眼神笑"。也可以通过用牙齿咬住筷子进行辅助练习。

图2-3 微笑

家政服务礼仪与沟通

> **资源拓展**
>
> **世界微笑日**
>
> 　　世界微笑日（World Smile Day）是唯一一个为表情设定的节日。关于世界微笑日的日期，目前有两种说法。一个说法是指每年10月的第一个星期五。这种说法认为世界微笑日的始创人是著名的笑脸表情的创作者哈维·球。自1999年开始，每年10月的第一个星期五会被定为世界微笑日，目的是向世界宣扬微笑友善的信息。哈维世界微笑基金为世界微笑日的官方赞助机构。
>
> 　　另一个说法称世界微笑日是在每年的5月8日。从1948年起，世界精神卫生组织将每年的5月8日确立为"世界微笑日"，希望通过微笑促进人类身心健康，同时在人与人之间传递愉悦与友善，增进社会和谐。
>
> 　　目前，我国采用5月8日为世界微笑日，每年很多地方和机构会举办相应活动，通过微笑传递真情，保持健康，促进和谐。

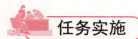

一、熟练掌握微笑

1. 教师示范讲解练习要求；
2. 学生对着镜子，练习微笑，调整自己的嘴形，注意与眼神的协调；
3. 学生进行展示。

二、微笑场景应用

1. 学生自由组合，两人一组（客人和服务员）；
2. 练习微笑迎宾的过程。

三、评估要求

1. 掌握微笑的基本要领；
2. 表情自然，眼神柔和；
3. 做到迎宾服务的礼仪规范；
4. 站姿、微笑、问候语符合迎宾礼仪规范；
5. 在微笑练习时，根据"欢迎光临""早上好""先生，您好"等提示，练习迎宾语言的应用。

四、效果评估

1. 进行学生自评，选出微笑之星；
2. 教师进行总结评价，并给予指导。

 同步测试

一、单项选择题

1. 微笑要自然露出牙齿的数量是（　　）。

A. 6~8颗　　　　B. 笑不露齿　　　　C. 3颗　　　　D. 多多益善

2. 我国采用（　　）为世界微笑日。
A. 10月5日　　　B. 5月8日　　　C. 9月20日　　　D. 6月3日
3. 关于微笑，下面说法不正确的是（　　）
A. 要真诚　　　　　　　　　　B. 要注意对象
C. 要笑与语言相结合　　　　　D. 肃穆的场合要笑

二、判断题

1. 微笑要注意场合。　　　　　　　　　　　　　　　　　　　　　（　　）
2. 在使用微笑礼仪时，不需要考虑与其他仪容仪态礼仪相结合。　　（　　）

三、案例讨论

小毛是家政公司工作人员。最近，他因失恋心情不悦，在工作时总是面带愁容。为此，客户找公司领导投诉，反映小毛态度问题。工作中，小毛的做法有何不妥？如果你是小毛，应该怎么做？

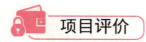

项目评价见表2-2。

表2-2　项目评价表

项目	评价标准
知识掌握（30分）	知道仪容的重要性（10分） 知道头面礼仪、目光交流、微笑服务的具体礼仪规范（15分） 知道相关仪容礼仪的禁忌（5分）
实践能力（40分）	能正确地进行头发和面部的修饰（10分） 能采用合适的目光交流（10分） 能规范微笑服务（10分） 能使仪容和岗位相匹配，以良好的仪容从事工作（10分）
礼仪素养（30分）	具有正确的审美意识（10分） 塑造优雅的仪容礼仪（10分） 树立良好的家政服务职业礼仪观念（10分）
总分（100分）	

项目二　仪表礼仪

【项目介绍】

无论是在工作中还是生活中，良好的仪表所展示出来的外在形象会给人留下美好的印象，从而让人感到赏心悦目。在工作中，尤其是作为服务行业从业者的家政服务人员，除了要具备过硬的素质和职业能力，更要讲究仪表修饰规范。本项目主要是从着装方面讲解仪表礼仪，设置了基本着装礼仪、家政岗位着装礼仪两个工作任务，通过得体着装展现家政服务人员的仪表礼仪。

【知识目标】

1. 了解仪表修饰的有关知识及基本要求；

家政服务礼仪与沟通

2. 熟悉基本着装原则和要求；
3. 掌握家政工作人员着装原则和要求。

【技能目标】

1. 对仪表礼仪有基本认知；
2. 能进行合理搭配衣着，得体着装；
3. 能根据不同岗位合理着装。

【素质目标】

具有正确的审美意识，通过得体的着装，展现良好的家政服务仪表礼仪。

案例引入

小孙在上次被领导提醒要注意仪容礼仪后，痛定思痛，仔细研读公司有关礼仪的规定，并复习上学时学过的礼仪知识，完成了从校园里的学生到家政公司的员工身份的转变。她在注意仪容整洁规范的同时，也从着装等方面注重仪表，得到公司领导和客户的一致认可。

任务一 基本着装礼仪

任务描述

《春秋左传·正义》有云："中国有礼仪之大，故称夏；有服章之美，谓之华。"历史上以"衣冠南渡"表示中原文化的南迁，某种意义上着装就代表着礼仪、代表文化。从古至今，着装在礼仪中都占有非常重要的地位。

 任务分析

仪表礼仪是礼仪的重要方面，仪表礼仪又以着装为要。黄帝时的"胡曹作衣"，或"伯余、黄帝制衣裳"，是我国有关衣服产生的传说。所谓"佛靠金装，人靠衣装"，家政服务人员的着装要符合仪表要求，注重着装原则，还要搭配好色彩和饰品。

 相关知识

一、认知仪表

仪表也就是一个人外在表现展示出的礼仪形象。广义的仪表一般是指一个人的内在修养和外表形式的展示，也是一个人总体形象的统称。除容貌、发型之外，还包括人的服饰、体态、谈

44

吐、表情等方面，是人的精神面貌的外在表现。狭义的仪表含义与仪容相似，常与仪容并用为仪容仪表。

二、家政服务人员仪表要求

（一）讲究个人卫生

家政服务人员在工作前和工作中，不要饮酒，不要食用葱、蒜、韭菜等有异味的食物。在工作岗位上，要注意保持身体清洁，保证无异味。服装要保持整洁、合身，服务上岗时必须穿工作服。做到勤洗头、勤洗澡、勤修指甲、勤修面，忌讳身体有异味、皮肤表层或指甲内有污垢。注意保持口腔清洁，养成勤刷牙、勤漱口的卫生习惯，防止口腔异味。注意勤换衣袜，尤其要注意保持领口、袖口、上衣前襟等易脏处的清洁；不洁净的袜子容易发出异味，尤其在炎热的夏天，更应当注意。头发适时梳理，发型整齐大方。服装挺括，精神振作，整齐利落，使人感到愉悦。

（二）衣着打扮合适得体

家政服务人员工作时必须穿统一的工作服。女员工上班要淡妆打扮，以保持皮肤的细润，显得年轻、有活力。男员工不化妆，但要经常修面、剪鼻毛。另外，自然大方的装扮，能使人产生平易近人、亲切友好的感觉；装扮过于华美或修饰过度，不仅会使人觉得刺眼，产生反感，也会破坏人的自然美。

（三）强调整体和谐之美

仪表美是一种自身整体的美，也是个人与周围环境相协调、与企业文化相适应的美感。真正懂得美的人，会综合考虑自身的相貌、身材、职业等，用色彩、线条、款式将美感协调统一于一身，并与所处的环境相称，这样才有可能塑造出和谐美的形象。

（四）注重提升修养

仪表在一定程度上体现着人的兴趣爱好、审美观点和气质。仪表是人的内在美与外在美的统一。真正的美，应该是个人良好内在素质的自然流露。要想有好的仪容仪表，要想在人际交往中给人以良好的印象，就必须从文明礼貌、文化修养、道德情操、知识才能等各方面不断提高个人修养。如果只有外表的华美，而没有内在的涵养作为基础，一切都会使人感到矫揉造作，使人感到"金玉其外，败絮其中"。

（五）树立服务意识

家政服务人员除了要注重外在形象，规范着装、修饰，还要牢固树立服务意识，严格遵守岗位规范要求，突出岗位工作特点，维护家政企业的形象。

三、着装的基本原则

（一）"TPO"原则

"TPO"是英文单词"Time"（时间）、"Place"（地点场合）、"Object"（目的）三个单词的首字母缩写，意味着穿着打扮要符合自己所处的时间、地点以及目的。只有穿着得体才能真正体现出自身的修养，才能给对方留下良好的第一印象，才能在社会生活中游刃有余。"TPO"原则是国际通用的着装三原则。

（1）时间原则。时间原则主要包括两方面的含义：一方面我们自身的穿着打扮要顺应时代发展的节奏，着装不可太超前，也不可太落后；另一方面我们自身的穿着打扮要顺应四季的变化和日夜交替，不能冬穿夏衣和夏穿冬衣。夏天的服饰以透气、简洁、凉爽为原则，冬季的服饰以保暖、大方为主，要体现出服饰与季节的和谐美和自然美。

（2）地点和场合原则。从大的地点上讲，不同的国家、不同的城市因所处的地理位置、气候条件、风俗习惯等不同，对服饰的穿戴要求也不相同，所以，我们要对即将到达的目的地有一定的了解，然后选择适合自己身份的服装和配饰。另外着装应和具体的地点、环境相适应，不同的场合穿着不同类型的衣服。

（3）目的原则。从目的上讲，人们的着装往往体现着其一定的意愿，即自己的着装想要留给他人何种印象。工作场合需要穿工作装，社交场合需要穿正装，休闲场合需要穿休闲装。想要表达自己悲伤的心情，可以穿深色的服装；想要表达自己喜悦的心情，可以穿色彩鲜艳的服装。

（二）整洁性原则

服饰的整洁是良好仪表的最基本原则。无论服饰多么大牌或者多么昂贵，如果不够整洁，不够平整，也将大大影响本人的仪容仪表。在日常生活中，我们要时刻保持服饰的整洁，只有如此才能给人庄重大方、精神焕发的感觉。

（三）技巧性原则

不同的服装有不同的搭配方法，无论采用哪种搭配技巧，首先必须了解自己的肤色、体型和个性特点，依据所处的环境、场合选择适合自己的服装色彩、图案、款式，展现出独特的风格和魅力。服装的色彩搭配也具有较强的技巧性，如深色和冷色调的衣服会使人产生收缩感，使人看起来更加苗条；浅色和暖色调会使人产生膨胀感，使人看起来更加丰满。

四、着装的色彩搭配

俗话说："远看颜色，近看花。"色彩在服饰审美中有着非同小可的作用，它能显示出一个人的审美兴趣，能够显示出一个人的气质格调。对于着装搭配来说，色彩搭配是比较高阶的层面。色彩搭配得当，你不用化妆，都会使脸色看起来神采奕奕，焕发出无比的美丽与自信，能给你的整体造型锦上添花。如果色彩搭配不当，就会使肌肤即刻黯然失色，毫无生气。

（一）与自身肤色相适应

皮肤偏白的人，适用于任何颜色；皮肤偏黄的人，适用于明快的冷色彩，可以用淡蓝、浅粉、白色服装来衬托肤色，色彩暗淡的衣服会让人失去生气而产生一种"病态"；皮肤偏黑的人，适合穿纯色系的衣服，如蓝色系的浅蓝、淡蓝、天蓝、纯蓝或者米色系，忌过艳的颜色和褐色、灰色，也忌讳太过花哨的款式。

（二）与自身体型相协调

人的体型是在服装色彩搭配时需要考虑的重要因素。适当的色彩搭配除了能够对个人气质进行再塑造，也能够让人产生视错觉，以掩盖个人身材上的不足，并放大自身的优点。

身材高瘦的人应避免服装款式紧身窄小，不适宜穿着黑色、蓝色等深色系服装，可以用横条纹、方格、斜纹等花纹增加视觉的宽度。身材偏胖的人最好不要穿颜色鲜艳的衣服，不要带有过多的色彩，可以穿深色系服饰来进行视线转移，例如黑色、蓝色等。

五、饰物佩戴的基本原则

饰物，是指能够起到装饰点缀作用的物件，主要包括服装配件（如帽子、领带、手套等）和首饰（如戒指、胸花、项链、眼镜等）两类。饰物佩戴要考虑人、环境、心情、服饰风格等诸多因素间的关系，力求整体搭配协调。男士只能佩戴戒指、领饰、项链等，注重少而精，以显阳刚之气。女性饰物种类繁多，选择范围比较广，饰物的佩戴要与体型、发型、脸型、肤色、服装和工作性质相协调。

（一）数量恰到好处

首饰的佩戴数量要恰到好处，不宜过多，最多不超过三件。佩戴过多的首饰往往会失去修饰的重点，而且有炫富的庸俗感。

（二）符合身份

选择首饰时，要充分考虑自己的性别、年龄、职业、体型等，遵循适合自己的才是最好的这一原则。例如：学生不宜佩戴首饰，要保持节俭朴素的品质；办公室工作人员宜佩戴精致的饰品。家政服务人员在工作过程中不宜佩戴饰物，也不宜留长指甲及涂指甲油。如果佩戴饰物，例如戒指，在接触老人的过程中容易划伤老人或者划破手套，也不利于手的清洁消毒。

（三）协调一致

佩戴两件或两件以上的饰物时，尤其要讲究同质、同色。帽子、手套、围巾要力求质料相同。首饰尽量以成套为首选，达到色彩和款式协调、一致的效果，否则看起来色彩斑斓，令人眼花缭乱。例如：选择珍珠耳钉时，应搭配珍珠项链及珍珠手链。

六、饰物的佩戴技巧

（一）戒指

戒指一般被当作爱情的信物和象征，人们用来表达爱意或者一种情感的状态，比如单身、恋爱中或结婚。大拇指一般不佩戴戒指，通常情况下，以佩戴一枚戒指为佳，佩戴太多有炫富之嫌。

（二）手镯和手链

手镯是女性的装饰物，因纤丽精巧，很受现代女性青睐。戴手镯和手链很有讲究，在普通情况下，手镯最多两手可各戴一只，若只戴一只时，应戴左手。手链应仅戴一条，并应戴在左手上。在一只手上戴多条手链、双手同时戴手链或手链与手镯同时佩戴，一般是不得体的。

（三）耳饰

耳饰即耳环、耳坠，是用于点缀女性耳鬓的饰物，能很好地体现女性的娇柔与秀丽。耳饰靠近脸部，对脸起到一种修饰的作用，因而在选择耳饰时应注意要与脸型相适应。圆脸欠缺立体度，因此吊坠耳环是圆脸女生的第一选择，因为吊坠耳环将会在视觉上拉长脸形；长脸可以多尝试圆形、扇形或方形的设计；方形脸最适合戴稍微圆润一些、精致小巧的耳钉和细长吊链式耳环。

（四）手表

手表对男性来说备受重视，在形状上应当庄重、保守。造型新奇的手表只适合儿童，成人不宜佩戴稀奇古怪、多种多样的图案手表。在色彩上一般选用单色手表，不宜选择三种或三种以上色彩的手表。在比较正式的场合，通常不能佩戴失效表、劣质表、卡通表等。

> **资源拓展**
>
> **色彩的象征意义**
>
> 1. 红色。红色是东方民族最喜爱的色彩，它往往使人联想到生命和热血、太阳和火焰、喜庆和欢乐，象征着活跃、热情、奔放、喜庆、力量和权威。
>
> 2. 黄色。黄色灿烂、辉煌，有着太阳般的光辉，象征着照亮黑暗的智慧之光。黄色有着金色的光芒，象征着财富和权力，它是骄傲的色彩。
>
> 3. 橙色。橙色是欢快活泼的光辉色彩，时尚、青春、动感，让人有种活力四射的感觉，是暖色系中最温暖的色彩。它使人联想到金色的秋天、丰硕的果实、温暖的阳光，是一种富足、快乐而幸福的色彩。

4. 蓝色。蓝色是柔和、宁静的色彩，易使人联想到天空和海洋，让人产生深邃和高远的感觉，象征着理智、安详、自信、冷静、深沉和智慧。

5. 紫色。紫色有高贵、优雅、浪漫、神秘、财富的寓意，神秘感十足，具有强烈的女性化性格。

6. 黑色。时尚的人说黑色代表神秘，前卫的人说黑色代表酷，成熟的人说黑色代表庄重。黑色表现三种特征：高雅、悲伤和与众不同。

7. 白色。白色清爽、无瑕、冰雪、简单，是黑色的对比色，表示纯洁之感。轻松、愉悦、浓厚之白色会有壮大之感觉，有种冬天的气息。在东方，白色也象征着死亡与不祥之意。纯白色会带给别人寒冷、严峻的感觉，所以在使用白色时，都会掺一些其他色彩。白色是永远流行的主要色，可以和任何颜色作搭配。

任务实施

【小组活动】

运用所学知识，分组自检日常着装有何不妥之处，完成表2-3。

表2-3 小组活动记录单

组号：		日期：	
主要观点：			
评价	教师评分：		
	小组互评：		

同步测试

一、单项选择题

1. 下面不属于着装三原则的是（   ）。

A. 时间原则　　　　　　　　　　　B. 地点和场合原则

C. 目的原则　　　　　　　　　　　D. 整洁原则

2. 身材偏胖的人不适宜穿颜色鲜艳的衣服体现的是（   ）。

A. 着装与自身肤色相适应　　　　　B. 着装与自身体型相协调

C. 整洁性原则　　　　　　　　　　D. 目的原则

3. 下面不属于饰物佩戴基本原则的是（   ）。

A. 整洁性原则　　　　　　　　　　B. 协调一致

C. 符合身份　　　　　　　　　　　D. 数量恰到好处

二、判断题

1. 着装要与自身体型相协调。　　　　　　　　　　　　　　　　　　　　（   ）

2. 衣着打扮自己喜欢就好，不用讲究太多。（　　）

三、案例讨论

小马是家政公司服务人员，经理决定委派小马深入社区进行宣传。为了给社区居民留下良好的印象，她准备了一条大花的连衣裙，穿上高跟鞋，戴上项链、耳环、戒指、手镯，还喷了浓浓的名牌香水。

你认为小马的穿着打扮会给社区居民留下好的印象吗？如果你是小马，你认为应该怎样搭配才会显得更加得体？

任务二　家政岗位着装礼仪

任务描述

在古代，着装有着严格的等级划分，不同的身份有不同的着装要求，并且不能跨阶层着装。比如黄色衣服只有帝王才有资格穿，普通百姓被称为"布衣"，只能穿粗布麻衣。这些穿衣要求固然是封建社会的不平等，但某种意义上也体现了随着社会分工，形成了不同职业间有标志性的服装，开启了职业着装的先河。

任务分析

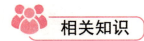

中国自古就被称为"衣冠上国，礼仪之邦"。服饰是礼仪的载体，礼仪是服饰的内涵，服饰礼仪是中国文化的重要窗口。

当今社会，人们在日常穿衣方面没有了森严的等级划分，但在工作时，也会因工作岗位不同有着不同的着装要求。作为家政服务人员，应该根据自身岗位进行规范性着装，搭配好服装色彩，把握工作制服着装的原则和要求，展现出良好的仪表礼仪。

相关知识

一、家政服务人员服饰的色彩搭配

着装首先要注意色彩的协调。服饰的色彩协调是指衣服上下的颜色、衣服与配件、衣服与肤色和发色等协调，也包括和其他方面如季节的协调等。一般来说，色彩搭配也可以采用以下几种方法：

（一）同色搭配法

同色搭配法即运用同一色系中各种明度不同的色彩来进行搭配与组合。就是要用同一色系中的各种色彩，按照深浅程度的不同来进行搭配。

（二）相似色搭配法

相似色搭配法是指在色谱上邻近的类似色组合配色，如红色与黄色、橙色与黄色、蓝色与绿色等。服饰礼仪"三色原则"即在服饰配色时，包括服装、饰品、配件等在内的一切服饰，不应当超过三种颜色。

（三）主辅色搭配法

主辅色搭配法指选用一种起主导作用的色彩为基调和主色，再以其他色彩组合配合。配色法的原则是：主色在整体服饰中所占的比重应是最大的，或置于最显眼、最重要的位置；辅色的选择应重点考虑基调的性质，尽量多用与基调性质相同的色彩。主色与众多的对比色应有尽可能相同或相近的明度。

（四）对比色搭配法

对比色搭配法指两种性质相反的色彩组合配色，如红与绿、黄与紫、红与蓝、黄与蓝、绿与紫、黑与白等都是最常见的对比色搭配。

二、家政服务人员服饰的基本原则

家政服务人员的服饰属于职业服饰，它应具有职业服饰的基本特征，即实用性、审美性和象征性。其服饰应符合以下要求：

（一）多样统一

讲究多样统一是家政服务人员服饰美的基本原则。统一是指服饰风格统一，多样是指在风格统一的基础上可根据不同岗位穿不同类型的服饰。

（二）和谐

衣着之美，很大程度上在于"相称"，也就是要与自己的职业、身份、年龄、性别相称，与周围的环境、场合协调。家政服务人员若有工装则统一穿着工装，若无工装，应穿与工作岗位相符的服装。

（三）含蓄

含蓄，作为中国传统审美趣味，通常被视为服饰美的至高境界。家政服务人员的服饰应体现出民族特点与时代新潮的有机融合，解决好藏与露的"适度"关系。

（四）整洁

服饰是职业形象塑造的重要环节。家政服务人员服饰应保持干净无异味，衣物无破损；衣着以平整为美，若出现众多的褶皱，应及时更换，或熨烫平整；在穿衣服、戴首饰时，必须遵守既有的规范性做法，不能随心所欲地乱穿、乱戴。

三、家政服务人员的服饰礼仪

（一）工作时要穿工作制服

制服的美观整洁既突出了员工的精神面貌，也反映了企业的管理水平和卫生状况。要注意领子和袖口上的洁净，注意保持制服整体的挺括。鞋是服装的一部分，在工作岗位上穿皮鞋，每天应当把皮鞋擦得干净、光亮，不要穿白色线袜或露出鞋帮的有破洞的袜子。如果穿布鞋，同样也应保持洁净。男员工的袜子颜色应跟鞋子的颜色和谐，通常以黑色最为普遍。女员工一般要求穿肉色丝袜。

（二）要佩戴好工号牌

穿制服时要佩戴工号牌，均应把工号牌端正地佩戴在左胸上方。

（三）着装要规范整洁

上班要穿工作服，工作服要整洁，纽扣要齐全扣好，不可敞胸露怀，不能将衣袖、裤脚卷起。着裙装不可露出袜口，应穿肉色袜子，袜子不能有刮丝、漏洞。工作中穿西服应打领带，衬衣下摆塞入裤内。此外要注意坚持"内衣不外露"的原则，衬衣下摆、衬衣内的套头衫领圈与袖口、内裤的松紧处及裤脚，均属于内衣范畴。

（四）不佩戴华丽或花哨的饰物

家政服务人员除手表外一般不能佩戴比客户高级的饰物，以免挫伤客户的自尊心。比较特殊或比较昂贵的首饰，如结婚戒指、老人遗留下的饰物等有特殊意义的首饰，须经领导同意后，方可佩戴。家政服务人员一般不可佩戴耳环、手镯、项链、别针等饰物。另外，在前台、服务台等"一线"的员工尽量不要戴眼镜，在岗员工一律不能戴有色玻璃眼镜。

四、家政服务人员的着装要求

家政行业的服务人员按其工作性质和内容可以分为两类，一类是行政管理人员，一类是专业护理人员。根据这两类服务人员不同的工作性质，我们来分别讲解一下他们的着装礼仪与要求。

（一）行政管理人员的着装

如果家政服务机构有统一的工作服，那么工作时就按照单位要求统一着装。如果没有统一要求，对于男士来说，最好选择西装，对于女性来说，着装以套装或套裙为宜。但是考虑到家政服务人员的服务群体为家庭，需要营造亲切、平和、轻松的环境，所以服务人员也可选择其他款式简洁、明朗、大方的服饰，但是切忌穿太紧、太短、太透的服饰。而且服装色彩的选择以素雅为主，切忌过分艳丽。

（二）专业护理人员的着装

从事家庭护理和母婴护理具有专业资格证书的护理人员，日常工作都应该穿公司统一要求的专用工作制服，尽量穿棉质、不带饰品的服装，必要时穿护士服、护士鞋，着装与一般护理人员一致（见图2-4）。

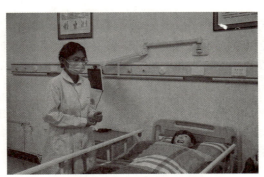

图2-4　专业护理人员的着装

（三）小时工的着装

对于入户服务的小时工，应根据服务内容不同穿公司统一要求的服装（见图2-5），如保洁服务、维修服务等。入户时，应穿戴鞋套。

图2-5　小时工的着装

家政服务礼仪与沟通

（四）其他常住家庭服务人员着装要求

常住家庭的家政服务人员因长时间随客户家庭生活，一般没有统一着装要求，可根据具体情况穿适宜的服装。家政服务人员工作的主要场所是家庭，着装不必要求非常正规，但是穿着也不能过于随便，要注意在雇主和宾客面前的形象。

家政服务人员所穿衣服鞋袜要经常换洗，没有异味。入户工作期间，衣着应朴素、不张扬，不可穿紧身的、过于单薄和过于暴露肢体的服装。在特定节日或所驻家庭有客人到访时，可在客人的同意后，更换相对艳丽美观的衣服。从事某些具体工作，如在从事家务劳动时，应穿上围裙、戴好套袖或者穿相关工作制服。

五、工作制服穿着要求

（一）严格按要求穿着

在穿工作制服时，不能私自改变其款式，要按照自己适合的型号领取，特殊情况下可修改大小。此外，要保持工作制服的统一性，不能在工作制服上增加配饰，更不能在制服上涂鸦乱花。女士制服若有配套领带或领结，穿着时，要系好领带。

（二）保持整洁卫生

工作制服要常洗常换，保持制服的平整、挺括、美观。随时保持制服的干净和清爽，必须做到无异味、无异色、无异迹。

（三）及时更换

每天要仔细检查着装，符合要求后方可上岗。员工在穿工作制服时，要随时检查自己的制服，发现制服破损或有污渍，应及时更换。

（四）保持工作制服规范

工作制服应保持一定的规范性，要根据工作岗位的不同穿制服，不同的工作性质可穿不同的制服。相同工作岗位的制服应统一，不能自行其是、乱穿制服，破坏公司的整体造型。下班时间不穿工作制服，工作制服只能上班从事相关工作的时候穿。

资源拓展

穿着要求——套裙

1. 基本规范。穿套裙时应尽量少用饰物、少用花边点缀。裙子的长度要求过膝或及膝，最短不短于膝盖以上15厘米处。穿套裙时要系好所有的扣子，不能随便脱掉外衣。套裙、配饰、化妆风格要统一。

2. 衬衫搭配。与套裙配套的衬衫，面料要轻薄柔软；颜色以白色或不鲜艳色为宜；款式要保守，最好无图案；衬衫下摆须塞入裙内，系好纽扣。

3. 鞋袜选择。女士穿套裙时需穿肉色连裤袜，穿黑色裙子时可以配黑色袜子。不能穿短袜，出现"三截腿"。穿套裙时应穿皮鞋，深色套装可以配深色或黑色皮鞋。穿两色或有花纹图案的套裙，选择与裙子主色一致的皮鞋。

4. 手包搭配。女士穿套裙时，不能配用休闲、便捷的皮包，要选用黑色、深色或与套裙主色一致的真皮手包、提包或缎面小包。

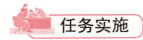

【小组活动】

运用所学知识，参考下面的标准，分组讨论服务人员应注意哪些着装规范，并完成表2-4。

总体要求：服装整洁，领口干净；端庄，不太薄、不太透、不太露；款式色彩不太复杂、不花哨。此外，女士裙子不太短，不太长，不太紧，不太宽，不太松；丝袜无钩丝、无破洞，有备用丝袜。男士裤子拉链拉好；女士裙缝位正。穿鞋时要注意皮鞋洁净、款式大方，鞋跟不太高不太尖，走动时不发出大声音。在佩戴饰品时，饰品不太夸张、不太突出，工牌佩戴在要求的位置。

表2-4 小组活动记录单

组号：		日期：
主要观点：		
评价	教师评分：	
	小组互评：	

一、单项选择题

1. 工号牌端正地佩戴在（ ）。
   A. 左胸上方　　B. 右胸上方　　C. 裤子上　　D. 袖子上
2. 工作时间，家政公司男性行政工作人员穿着得体的是（ ）。
   A. 穿短裤　　B. 穿西装　　C. 穿拖鞋　　D. 穿背心
3. 下面不属于服装色彩搭配方法的是（ ）。
   A. 同色搭配法　　B 相似色搭配法　　C. 随心所欲法　　D. 主辅色搭配法

二、判断题

1. 工作期间，不佩戴华丽或花哨的饰物。　　　　　　　　　　　　　　　　（　）
2. 穿套裙时，衬衫下摆须塞入裙内，系好纽扣。　　　　　　　　　　　　　（　）

三、案例讨论

小马在上次进社区穿着不得体受到批评后，特意买了一套西装套裙。今天，有一客户需要家庭保洁小时工，因家政公司业务多、事务忙，人手一时调度不开，且小马接受过相关业务培训，于是公司决定让小马入户进行工作，于是小马穿着套裙就去了客户家里。客户见到小马后，面露不悦，说道："你是来干活的，还是来做客的？"请问，为什么会出现这种情况？如果你是小马，

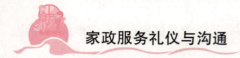

家政服务礼仪与沟通

应该如何着装？

项目评价见表2-5。

表2-5 项目评价表

项目	评价标准
知识掌握（30分）	知道仪表的有关知识及基本要求（5分） 知道基本着装、色彩和饰品搭配的原则和要求（15分） 知道家政工作人员着装原则和要求（10分）
实践能力（40分）	能得体地着装（10分） 能合理搭配饰品（10分） 能规范地穿工作服装（10分） 能使着装和岗位相匹配，以良好的仪表从事工作（10分）
礼仪素养（30分）	具有正确的审美意识（10分） 得体地着装，塑造仪表礼仪（10分） 展现良好的家政服务职业形象（10分）
总分（100分）	

项目三 仪态礼仪

【项目介绍】

仪态，是一个人的行为举止，工作中的站、坐、行、蹲等姿态，以及生活中的举手投足都是一种仪态。仪态是行为规范，也是富有内涵的肢体语言，反映出人的内在素养。得体的仪态是自身修养的体现，也是对他人的一种尊重，能反映出服务的专业性。工作中通过各种仪态的运用，可以塑造良好的职业形象。

【知识目标】

1. 掌握仪态的有关知识及基本要求；
2. 掌握家政服务人员站姿、坐姿、走姿、蹲姿的要求和规范；
3. 熟悉手势的要求和规范。

【技能目标】

能根据不同场合和工作要求，采用得体的站、坐、行、蹲等仪态从事相关服务，使仪态和职业岗位相匹配。

【素质目标】

具有刻苦勤奋的学习态度，塑造端庄得体的仪态，树立良好的职业形象。

模块二　家政服务人员职业形象

案例引入

小孙经过一段时间的工作，各方面能力都得到大幅提升。根据在校所学礼仪方面的知识，在一次接待客户中，通过挺拔的站姿、大方得体的手势等表现出了优雅的仪态礼仪，为公司树立了良好的形象。客户临走时直夸小孙专业，表示会向朋友介绍该公司的服务。

任务一　站姿礼仪

任务描述

在家政服务过程中，良好的仪态是塑造职业形象的重点，而站姿是其他仪态的起点和基础。工作中要采用标准的站姿，进行对客服务，展示专业的服务。

任务分析

要在掌握站姿知识的基础上，勤加练习。在具体工作中应根据性别不同采用相应的站姿，并根据不同工作场景变换正确的站姿。

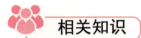

一、仪态的概念

仪态，是人的姿势、举止和动作的统称，是指人在行为中身体所呈现出来的各种姿态。此外，仪态也是内在风度、气质修养的外化，是一种肢体语言，不同姿态体现不同的意义。总体而言，仪态是指人在具体行为中现出来的规范性姿态，是礼仪的一种外化形式。

良好的仪态是一个人综合素养的体现，也是待人接物、为人处世的礼节，更是工作中的基本要求。家政服务人员无论是在日常生活中还是在工作岗位中，都应注重仪态礼仪。

二、站姿

站姿，又称立姿，是人在站立时所呈现的静态姿势（见图2-6）。站姿是其他仪态的起点和基础。站姿要求"站如松"，即头、颈、躯干、脚成一条直线，呈现出挺拔的姿势。我们常用"刚毅挺拔"要求男士站姿；用"亭亭玉立"来要求女士站姿。工作中正确的站姿既能展示出个人的气质和风度，又能给人留下庄重大方的印象，也是认真专业的工作表现。

基本站姿是家政服务人员在常规情况下站立的标准姿态，是站姿礼仪的基础。基本站姿的标准主要有：

（1）头要正。头部抬起，下颌微收，面向前方。

（2）肩要平。双肩保持平正，双臂自然下垂，放在身体两侧，手部虎口向前，手指自然弯曲，指尖朝下，中指压裤缝。

（3）身要直。自然放松，颈部、腰部直立，上身自然挺拔，挺胸收腹。

（4）脚并拢。双腿保持立正，双膝紧靠在一起。两脚跟并拢，两脚呈"V"字形分开，呈 45°~60°。身体的重量应当平均分布在两条腿上。

图 2-6　站姿

三、女员工站姿

（1）"V"字形站姿（见图2-7）。身体直立，挺胸、收腹，双腿、双脚跟并拢，两脚尖分开呈"V"字形，两脚尖张开的距离约为一拳，使身体重心穿过脊柱，落在两腿正中。双手叠放、相握于腹前，可放于脐下一寸或脐部，上臂与前臂形成自然弧度。这种站姿适合于各种正式服务场合。

（2）"丁"字形站姿（见图2-8）。身体直立，前脚的脚跟靠在后脚内侧缘凹陷的部位，两脚互相垂直呈"丁"字步。由于这种站姿采用双脚前后交错站位，从视觉角度能较好地掩饰腿部弯曲，尤其是"O"形腿的缺陷。双手叠放、相握于腹前，可放于脐下一寸或脐部。

四、男员工站姿

（1）"V"字形站姿。身体直立，双腿、双脚跟并拢，两脚尖分开呈"V"字形，其张开的角度约60°，双臂自然下垂，掌心向内，双手分别贴放于两边大腿外侧。男员工"V"字形站姿，为基本站姿。

（2）平行式站姿（见图2-9和图2-10）身体直立，双腿分开，两脚平行，与肩同宽，两脚间距离切忌超过肩宽。左手握住右手腕部贴放于后背或者左手握住右手腕部自然放于腹前。

模块二　家政服务人员职业形象

图 2-7　"V"字形站姿

图 2-8　"丁"字形站姿

图 2-9　后背式平行站姿

图 2-10　腹前式平行站姿

五、站姿的训练方法

对于家政服务人员,在工作中应采用标准的站姿提供服务。标准的站姿可通过严格和规范的礼仪训练习得。

(1)贴墙训练法。把身体贴着墙站好,如果后脑、肩部、臀部及脚后跟能与墙壁紧紧接触,说明站立仪态是正确的,假如无法接触,就说明站立仪态不符合要求。

(2)顶书训练法。把书本放在头顶中心,使书不掉落,颈部自然挺直,下颌向内收,上身挺直,头部保持平稳(见图2-11)。

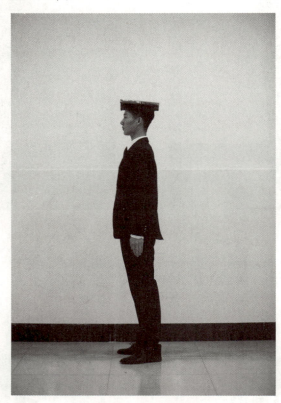

图2-11 顶书训练法

六、禁忌站姿

站立时忌弯腰驼背、左右摇晃;不可歪倚斜靠,给人站不直、十分慵懒的感觉;不可双手交叉抱在胸前,这种姿势容易给人傲慢的印象。在工作场合站立时,不可双手插在裤袋里,这样显得过于散漫、随意。

七、站姿的灵活应用

在站姿具体运用过程中,一些特殊情况下也可根据情况进行一定变化,灵活应用,但要把握站姿变化的原则。

(1)与标准站姿大同小异。变化之后的站姿,实际仅有少许的调整,并非完全不一样。所以在采用变化的站姿时,家政服务人员的姿势仍要符合站姿的标准。

（2）短时间变化。在工作岗位上采取变化的站姿，主要是为了适应某些特殊情况。因此，家政服务人员只能在这个特殊的情况下采用变化的站姿。这种特殊情况结束后，仍要采用基本站姿。

（3）不能违反礼仪原则。尽管需要采用变化的站姿，但是作为家政服务人员，要注意避免不良站姿。尽管站姿变化了，但还是应该以礼待人，讲究礼仪。

资源拓展

避免不良站姿

在服务工作中，家政服务人员应尽量避免以下不良站姿：

1. 身位不正、腰背不直。在站立时不允许身体歪斜、弯腰驼背，这样会给人留下颓废消沉、无精打采的印象。

2. 半坐半立、趴伏倚靠。站的时候就要采用标准的站姿，坐的时候就要采用标准的坐姿。对于家政服务人员来说，不允许半坐半立，不应随便趴伏在某处左顾右盼，不要倚着墙壁、货架或靠在桌柜边上，这些站姿都是不雅观的，会给人懒洋洋的、消极的感觉，让客户觉得服务人员过于随便。

3. 手脚不当、站立不稳。站立时，手脚姿势应符合相应站姿要求，避免出现一种站姿的手势和另一种站姿的脚步姿势混搭。站立时，要避免插兜、叉腰交叉放在胸前，更不能摆弄衣服、咬指甲等。脚位要避免出现八字步、蹬踏式。避免两脚的距离过大，双腿交叉等现象。站立时要避免身体抖动或晃动，不允许家政服务人员在站立的时候随便乱动，甚至勾肩搭背。

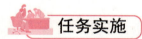

任务实施

1. 依据性别选用站姿。在具体工作中，应该根据员工性别选用站姿，除通用的基本站姿外，男员工一般采用"V"字形和平行式站姿，女员工一般采用"V"字形和"丁"字形站姿。在男女共同选用"V"字形站姿时，要注意手部位置。

2. 依据工作场景选用站姿（见表2-6）。

表2-6 不同工作场景的站姿

工作场景	站姿选用	注意事项
召开例会	男女员工可共同采取基本站姿	注意站姿禁忌，保持良好状态。在庄重的场合如升国旗、接受奖励、举行吊唁活动等，也应采用基本站姿
等待客户	可根据性别采用相应站姿。女员工一般采用"丁"字形站姿，男员工一般采用后背式平行站姿	因长时间站立，可在公司制度允许情况下，变换不同标准站姿，缓解疲劳
迎接客户	可根据性别采用相应站姿。女员工一般采用"丁"字形站姿，男员工一般采用腹前式平行站姿	要配合其他礼仪共同使用，面带微笑，向客户鞠躬致敬，同时用敬语问候客户，如有必要可引领客户入店

家政服务礼仪与沟通

同步测试

一、单项选择题

1. 身体直立，双腿分开，两脚平行，与肩同宽，手放于后背，这种站姿适用于（　　）。

A. 女员工　　　　　　　　　　　　B. 男员工

C. 都适用　　　　　　　　　　　　D. 都不适用

2. 下面符合站姿礼仪要求的是（　　）。

A. 采用"V"字形站立　　　　　　　B 站立时把手插到裤兜

C. 依靠在门上　　　　　　　　　　D. 浑身摇晃

3. 下面符合仪态礼仪要求的是（　　）。

A. 开例会时，把手插到裤兜里　　　B. 没有客户时，倚靠在墙上

C. 男员工采用"丁"字形站姿　　　　D. 女员工采用"丁"字形站姿

二、判断题

1. 使用顶书训练站姿时，要保持颈部自然挺直，下颌向内收，上身挺直，头部保持平稳。（　　）

2. 站姿是其他仪态的起点和基础。（　　）

三、案例讨论

小孙的同学在一家家政公司面试成功，第一天上班，领导安排他在店内迎候客户。如果你是小孙同学，从符合家政服务工作要求的角度，在等候客户过程中，应该保持怎样的站姿？

任务二　坐姿礼仪

任务描述

正确规范的坐姿礼仪要求端庄而优美，给人以文雅、稳重、自然大方的美感。正确的坐姿有利于保持骨骼健康，有利于塑造良好的个人形象，同时也是对自己和他人尊重的一种体现。

任务分析

坐姿是一种相对静态的仪态，是将自己的臀部置于椅子、凳子、沙发等物体之上，以支撑身体，脚部置于地上的姿势。对广大家政服务人员而言，坐姿也是常用的仪态。在生活和工作中，坐姿得体与否，直接影响个人和企业形象。

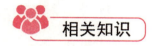 **相关知识**

一、家政服务人员的仪态要求

良好的仪态应庄重得体、大方自然，并且要灵活应用。家政服务人员在工作岗位上的仪态要求更加严格。一般来说，家政服务人员仪态要注意自身仪态的运用和理解他人仪态。

（一）自身仪态的有效运用

家政服务人员应该有效运用自身仪态，正确地使用各种仪态来表达自己的意思和情感，并对自己仪态进行检验。仪态运用要与自己的角色相适应。家政服务人员在使用仪态时要注意自己的岗位角色以及所处情境，既有助于使自己的仪态更好地为他人所理解，又可以使自己为对方所接纳。仪态要表现出自尊与尊重他人，这不仅是家政服务礼仪所要求的，而且可以表现出自己文明优雅的个人修养。

（二）他人仪态的准确理解

理解他人仪态所表达的含义时要因人因事而异，不能用某个仪态去判断他人的意思，避免产生误会。客户所展现的仪态，一般与其自身的性格、具体的情境相联系。理解他人仪态要有整体观念，个人在某一场景中，往往会展现多种仪态，作为家政服务人员，不能片面通过对方的某一具体仪态去判断他人，而是应该整体考虑，综合判断。要真正理解他人的心理，仪态的展现常常与一个人的内心情感有极大的关系。家政服务人员应努力体会他人的内心情感，准确地理解其体态语言。

家政服务人员在工作岗位上，依照家政服务礼仪的规范化要求，注重仪态的正确运用，与准确地理解他人的仪态具有同等重要的意义。

二、坐姿的基本要求

规范的坐姿要注意以下几个方面：

（1）入座不可急躁，要轻而稳。女士着裙装入座时，要先轻拢裙摆，方可落座，防止衣服起褶。

（2）入座时不可坐满，坐到椅面的三分之二处即可。

（3）保持良好坐姿的同时要面带笑容，双目平视，嘴唇微闭，微收下颔。

（4）落座后要保持上身自然挺直，立腰、挺胸。双肩放松，两臂自然弯曲放在膝上。双膝自然并拢，双腿正放或侧放。

（5）起立时，右脚后撤半步站立。

三、常用坐姿

作为家政服务人员，只有在适合入座的情况下，或自己被允许时才可以坐下。坐下后，尤其是在客人面前，应该自觉地采用正确的坐姿。

（1）正襟危坐式。又称为最基本的坐姿，也是适用范围最广的坐姿，男女员工均可采用。

一般坐椅面的三分之二，双膝双脚并拢，上身自然挺直，两肩平正放松，上身与大腿、大腿与小腿应当成直角，掌心向下自然地放于大腿上（见图2-12）。

（2）前伸后屈式。女员工使用的一种坐姿。身体的重心垂直向下，上身自然挺直，两肩平正放松。双膝并拢，可以根据个人习惯，左脚前伸右脚后屈或右脚前伸左脚后屈，双手虎口相交轻握放在大腿上（见图2-13）。

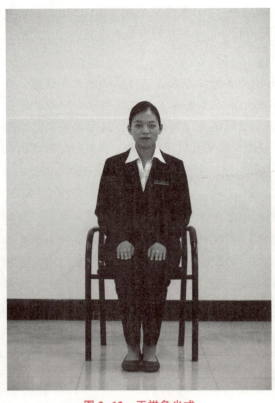
图2-12　正襟危坐式

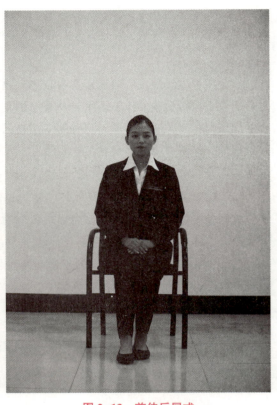
图2-13　前伸后屈式

（3）双腿叠放式。适合穿短裙子的女员工采用，造型极为优雅、高贵。将双腿交叉叠放，交叠后双腿间无间隙。双腿向左或向右斜放，腿部与地面约成45°夹角，叠放在上面的脚脚尖向下（见图2-14）。

（4）双腿斜放式。适用于穿裙子的女员工，尤其是在较低处就座时使用。双膝先并拢，双腿斜放于左侧或右侧，斜放后的腿部与地面呈45°夹角（见图2-15）。

（5）双脚交叉式。适用于各场合。女员工双膝并拢，双脚在踝部交叉，交叉后的双脚可以内收，也可以斜放，不宜向前方伸出（见图2-16）。男员工采用这个姿势时，可双膝略分开，但角度也不可过大。

（6）垂腿开膝式。适用于男员工。上身与大腿、大腿与小腿都成直角。双腿、双膝自然分开，与肩同宽。双手掌心向下，自然地放在大腿上（见图2-17）。

（7）大腿叠放式。适合男员工在非正式场合使用。双腿在大腿部分叠放在一起，位于下方的小腿垂直地面，上方小腿内收，脚尖尽量向下。此动作若操作不当会与跷二郎腿相混淆，因此不建议在正式场合采用。

模块二　家政服务人员职业形象

图 2-14　双腿叠放式

图 2-15　双腿斜放式

图 2-16　双脚交叉式

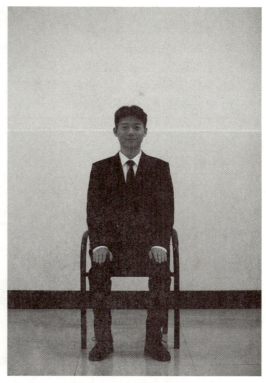

图 2-17　垂腿开膝式

家政服务礼仪与沟通

四、非标准坐姿的注意事项

当座位高度不标准，过高或过低时，坐姿应根据实际情况进行合理调整，坐姿和标准坐姿有所差异。

（1）高座位。上身保持端正姿态，可采取大腿叠放式，将左腿微向右倾，右大腿放在左大腿上，脚尖朝向地面，切忌右脚尖朝天。

（2）低座位。轻轻坐下，臀部距座椅背约2厘米，背部靠着椅背。如果穿的是高跟鞋，在低座位上，膝盖会高出腰部，此时应当并拢两腿，使膝盖平行靠紧，然后将膝盖偏向对方，偏的角度应根据座位高低来定，但以大腿和上半身构成直角为标准。

五、禁忌坐姿

忌在座椅上东倒西歪；忌过于放松、瘫坐在椅子上；忌大腿并拢小腿分开，或双手放于臀下，腿脚不停抖动；忌脚尖朝上、摇腿或将双腿分开，更不可跷二郎腿；与人交谈时，不可摆弄手指、搓手，将手里的东西不停地晃动，把手中的茶杯或物品转来转去；忌把脚搭在椅子或沙发扶手上，或者两腿笔直地向前伸。

> **资源拓展**
>
> 不同坐姿的心理学意义
>
> 1. 身体靠在沙发背上，两手置于沙发扶手上，两腿自然落地、叉开，表示谈话者轻松、自信；
> 2. 身子稍向前倾，两腿并拢，两手放于膝上，侧身倾听，说明很尊重对方；
> 3. 坐在椅子前沿，身体前倾，倚靠在桌上，头微微倾斜，表示对交谈内容非常感兴趣；
> 4. 坐在椅子上交谈时，微微欠身，表示谦恭有礼；
> 5. 身体后仰，甚至转来转去，则是一种轻浮、失礼的行为；
> 6. 整个身体侧转，表示嫌弃与轻蔑；
> 7. 背朝谈话者，是不予理睬的表现。

任务实施

1. 入座。从座位左侧入座，背对座椅，右腿后撤，用小腿肚确定座椅的位置，上身正直，目视前方。入座时要轻、稳、缓。如果椅子位置不合适，应先把椅子移至欲就座处，然后入座。一般坐椅面的三分之二。女士穿裙装入座时要事先用单手从后向前拢裙。与他人一起入座时，要请对方先入座。

2. 坐姿。入座后，上体正直，自然挺胸收腹，双腿自然并拢，上体与大腿、大腿与小腿呈90°，双目平视前方，面带微笑。有扶手的沙发，可以双手搭放或者一搭一放，或者双手叠放在一侧的扶手上，掌心向下。要根据具体情境选择合适的坐姿。

3. 离座。以语言和动作向周围的人先示意，方可站起，地位不同时，应尊者先行，地位相同时，可以同时离座。离座时，右脚向后收半步，然后缓缓起身，站稳后离开。在工作中，家政服务人员一般要晚于领导、客户离座。离座时也要从左侧离开，左入左出是坐姿礼仪的基本要求之一。

同步测试

一、单项选择题

1. 最基本的坐姿是（　　）。
   A. 双腿叠放式　　B. 双腿斜放式　　C. 垂腿开膝式　　D. 正襟危坐式

2. 要求将双腿交叉叠放，交叠后双腿间无间隙。双腿向左或向右斜放，腿部与地面约成45°夹角，叠放在上面的脚脚尖向下的坐姿是（　　）。
   A. 双腿叠放式　　B. 双腿斜放式　　C. 垂腿开膝式　　D. 正襟危坐式

3. 入座时，一般坐椅面的（　　）。
   A. 全部　　　　　B. 三分之二　　　C. 三分之一　　　D. 靠边坐

二、判断题

1. 女员工穿裙子时，无须注意，直接落座就行。（　　）
2. 入座时，一般从左侧入座。（　　）

三、案例讨论

小孙作为家政管理相关专业的大学生，入职后，随着对工作的适应性增强，工作能力逐渐提高，领导安排她为店内的年龄较大的老员工进行培训。在培训开始前，小孙发现部分老员工在等待过程中，在座位上姿态各异，所以临时决定更改培训内容，教大家如何入座。老员工纷纷不解，表示"我们都活这么大了，还能不知道咋坐"？你是否同意老员工的看法？为什么？

任务三　走姿礼仪

任务描述

走姿也称行姿，是人在行走过程中呈现的姿态。走姿是在站姿的基础上延续动作，是一种动态的仪态美，能够体现出一个人的素养、气质、韵味和风度。

任务分析

正确的走姿除了彰显个人形象，也可展现专业素养。在工作和生活中走姿是应用较为广泛的一种仪态。在行走过程中，要动作连贯，从容稳健。应用时，要根据具体情况，正确使用走姿，并配合其他礼仪共同使用。

家政服务礼仪与沟通

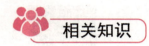
相关知识

一、仪态礼仪对家政服务人员的意义

作为家政服务人员，不仅需要具备一定的科学文化素质、过硬的专业知识，更需具备一定的仪态素养，重视仪态礼仪对自身发展的重要性。

（一）仪态礼仪体现个人修养

在生活和工作中，良好的仪态对提升个人修养有重要作用。一个举止得体、端庄文明的人，可以给人带来好感。有些人面容虽然姣好，但举止轻佻，仪态不端，缺乏内在修养，展现不出良好的精神面貌气质，毫无风度可言。有些人虽相貌平平，但仪态优雅、举止得体，可以让人感到倍感亲切，让人感觉修养较高，乐于交往。良好的仪态礼仪，可以有效提升个人修养，能极大地提升个人的魅力。

（二）仪态礼仪促进人际交往

良好的仪态礼仪是尊重自我的表现，也体现对社会和他人的尊重程度。恰当的仪态礼仪可以给他人以受尊重、可信赖、可交往的感觉，从而促进人际交往。良好的仪态礼仪是社会生活和交往的需要，得体的仪态是遵守社会规范的一种表现。注重仪态礼仪，可增加他人对自己的好感，塑造友好的人际环境，促进人际关系和谐。

（三）仪态礼仪是职业要求

良好的仪态礼仪是家政服务人员的职业要求。家政行业作为一种服务业，对员工的仪态有着非常高的要求。作为家政服务人员，除了提供一般意义上的相关服务，自身的仪态某种意义上也是一种服务。在实际工作中，良好的仪态不仅能显现企业形象，也能为与客户有效沟通打好基础。

亲切的仪态礼仪，可以彰显企业的服务宗旨，在拉近与客户距离的同时，更为客户增添一份温暖。与此同时，亲切的仪态礼仪还有助于建立稳固的服务关系和情感。

二、走姿的基本要求

走姿的基本要求是自然、优雅、轻捷、有节奏。得体的走姿能反映出一个人的风度和活力，反映出一个人积极向上的精神状态。

正确的站姿是走姿的前提和基础，因此在行走时，上身保持站立的标准姿势，双眼平视前方，微收下颌，表情自然平和，头正颈直，挺胸收腹，肩部放松，提臀立腰。双臂前后自然摆动，摆臂幅度为前摆约35°、后摆约15°、双臂外开不超过30°，手掌朝向体内。起步时，以大腿带动小腿迈步，身体稍向前倾，重心落于前脚掌，步幅均匀，步速不要过快，脚尖向正前方伸出，不要两脚尖形成"内八字"或"外八字"（见图2-18）。

三、家政服务人员走姿的注意事项

（1）步态。女员工要步履轻捷优雅，步伐适中，不快不慢，展现出温柔、矫健的阴柔之美。

图 2-18 走姿

男员工要步履雄健有力、步态沉稳，展现成熟稳重、雄姿英发的阳刚之美。

（2）步幅。行走中两脚落地的距离大约为一个脚长，即前脚的脚跟距后脚的脚尖相距约一个脚的长度。不同的性别、不同的身高、不同的着装，步幅都会有些差异。例如：女员工在穿高跟鞋时，步幅可根据所穿鞋的鞋跟高度来适当调整。

（3）要点。女员工常见的走姿是"一字步"，也称为"柳叶步"。"一字步"走姿的基本要求：行走时两脚落地，脚跟要落在一条直线上，两膝内侧相碰，收腰、提臀、直腰，肩外展，头正颈直，微收下颌，面带微笑。男员工常见的走姿是"平行步"。其基本要求：双脚各踏出一条直线，步伐保持均匀、平稳，不要忽快忽慢。与女员工同行时，男员工步子应与女员工保持一致。

四、走姿的训练方法

（1）直线行走训练。在地面画出一条直线，行走时两脚内侧稍微碰在所画直线上，两膝内侧相碰，收腰、提臀、直腰，肩外展，头正颈直，微收下颌，面带微笑。

（2）顶书行走训练。头顶放置一本书进行行走训练，行走时必须抬头、挺胸、收腹、保持身体平衡，不让书掉下来。这种方法可以纠正行走时低头看脚、弯腰驼背等不良习惯。

五、走姿的禁忌

忌行走过程中出现"内八字"或"外八字"步态；忌行走时弯腰驼背，低头无神，步履蹒

家政服务礼仪与沟通

跚，给人老态龙钟之感；忌行走时晃肩摇头，身体左右摆动，给人轻薄、无力之感；行走时应自然地前后摆动双臂，忌摆动幅度过大或手臂左右式摆动；忌多人一起行走时，勾肩搭背，嬉戏打闹，更不能吹口哨或摇头晃脑。

资源拓展

不同着装的走姿要求

1. 穿西装的走姿要求。穿西装时，后背保持平正，两腿立直，走路的步幅可略大些，手臂放松伸直摆动，手势简洁大方。行走时男士不晃动，女士不要左右摆胯。

2. 西服套裙的走姿要求。西服套裙多以半长筒裙与西装上衣搭配，所以着装时应表现出干练的风格。要求步履轻盈、敏捷、活泼，步幅不宜过大，可用稍快的步速节奏来调和，以使走姿活泼灵巧。

3. 穿高跟鞋的走姿要求。女士在正式场合经常穿黑色高跟鞋，行走要保持身体平衡。要直膝立腰、收腹收臀、挺胸抬头，保持挺拔向上的形体。行走时步幅不宜过大。

4. 穿运动装的走姿要求。穿运动装时，可脚跟先着地，用力要均匀、适度，保持身体重心平衡。

任务实施

走姿的具体情境运用

1. 引导客人时走姿应用。引导客人时，首先要注意走步的方位。应尽可能走在客人左前方一米处，并保持身体侧向客人方向。其次，要保持与客人步幅相协调。要时刻观察客人行进速度，并随时调整自己的步伐。再次，要始终以客人为中心。开始引导时，应面向对方欠身示意，同时配合语言和引导手势；行进过程中，回答客人问题或与客人交谈时，身体和头部应侧向客人；经过楼梯、拐角、障碍等处，要及时通过语言、手势等提醒客人。

2. 上下楼梯时走姿应用。通常情况下，应走员工专用楼梯。上下楼梯时，要靠右侧通行，不可抢行。如遇客人，应礼让客人，让客人先行，并示意问好。此外，要减少在楼梯逗留时间，不可把楼梯当作休息、交谈的场所。

引导客人上楼时，一般应让客人走在前面；男员工引导女客人上楼，为了表示对女性的尊重，男员工应走在女客人的前面。下楼梯时，应让客人走在后面，注意客人的安全。

3. 使用电梯时走姿应用。通常情况下，家政服务人员应使用员工专用的电梯，坚持先下后上原则，进出电梯时，侧身而行。

陪同客人进电梯时，先按电梯开关按钮。若只有一位客人，可用手按住打开的门，让客人先进。若客人不止一位，可先行进入电梯，一手按开门按钮，另一手按住电梯门，并配合礼貌用语，礼貌地说"请进"。在电梯内，在空间允许情况下，应与客人保持30厘米左右的距离。到达目的楼层后，应一手按住"开门"按钮，另一手做"请出"的动作，并配合礼貌用语。客人走出电梯后，自己立刻步出电梯，进行引领。

4. 出入房间时的走姿应用。在进入他人的房间前，要通过敲门或者按门铃的方式，向房间内的人通报。

敲门时应注意：手背朝向房门，用手指的关节轻轻敲击房门，连续地、有节奏地敲打三下，然后停止敲门，静等房间内的反应。如果没有反应，再次连续地、有节奏地敲打三下。一般重复三次，不可一直敲，切不可用手掌拍打房门。

按铃时应注意：按住门铃1~2秒钟，等待房间内的反应。若无反应，再次按住门铃1~2秒钟。不可一直按压门铃。

出入房间，一定要注意用手来开关房门，切不可用肘部、膝盖、臀部、脚尖、脚跟等部位开门。当房间里有人时，在进入房间的时候应该面向他人，反手关门，不能用背部对着他人。

与客人一起进入房间时，应该让客人先进，自己再进入，并关上门。与客人一起从房间出来时，应让客人先出，自己最后出，并关上门。当与客人一起进出房间时，应该为客人开门，开门时，不应挡在门口，可站在门的一侧或者门后。

5. 其他情况下的走姿应用。向客人告别时，应面向客人先后退一定距离再转身，以示尊重，转身步幅要小，要先转身再转头。

一般情况下，在行走过程中若遇到客人，应礼让客人，让对方先行。若客人在通道停留时，可使用敬语让客人让行，然后通过。若客人明确让员工先行，应主动感谢对方，然后通过。通过时应从客人侧面或背面通过，不可在客人之间穿行。

 同步测试

一、单项选择题

1. 有关仪态礼仪对家政服务人员的意义，下面说法不正确的是（　　）。
A. 体现个人修养　　　　　　　B. 促进人际交往
C. 是职业要求　　　　　　　　D. 可有可无

2. 引领客人时尽可能走在客人（　　）。
A. 左前方　　　B. 正前方　　　C. 后方　　　D. 并行

3. 关于走姿，下面说法正确的是（　　）。
A. 不可通过顶书训练　　　　　B. 不同着装走姿要求一样
C. 上下楼梯时，要靠右侧通行　D. 走路时，步幅越大越好

二、判断题

1. 走路时不用注意这么多，怎么舒服怎么来。　　　　　　　　　　（　　）
2. 走路时应礼让客人，让客人先行，并示意问好。　　　　　　　　（　　）

三、案例讨论

张爷爷是一名退休教师，今年70岁，他准备前往家政公司进行咨询业务，并参观家政公司。领导要求你陪同张爷爷进行参观。在参观过程中，你应如何正确使用走姿？

家政服务礼仪与沟通

任务四 蹲姿礼仪

> **任务描述**
>
> 蹲姿，为双腿弯曲、身体呈现下降的一种姿势，是在特殊情况下采用的一种仪态。捡拾东西、自我照顾、帮助他人、收拾东西以及提供相应的服务时都需要用到蹲姿。作为家政服务人员，要学会优雅的蹲姿，凸显个人修养。

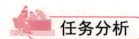

蹲姿与其他仪态姿势相比，其使用度虽然相对较低，但如果使用不当，随意弯腰，上身前倾过度，臀部后翘，不但会使自身的行为不雅观，也有违仪态礼仪。在生活和家政服务工作中，家政服务人员要根据活动场合、活动目的和服务对象的不同选择合适的蹲姿，塑造良好的个人和职业形象。

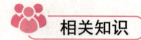

一、蹲姿的基本要求

（1）头部要正。下蹲时，头部要正，神情自然。

（2）腰背要直。挺胸抬头，脊背保持挺拔，臀部向下。一定要避免弯腰翘臀的姿势，否则容易露出后腰或内衣，要保持内衣"不可以露，不可以透"。

（3）整理衣裙。女员工穿裙装下蹲时，要用手背抚平衣裙，轻拢裙摆，避免起皱和裙摆接触地面。

（4）屈膝下蹲。用双腿合力支撑身体，掌握好身体重心，通过膝关节活动，屈膝使身体下降，从而实现下蹲。男士两腿间可适当留有缝隙，但不可过大；女士在下蹲时，无论穿裤子还是裙子都要两腿紧靠，穿旗袍或短裙时更要留意，避免走光。

二、家政服务人员蹲姿的选择

（1）高低式蹲姿（见图2-19）。左脚完全着地，小腿基本上垂直于地面，右脚则脚掌着地，脚跟提起。此刻右膝低于左膝，右膝内侧可靠于左小腿的内侧，形成左膝高右膝低的姿态。臀部向下，基本上用右腿支撑身体，女性员工应靠紧两腿，男性员工可适度分开。

（2）交叉式蹲姿（见图2-20）。交叉式蹲姿通常适用于女员工，尤其是着短裙者下蹲时。

脚在前，左脚在后，右小腿垂直于地面，全脚着地。右腿在上，左腿在下，二者交叉重叠；左膝由后下方伸向右侧，左脚跟抬起，并且脚掌着地；两脚前后靠近，合力支撑身体，造型优美典雅。

（3）半跪式蹲姿。也称单跪式蹲姿。它也是一种非正式蹲姿，多用在下蹲时间较长，或为了用力方便时。在下蹲后，一腿单膝点地，臀部坐在脚跟上，以脚尖着地；另外一条腿，全脚着地，小腿垂直于地面；双膝同时向外，双腿尽量靠拢。

图2-19　高低式蹲姿

图2-20　交叉式蹲姿

三、蹲姿的注意事项

（1）下蹲的时候，目光要先有所示意，千万不要唐突蹲下，令宾客不知所措。

（2）捡拾物品的时候，物品在身体哪一侧，就用哪只手去捡。若是要用右手捡拾物品，可先走到物品左边，右腿后退半步再蹲下。

（3）由蹲姿变为站姿的时候，要显得自然轻松，不能用手撑着大腿站起，这样会给人以疲惫拖沓的印象。

（4）女士穿裙子时，不要正面下蹲，最好是和他人侧身相向，采取哪边有人哪边腿高的侧身下蹲方式，这样可以避免走光。

四、蹲姿的禁忌

（1）不可突然下蹲。蹲下来的时候，不要速度过快。当自己在行进中需要下蹲时，要特别注意这一点。

（2）不可离人太近。在下蹲时，应和身边的人保持一定距离。和他人同时下蹲时，更不能忽略双方的距离，以防彼此"迎头相撞"或发生其他误会。

（3）不可随意使用。蹲姿是在特殊需要时使用的一种仪态，如非必要不要使用，并且在使用时要蹲在地上，不能蹲在桌椅之上。当服务人员站着疲劳时可适当变化站姿来缓解，不能蹲下休息。

（4）不可毫无遮掩。在大庭广众面前，尤其是身着裙装的女员工，一定要避免下身毫无遮掩的情况，特别是要防止大腿叉开。

资源拓展

生活中蹲姿的应用

在生活中，我们有时需要蹲下捡东西或者系鞋带，这或许只是一个简单的动作，但从这个简单的动作中，却能体现一个人的基本素养。蹲姿属于社交礼仪的组成部分。因此，蹲姿是否恰当关系到礼仪问题。恰当的蹲姿不仅能化解尴尬，还能显得自己很优雅。不恰当的蹲姿则会降低自己的形象，从而影响到自己的工作和生活。

什么样的蹲姿才显得优雅呢？

1. 下蹲时应避开人流。有些时候，鞋带松了必须下蹲系时，一定要避开人流。如果在人流中下蹲，运气好的话，人们都能及时地避开你，但他们定会因绕开你而感到不悦。运气不好的话，有人可能会来不及避开而撞到你，此时双方必然会尴尬不已。在人流中下蹲可能有被撞倒的风险。如果非要下蹲捡东西，一定要先看好周围的情况再下蹲，不要突然就下蹲，以防止被撞倒的尴尬局面发生。

2. 尽量侧面对着别人下蹲。如果正面或者背面对着别人下蹲，而别人站着你蹲着，别人难免会感到不适。如果必须下蹲捡东西时，应先礼貌地向别人打招呼后，再下蹲。因为对方事先知道你下蹲，对方可能走开或者保持不动，避免无意中碰到你。

3. 下蹲时不要毫无遮挡。下蹲时应注意防走光，可以保持上身挺直，或者用手按住自己的衣领再下蹲。女性下蹲时双腿应并拢再下蹲，这一点最容易被大家所忽视，特别是在夏天的时候更要注意。

（摘自《三种常见的礼仪蹲姿？社交礼仪指南：好蹲姿，很优雅！》
https://xw.qq.com/amphtml/20200415A0QCNX00）

在工作岗位上服务时，通常不允许家政服务人员采用蹲姿。服务礼仪规定，只有遇到下列特殊情况时，才允许家政服务人员采用蹲姿（见表2-7）。

表2-7 蹲姿的应用情景

蹲姿的应用情景	情景说明	图片示例
1. 整理工作环境，从事特定工作	在需要对自己的工作环境进行收拾、整理的时候，可以采用蹲姿。在从事保洁等特定工作，需要采用蹲姿时，并且为工作方便可适当进行姿势变化	
2. 给予客人帮助，提供必要服务	当家政服务人员需要蹲下来帮助客人时，应该采用蹲姿。例如，需要与一位小朋友进行交谈的时候。如果需要服务的客人处于较低位置时，需要采用蹲姿以示对客人的尊敬	
3. 捡拾地面物品	当需要从地面捡拾物品的时候，应该采用蹲姿，以免出现翘起臀部的不雅行为	
4. 自己整理着装	当需要整理裤腿、系鞋带等时，可以采用蹲姿	

除表2-7中这些情况外，如果家政服务人员毫无理由地采用蹲姿，则是不礼貌的表现。

家政服务礼仪与沟通

同步测试

一、单项选择题

1. 捡拾地面物品需要用到的是（　　）。
   A. 站姿　　　　　　B. 坐姿　　　　　　C. 走姿　　　　　　D. 蹲姿
2. 也称单跪式蹲姿的是（　　）。
   A. 双腿叠放式　　　B. 半跪式蹲姿　　　C. 交叉式蹲姿　　　D. 高低式蹲姿
3. 有关蹲姿的基本要求说法不正确的是（　　）。
   A. 头要正　　　　　　　　　　　　　　B. 背要直
   C. 女员工要整理衣裙　　　　　　　　　D. 要弯腰

二、判断题

1. 在需要对自己的工作环境进行收拾、整理的时候，可以采用蹲姿。（　　）
2. 当服务人员站着疲劳时可蹲下休息。（　　）

三、案例讨论

家政服务人员小张入户为70多岁的吴奶奶服务，吴奶奶行动不便，在家多数时间都是坐着。为了更好地与吴奶奶沟通，在与吴奶奶交流时，小张适合采用哪种仪态？采用此种仪态时，要注意什么？

任务五　手势礼仪

任务描述

俗话说："心有所思，手有所指。"手的魅力并不亚于眼睛，甚至可以说手就是人的第二双眼睛。手势语是一种无声语言，是体态语中最丰富、最有表现力的，表达的感情也是最微妙复杂的，如挥手告别、拍手称赞、拱手致谢、招手致意、举手赞同、摆手拒绝。

任务分析

家政服务人员在和客户交流时，辅助性的手势语是非常必要的。使用优雅规范的手势语，不仅可以使交流更加顺畅，而且也体现了对他人的关爱与尊重。家政服务人员应该根据客户和工作场景选择正确的手势。

相关知识

一、手势

手势在特定环境中通过手的动作来传递和表达某种信息，具有直观性、具体性和形象性的特点。手势同眼神一样，灵活多变，富有极强的表情达意的功能。交流的过程中，手势运用准确，能增进语言表达的效果,促进双方的感情交流共鸣,配合得当,比如,微笑着伸手与他人握手表示欢迎。当然,不合理的手势也会带给他人不好的情绪,比如,对人指指点点。

二、常见的手势礼仪

(一)鼓掌

鼓掌一般表示祝贺、欢迎、赞许、支持。鼓掌的正确方法是:右手掌心向下,左手掌心向上,有节奏地拍击掌心。可用于会议、演出、比赛、迎候嘉宾等场合。

(二)握手

握手是一种礼仪,是一种交流,表示尊敬、祝贺、鼓励。不仅可以沟通原本隔膜的情感,而且可以加深双方的理解、信任。握手的正确方法是:一般距离约为一步,上身稍向前倾,表情自然真诚,伸出右手,四指并拢,拇指张开,与对方伸出的手相握,时间不超过3秒。需要注意的是,男士和女士握手时,需轻握住女士大拇指外的四指部分,不可全力握住整个手。

握手的先后顺序:应由主人、年长者、身份高者、女士先伸手;客人、年轻者、身份低者见面时先问候,待对方伸手再握。在工作中如需要和老年人行握手礼,应待老年人先伸手后,家政服务人员再伸手。

(三)挥手

挥手是指挥动手臂或手中拿着的东西表示问候或告别。行挥手礼时,应身体站直、目视对方、手臂前伸、掌心向外、左右挥动。

(四)介绍手势

为他人做介绍时,手势动作应文雅。无论介绍哪一方,都应掌心向上,四指并拢,拇指张开,手掌基本上抬至肩的高度,并指向被介绍的一方。正式场合,不可以用手指指点点或去拍打被介绍一方。介绍他人的基本原则是,介绍时尊者有了解对方信息的优先权。例如:把男士介绍给女士,把晚辈介绍给长辈,把职位低者介绍给职位高者。

(五)引领手势

引领手势要求手臂向外展开,五指并拢,掌心向上,指向目标方向。在为客人指引方向时,身体要侧向客人,眼睛要兼顾所指方向和客人,直到客人表示已清楚了方向,再把手臂放下,向后退一步,施礼并说"请您走好"等礼貌用语。切忌用一个手指指指点点。

三、手势礼仪注意事项

在应用手势礼仪时,动作要简洁明快,自然得体。在进行手势动作的同时与语言表达、情感流露、身体姿态协调一致。服务手势是一种礼仪,也是一种个人修养,在做动作的同时,一定要注入真情实感,使整个仪态更加大方得体。

(一)注意区域性差异

由于文化习俗的不同,不同国家、不同民族、不同地区,手势的含义也有差别,甚至同一手势表达的含义也不相同。所以,家政服务人员在为客人服务的过程中应规范自己手势的使用,避免引起麻烦。

(二)手势运用适度

手势应适度运用,多余的手势会给人留下手舞足蹈、缺乏涵养的感觉。特别是客人因年龄、心态等原因,多喜欢端庄、稳重之人,只有恰当地运用手势,才能给客人优雅、含蓄且彬彬有礼之感。

(三)手势运用适当

在工作中,要避免不当手势。有些手势会让人产生厌烦之感,严重影响人际交往。因此,在为客

家政服务礼仪与沟通

人服务时应避免出现和使用不当手势，比如当众搔头皮、掏耳朵、抠鼻子，或者用食指指点他人等。

资源拓展

展示物品的手势运用

工作中，家政服务人员有时需要向客人展示物品，在展示物品时要注意：

1. 便于观看。展示物品时，一定要将展示的物品正面朝向客人，举至一定的高度，并停留一定的时间，让客人充分地看清楚物品。如果在场的客人很多，应变换不同的观看角度，把展示物品展示给不同方向的客人。

2. 操作规范。在展示的时候，不仅要有现场操作，而且要配合相应的介绍；操作的动作要干净、利索，步骤清楚，同时可适当重复重要的操作；解说时应该口齿清楚，语速适中，可适当重复。

3. 手位正确。在展示物品的时候，一般有三种手位：一是将物品举至高于双眼处，这种手位适用于被人围观时；二是将物品举至双臂横伸时，肘部之内，上不过眼部，下不过胸部。三是将物品举至双臂横伸时，肘部之外，上不过眼部，下不过胸部。在运用这三种手位时，应注意尽量把物品举至身体一侧进行展示，不可挡住本人的头部。

任务实施

【小组活动】
运用所学知识，参考下面要求和步骤，进行手势礼仪训练，并完成表2-8。

一、要求
1. 掌握各种手势的基本要领；
2. 准确判断各种手势的顺序、时机，正确使用手势礼仪。

二、步骤
1. 教师示范讲解各种手势的顺序、时机、力度和要领；
2. 学生进行手势练习；
3. 教师个别指导；
4. 学生配合问候语，进行练习；
5. 学生展示、教师总结。

表2-8 小组活动记录单

组号：		日期：	
主要观点：			
评价	教师评分：		
	小组互评：		

同步测试

一、单项选择题

1. 表示祝贺可以选用的手势是（　　）。
   A. 介绍　　　　　　B. 挥手　　　　　　C. 鼓掌　　　　　　D. 握手
2. 与他人见面时，适用的服务手势是（　　）。
   A. 介绍　　　　　　B. 挥手　　　　　　C. 鼓掌　　　　　　D. 握手
3. 下面有关手势礼仪不正确的是（　　）。
   A. 注意区域性差异　　　　　　　　B. 手势运用适度
   C. 手势运用适当　　　　　　　　　D. 随心就好

二、判断题

1. 握手时不用在意对方的性别。（　　）
2. 进行介绍时，把职位低者介绍给职位高者。（　　）

三、案例讨论

假设你所在的家政服务公司服务质量高，广受客户欢迎。当地相关部门了解情况后，为促进本地家政行业发展，推广先进经验，想到你们公司进行调研。请想一下，在整个接待过程中会用到哪些手势礼仪？

项目评价见表2-9。

表2-9　项目评价表

项目	评价标准
知识掌握（20分）	知道什么是仪态（5分） 知道站姿、坐姿、行姿、蹲姿和手势的具体礼仪规范（10分） 知道各种仪态的禁忌（5分）
实践能力（50分）	能正确运用站姿（10分） 能正确运用坐姿（10分） 能正确运用行姿（10分） 能正确运用蹲姿（10分） 能正确运用手势（10分）
礼仪素养（30分）	具有刻苦勤奋的学习态度（10分） 塑造端庄得体的仪态（10分） 树立良好的职业形象（10分）
总分（100分）	

模块三　家政服务工作岗位礼仪

项目一　来访接待礼仪

【项目介绍】

在家政服务公司，无论是一线家政服务岗位还是管理岗位，来访接待工作是家政服务人员与客户交往的第一扇门，是提升企业及个人服务形象的重要一环。按照接待流程，在本项目中设置了迎接礼仪、引导礼仪、奉茶礼仪、会谈礼仪、送别礼仪五个工作任务，由此完成来访接待工作，规范接待礼仪，树立专业形象，胜任家政服务工作岗位。

【知识目标】

1. 掌握来访接待的礼仪流程；
2. 掌握迎接客户、引导客户入座、客来奉茶、会谈签约及送别客户的具体礼仪规范；
3. 熟悉来访接待过程中的语言沟通方式及肢体语言沟通方式；
4. 了解中国传统文化中的待客之道。

【技能目标】

1. 学会来访接待客户的礼仪流程及具体礼仪规范；
2. 在工作中能够规范有序、文明得体、端庄大方地接待客户。

【素质目标】

树立主动、耐心、细致服务的意识；提升敬人、热情、得体的待客礼仪素养；塑造知礼懂礼的家政服务人员服务形象。

【案例引入】

李红是家政服务公司客户服务部门的一名员工，由于刚入职不久，接待客户时服务流程不娴熟，服务意识淡泊，导致客户流失。王大姐是该公司新聘用的家政服务员，到雇主家工作之后，由于缺乏专业的接待礼仪培训，在接待客人时不注重规范的礼仪礼节，没有留给他人良好的印象，遭到客户投诉。

模块三　家政服务工作岗位礼仪

任务一 迎接礼仪

任务描述

家政服务人员的一举一动都影响着客户对他的评价，学习接待礼仪有助于培养家政服务人员娴熟的接待技巧，更好地对客服务，塑造并维护企业的整体形象。一位客户来到家政服务公司签合同，客服部李红准备接待，如何让客户体验一个良好的迎接流程，让客户感觉"宾至如归"？

任务分析

做好接待环境、资料准备、个人形象礼仪等方面的接待准备工作，迎接时要热情相迎，点头微笑致意，主动问候与寒暄，发自内心地表达欢迎之情。

相关知识

一、接待前的准备工作

（一）布置好接待环境

接待环境包括前台、会客室、办公室、走廊、楼梯等处，应该保持清洁、整齐、明亮、美观、无异味。会客室桌椅要摆放整齐，桌面清洁，没有水渍、污渍。桌上可整齐摆放一些介绍公司情况的资料和宣传页。另外在会客室可摆放一些应季的鲜花、绿植，营造温馨舒适的接待氛围。

（二）了解来宾的基本情况

对来宾的具体人数、负责人，特别是主宾的姓名、性别、年龄、单位、部门、职务、职称、专业、兴趣爱好等信息，了解越详细，越有利于做好接待工作。

（三）准备各项资料

商务接待中，准备与接待有关的各项资料：如当地宾馆名胜古迹游览路线、娱乐场所的名称、地点、联系方式，本市的政治、经济、文化等情况。了解客户所在城市的风土人情、所在企业的企业文化、主要产品等知识，能够让客户感到亲切，产生好感，也为接待过程提供"谈资"；客户接待中，准备好业务介绍资料、公司合同、宣传彩页等业务办理资料。

（四）确定接待规格

商务接待中，在接待来宾之前应明确接待规格。一般情况下，主陪和主宾的级别应该相当，称为对等接待，这是最常用的接待方式；主陪级别高于主宾级别，即高规格接待，接待方旨在通过这种方式表达对来访客人的高度重视。

79

二、迎接礼仪

接待人员看到来访的客户进来时，应马上放下手中的工作，站起来，面带微笑，有礼貌地向来访者问候。见到客户的第一时间，应该马上做出如下的动作表情，我们简称为"3S"：Stand up（站起来）、See（注视对方）、Smile（微笑）（见图3-1）。

图3-1 迎接礼仪

对于来访的客户，无论是事先预约的，还是未预约的，都应该亲切欢迎，给客户一个良好的印象。如果客户进门时你正在接打电话或正在与其他客户交谈，应用眼神、点头、伸手表示请进等肢体语言表达你已看到对方，并请对方稍候，不能不闻不问或面无表情。如果手头正在处理紧急事情，可以先告诉对方"对不起，我手头有紧急事情必须马上处理，请稍候"，以免对方觉得受到冷遇。

三、接待人员个人礼仪

（1）交流时注意神态表情。接待时目光要正视他人，平稳地目视对方，不要低头与人说话，也不要斜眼去看对方。表情和颜悦色，要有亲和力，保持微笑，嘴角微微上扬。

（2）注意语速，不宜过快。语言会传达很多信息，包括性格修养、教育水平、思想素质等。如何让别人记得住、喜欢听自己的语言，可以从以下几个方面注意自己的言语表达：首先要态度谦虚诚恳；其次声音适度，语速适中，语调平和沉稳；再次要条理清晰地表达；能够围绕主题，有信息量地进行表达。

（3）举止端庄大方，仪态文明适度。肢体动作要有美感，抬头挺胸，昂首阔步，这种体态语言表达一种自信和底气。

四、接站的礼仪

如果需要在机场、车站等地迎接客户，要提前与客户做好沟通，了解对方的姓名与电话；提前掌握来人的数量与行李多少；要使用接站牌便于客户识别，见到客户后要主动自我介绍，主动寒暄，帮助客户提大件行李，客户随身的小包和外套不要随便代拿；将车子尽量停到离机场或车站出口最近的地方。

资源拓展

迎接礼仪之寒暄

寒暄的意思是嘘寒问暖，泛指宾主见面时谈天气冷暖之类的应酬话，是一种问候与应酬。寒暄语是自我推销和人际交往时最常用的方法。

一、寒暄的常见类型

（一）问候型

1. 现代问候型。典型的说法是问好。常说的是"你们好""大家好"等，这是近几十年来新型的问候语，是交际过程中用得最多的一种问候语。

2. 意会问候型。主要是指一些貌似提问实际上只是表示问候的招呼语，如"上哪去呀""吃过饭了吗""怎么这么忙啊"等。这一类问语并不表示提问，只是见面时交谈开始的媒介语，并不需要回答，主要用于熟人之间。

3. 传统问候型。具有古代汉语风格色彩的问候语主要有"幸会""久仰""别来无恙"等。这一类问候语书面语风格比较鲜明，多用于比较庄重的场合。

（二）攀认型

攀认型问候是抓住双方共同的亲近点，并以此为契机进行发挥性问候，以达到与对方顺利接近的目的。像"同乡""自己的爱好"等就是与客户攀认的契机，就能与客户"沾亲带故"。如："你是山东人，我母亲也出生在山东，说起来，我们算是半个老乡了。"

（三）关照型

关照型寒暄主要是在寒暄时要积极地关注客户的各种需求，在寒暄过程中要不露痕迹地解决客户的疑问。如果服务人员在寒暄中能够有针对性地关注这些方面的问题，就能够获得客户的信任和好感。

（参考资料来源：360百科词条"寒暄"）

任务实施

一、迎接前准备

1. 接待环境准备。整体环境干净、整洁、明亮，温湿度适宜，室内空气清新，桌椅摆放整齐。家庭接待中准备好果盘和茶水，备好客人拖鞋、挂衣架等物品。

2. 客户资料准备。提前了解来访客户的姓名、性别、联系方式、业务需求等，特别是详细了解业务需求。准备好公司业务资料，包括业务介绍资料、宣传页、合同等，以备业务介绍时方便取用。

3. 个人礼仪准备。服饰端庄得体，仪容干净整齐，举止落落大方，语言文明礼貌，态度热情有礼。

二、迎接礼仪

任务实施见表3-1。

家政服务礼仪与沟通

表 3-1 任务实施表

迎接礼仪	礼仪要求	情景图片示例
微笑	热情相迎是中国人的好客体现，对客户要热情相迎，以礼相待。面对客户，注视对方的眼睛，微笑着点头致意，明确而又坦诚地表达对客户的欢迎	
问候、寒暄	与客户见面后应主动问候寒暄，问候的声音要响亮明确，简洁明了，将发自内心的热忱传达给客户	

同步测试

一、判断题

1. 商务接待中，一般主陪和主宾的级别应该相当，称为对等接待。（   ）
2. 与客人见面后，可以反复寒暄，不要冷场。（   ）
3. 对来宾的信息了解越详细，越有利于做好接待工作。（   ）

二、多项选择题

1. 接待人员在迎接时要注意的礼仪规范有（   ）。
   A. 服装得体大方   B. 语速适中   C. 目光平视对方   D. 保持微笑
2. 见到来访客户，应该要做到（   ），简称"3S"。
   A. Stand up   B. See   C. Safe   D. Smile

三、案例实践

雇主家有一位远道而来的贵客，家政服务员刘姐接到任务，在家中迎接客人。请你用刘姐的角色进行情景模拟，展示迎接礼仪。

任务二 引导礼仪

任务描述

接待客户之后，通常需要为客户做引导或进行方向的指引与邀请。客服部的李红在公司前台迎接客户之后引导客户去办公室签约，此时她应如何引领客户？

任务分析

在迎接客户时简短地问候之后，一般会说"里面请""这边请"之类的引导语，并且通过一系列肢体动作进行明确引导。学习并完成引导手势、引导语言、引导站位、不同场景引导礼仪规范的任务。

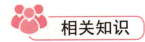

一、引导位置

引导人员原则上站在客户的左前方，距客户两三步，遵循"以右为尊，以客为尊"的礼仪原则（见图3-2）。客户人数越多，引导的距离应当越远，以免有厚此薄彼，照顾不周之嫌。

图3-2 引导位置

二、引导语言

引导客户时要有明确而规范的引导语言："您好，这边请。"如果需要转弯则说"您好，请向左转。"在引导过程中要尽量使用敬语，以表达对客户的尊重，还要始终注意语言的交流，并且关注客户的表现，及时做出提醒。比如有台阶时，要提醒"请小心台阶"等。

三、引导手势

在引导时大多使用横摆式手势，五指并拢，手掌伸直由身体一侧自下而上抬起，以肩关节为轴到腰的高度，再由身前向左方或右方摆去，手臂摆到距身体15厘米，目视来宾并面带微笑（见图3-3）。

图3-3 引导手势——横摆式

四、引导礼仪

（一）走廊处

行进于走廊时，引导人员应走在客户一两步之前，让客户走在道路的中央线，自己走在走廊一侧与客户保持一致。要时时注意，走到拐弯处，一定要先停下来转过身说"请向这边来"，然后继续行走。如果引导人员走在内侧，则应放慢速度，如走在外侧，则应加快速度。在转弯时应使用横摆式或回摆式手势为客户作出方向指引（见图3-4）。

图3-4　引导手势——回摆式

（二）楼梯处

当引导客户上楼梯时，应当让客户走在前面，接待人员走在后面；若是下楼梯时，应由接待人员走在前面，客户走在后面（见图3-5和图3-6）。

图3-5　上楼梯

图 3-6 下楼梯

(三) 电梯处

(1) 引导至电梯口。将客户引导至电梯口,引导人员先行按动按钮,请客户进入,待客户进入后再与其告别。

(2) 陪同进入。陪同客户进入电梯时,让客户先上。上电梯时,引导人员先行按动按钮,请客户进入,然后紧随进入后站到电梯内控制按钮附近,身体背对电梯壁,与电梯门呈 90°角;下电梯时,按住电梯开关说"您先请",等客户都走出去之后再走出去继续引导。

> **资源拓展**
>
> **电梯内部空间的主次礼仪**
>
> 电梯里给来宾的上座是电梯操作岗后最靠后的位置,次座是其左手位置,而排在前面靠电梯门的则更次之。下座则是电梯操作岗的位置,这个位置相当于司机位置。遵循的原则与坐车时的坐次位置相当。在电梯当中,因为空间非常窄小,无论你是在哪个位置,请注意面向电梯门。

(四) 会客厅里

引导人员用前摆式手势邀请引导客户前进,在行进途中,需要及时用斜下摆式手势提醒客户小心行走,以避免客户被湿滑的地面滑倒(见图 3-7)。当客户走入会客厅后,引导人员用前摆式手势指示,请客户坐下,看到客户坐下后才能行点头礼后离开。

(五) 开门和关门

引导客户时,如果是手拉门,引导人员应先拉开门说"请稍等",拉住门,站在门旁开门,用回摆式手势请客户进门,自己最后进屋把门关上。如果是手推门,引导人员推开门说"不好意思,请稍等",然后先进屋,把门挡在身后,用横摆式手势请客户进来。

家政服务礼仪与沟通

图 3-7　引导手势——斜下摆式

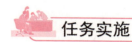

任务实施见表 3-2。

表 3-2　任务实施表

引导礼仪	礼仪要求	情景图片示例
基本手势	五指并拢，掌心向上，手掌伸直由身体一侧自下而上抬起，以肩关节为轴到腰的高度，再由身前向左方或右方摆去，手臂摆到距身体15厘米，目视客户并面带微笑	
行进中的站位	引领时走在客户左前方两三步，让客户走在路中间，同第一位客户步伐一致	
在走廊处引路	引领人员应走在客户一两步之前，让客户走在道路的中央线上，自己走在走廊一侧与客户保持一致，拐弯或有楼梯台阶时应使用手势，提醒客户注意楼梯	
与客人进行交流	在引领时，要适时地与客户进行交流，保持一种轻松愉快的气氛	
开门礼仪	如果是手推门，引领人员先进入会客室，把门挡在身后，再请客户进入；如果是手拉门，引领人员打开门，把门挡在身后，再请客户进入	
会客厅引领让座	当客户走入会客厅后，引领人员用斜下摆式手势指示，请客户坐下	

86

同步测试

一、单项选择题

1. 引导人员原则上站在客户的（　　）进行引导。
   A. 右前方　　　B. 右后方　　　C. 左前方　　　D. 左后方
2. 当引导客户上楼梯时，应当让客户走在（　　）；若是下楼梯时，让客户走在（　　）。
   A. 前面；前面　B. 前面；后面　C. 后面；后面　D. 后面；前面
3. 引导客户前进在走廊中，提醒客户小心行走时用（　　）手势。
   A. 回摆式　　　B. 横摆式　　　C. 前摆式　　　D. 斜下摆式

二、判断题

1. 引导过程中要注意语言的交流，随时关注客户的表现，并及时做出提醒。（　　）
2. 引导客户出电梯间时，引导人员先出，再按住电梯按钮请客户出。（　　）

三、案例实践

某市一家大型家政服务公司接到同行企业考察参观的邀约，公司安排行政部小孙承担此次接待任务。请你扮演小孙的角色模拟此情景，引导考察团进行参观。

任务三　奉茶礼仪

任务描述

客人落座之后，为客人敬茶是中国人待客之道。中国茶文化礼仪有哪些，客来敬茶时需要注意哪些具体的奉茶礼仪？

任务分析

为体现对客人的尊重，留给客人美好的印象，需要掌握奉茶礼仪。完成此任务首先要了解茶叶、茶具等茶文化知识，规范泡茶礼仪、奉茶礼仪礼节。

相关知识

一、中国茶文化

（一）认识六大茶类

中国的茶品类有上千种，根据制作方法和茶多酚氧化（发酵）程度的不同，把茶可分为六大类：绿茶、白茶、黄茶、青茶、红茶、黑茶（见图3-8）。其中，绿茶是不发酵茶，白茶和黄茶是轻发酵茶，青茶是半发酵茶，红茶是发酵茶，黑茶是后发酵茶。

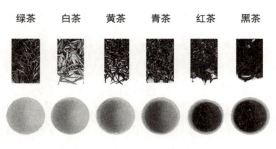

图 3-8　六大茶类外形

绿茶是中国产量最多的茶类，西湖龙井、碧螺春、黄山毛峰是名优绿茶的代表。绿茶的造型多样，有扁平形、单芽形、直条形等，极具欣赏美感。红茶是国际上生产量与消费量最大的茶类，红茶分为小种红茶、工夫红茶和红碎茶三类。青茶也叫乌龙茶，乌龙茶有四大产区，闽北乌龙茶有武夷岩茶、闽北水仙；闽南乌龙茶有铁观音、黄金桂；广东乌龙茶有凤凰单枞、凤凰水仙；台湾乌龙茶根据发酵程度分台湾包种和台湾乌龙。白茶主要产自福建福鼎、政和地区，有白毫银针、白牡丹茶、贡眉和寿眉；新白茶茶性寒凉，有退热祛暑作用，存放三年以上的为老白茶，茶性由凉转温。黄茶是我国特产，闷黄是其独有的加工工序，品质特点是"黄叶黄汤"。黑茶具有独特陈香陈韵的品质风味，大众熟知的有千两茶、茯砖茶、普洱茶等，可存放较久，耐泡耐煮。不同茶类基本信息见表 3-3。

表 3-3　不同茶类基本信息

茶类	品质特点	茶性特点
绿茶	"清汤绿叶"，有清香、花香和嫩栗香，滋味鲜爽	寒凉
白茶	色白隐绿，毫香、清香，滋味醇爽清甜	寒凉，存放数年后转温性
黄茶	"黄叶黄汤"，清香毫香，滋味鲜爽甜醇	较凉
青茶	花香馥郁，滋味醇厚甘爽	温凉
红茶	"红汤红叶"，滋味甜醇，花香果香	温和
黑茶	陈香、松烟香、菌花香，滋味陈醇浓厚	温和

（二）茶叶的存放方法

需要保鲜的茶，如绿茶、轻发酵乌龙茶，在冰箱冷藏，低温、干燥及密封，防止氧化变色，失去鲜味；需要陈化的茶，如白茶、黑茶，阴凉忌日晒，在家庭中可放在通风透气的房间。

（三）选择泡茶器具

由于制作材料和产地不同，茶器分为陶土茶器、瓷器茶器、漆器茶器、玻璃茶器、金属茶器、竹木茶器和玉石茶器等几大类。陶土茶器，是最原始的饮茶器具，从粗糙的土陶，发展到坚实的硬陶，再到外表敷釉的釉陶，其中江苏宜兴的紫砂茶器最为盛名。瓷器茶器，产于陶器之后，有青瓷、白瓷和黑瓷。青瓷出现最早，以浙江龙泉青瓷为最好；白瓷质地硬，密度高，无吸水性，色泽洁白，江西景德镇的白瓷久负盛名；黑瓷出现于晚唐，鼎盛于宋，以建安窑的兔毫盏最为出名。玻璃茶器，质地透明、晶莹剔透，形状各异，传热迅速，不透气吸水。茶与茶具的搭配见表 3-4。

表 3-4　茶与茶具的搭配

茶类	适合茶具
绿茶、白茶、黄茶	玻璃杯、瓷壶或持杯
青茶	瓷壶、瓷器盖碗、紫砂壶
红茶、花茶	瓷器盖碗、瓷壶
黑茶	紫砂壶、紫砂杯

二、奉茶礼仪要求

（一）泡茶礼仪

泡茶前要洁净双手，表达尊敬。不留过长的指甲；不涂抹有色指甲油；不涂抹香气浓烈的香水或护手霜；拿取茶叶时，忌用手抓茶叶，既不干净卫生，又不雅致，应使用茶匙取茶，茶量要适宜，茶叶不要洒落；冲水时急缓适中，水花不外溅，采用凤凰三点头的注水方式，高冲低斟反复三次，表示对来宾三鞠躬以示欢迎，壶口不宜朝着人放置，否则表示请人快速离开；分茶时，避免茶水溅出，杯中茶水以八分满为宜，避免溢杯与溢壶现象的出现，尽量做到每杯茶的水量、浓淡一致，保证茶桌的干净整齐。

（二）奉茶礼仪

客人入座后，将第一杯敬给最尊贵的客人，然后按从左到右的顺序依次给客人奉茶水，茶杯置于客人的右手边，奉茶时使用伸掌礼，即四指并拢，虎口分开，手掌略向内凹，侧斜之掌伸于敬奉的物品旁，同时欠身点头，动作要一气呵成，手心含着小气团的感觉，表示"请用茶"的意思（见图3-9）。

（三）饮茶礼仪

主人以茶相敬，客人一定要报以谦恭的回礼。作为客人、晚辈，应当起身并以双手捧接茶杯。谢茶时可使用叩指礼，这是从古代的叩头礼演变而来的。早先的叩指礼讲究屈腕握空拳，轻叩桌面；现演变为将手弯曲，用手指轻叩桌面，表达对敬茶人的谢意（见图3-10）。

图3-9　奉茶礼仪手势

图3-10　谢茶礼仪

资源拓展

中国各民族的茶礼茶俗

中国各民族各地区围绕着饮茶的共同主题逐渐衍生出各具特色的茶艺、茶道、茶礼、茶俗，共同构建了异彩纷呈的茶文化大观。

家政服务礼仪与沟通

1. 擂茶。擂茶盛行于广东的揭阳、普宁等地的客家人，是把茶和一些配料放进擂钵里擂碎冲沸水而成。

2. 竹筒茶。云南西双版纳的傣族饮用竹筒茶：将茶放入竹筒内，在火塘中边烤边捣压，直到竹筒内的茶叶装满并烤干，取出茶叶用开水冲泡饮用。

3. 酥油茶。藏族同胞饮用酥油茶：将茶叶捣碎，在锅中熬煮后，用竹筛滤出茶渣，将茶汁倒入预先放有酥油和食盐的桶内，用打茶工具在桶内不停地搅拌，使酥油充分而均匀地溶于茶汁中，然后装入壶内放在微火上以便随时趁热取饮。

4. 三道茶。云南白族以三道茶招待客人：三道茶分三次用不同的配料泡茶，风味各异，概括为头苦二甜三回味。

5. 潮汕工夫茶。工夫茶是广东潮州和汕头一带的茶文化。工夫茶以三人为宜，选用宜兴小陶壶和白瓷上釉茶杯，小陶壶（罐）里装入乌龙茶和水，放在小炭炉上煮。茶煮好后拿起茶壶在摆成品字形的三个瓷杯上面做圆周运动（当地俗称为"关公巡城"），依次斟满每一个小杯。

 任务实施

一、准备礼仪

1. 茶叶准备。在办公室和家里可适当准备一种或几种茶叶，根据客人年龄、喜好选择待客茶叶，并采用正确的方法进行储藏。

2. 茶具准备。根据客人喜好、会面时间的长短选用。会面的时间短，可用白瓷杯或玻璃杯泡绿茶、花茶，或是用飘逸杯泡好茶后倒入品饮杯中；如果使用一次性纸杯，敬茶时应套上杯托，以免热茶烫手。若是会面时间较长，可以用工夫茶具泡茶，细品慢饮，其乐融融。

二、泡茶礼仪

1. 泡茶前，洁净双手。

2. 取茶。用茶匙取茶，取茶适量。单杯泡时，绿茶、红茶、花茶、黑茶按照1∶50的比例，如150毫升容量的茶杯，取茶2~3克；乌龙茶按照1∶20的比例，取茶7~8克。

3. 冲水。冲泡绿茶、黄茶的水温以70 ℃~80 ℃为宜，红茶、花茶、白茶以90 ℃左右的水温为宜，乌龙茶和黑茶则以沸水冲泡为宜。

4. 分茶。分茶时茶水以八分满为宜，如有多位客人，尽量做到每杯茶的水量、浓淡一致。

三、奉茶礼仪

按照长幼尊卑的礼仪顺序，依次奉茶。注意行奉茶礼。

四、续茶礼仪

在客人杯中还有三分之一杯茶时续水，以保证茶水浓淡适宜。从客人右后方取杯，轻拿轻放，保持桌面清洁。

模块三　家政服务工作岗位礼仪

同步测试

一、单项选择题

1. 中国的茶按照制作工艺可以分为（　　）类。
   A. 五　　　　　B. 六　　　　　C. 七　　　　　D. 八
2. 在家庭中存放茶叶时，绿茶建议存放在（　　）环境中。
   A. 常温　　　　B. 光照房　　　C. 低温、密封　D. 厨房柜子
3. 为客人续茶时，从客人的（　　）取杯，茶杯置于客人的（　　）手边。
   A. 右后方；左　B. 左后方；左　C. 左后方；右　D. 右后方；右

二、判断题

1. 客人入座后，将第一杯敬给最尊贵的客人，然后按从左到右的顺序依次给客人奉茶水。（　　）
2. 根据季节特点，如果是寒冷季节，建议给客人冲泡绿茶或花茶。（　　）

三、案例实践

客户王强打算为年迈的母亲找一位养老护理员，于是到小区附近的家政服务公司去咨询。家政服务公司客户接待部的小李接待了王强，引导客户落座后，小李去倒茶。请你模拟家政服务公司员工小李，展示规范的奉茶礼仪。

任务四　会谈礼仪

任务描述

家政服务公司的李红到会客室与客户会谈，了解客户需求，向客户介绍服务产品，登记信息并签约合同。为给客户留下良好印象，促成业务成交，李红要注意哪些会谈礼仪？

任务分析

会谈是双方就实质性问题交换意见、进行讨论、阐述各自立场，或为达成业务而进行的商谈。会谈时要依照礼仪原则安排座次，注意与客户会谈的时间和节奏，注意签字仪式。

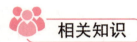

一、会谈中的座位安排

（一）小型会议

（1）小型会议中，主人和主宾并列位于会议室的中间，称之为并列式座位。这里要遵循

91

"主左客右"的礼仪原则,即主人坐在左边,客人坐在主人的右边,主人和主宾的后面坐的是翻译,其他客人依照顺序在主客一侧就座(见图3-11)。

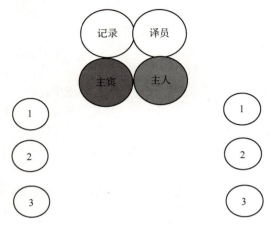

图3-11 小型会议室的并列式座次

(2)宾主相对而坐,以正门为准,遵循"以远为上"的礼仪原则,当会议桌和门平行摆放时,离门远的座位为地位高者或客方,靠近门的座位为主方人员(见图3-12)。

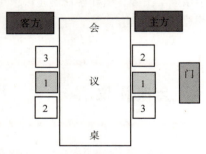

图3-12 会议桌和门平行摆放的座次

(3)当会议桌垂直于门摆放时,遵循"以右为尊"的原则,进门的右手为上座,因此客方坐在右手边,主方则坐在左手边(见图3-13)。

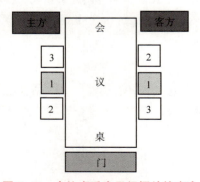

图3-13 会议桌垂直于门摆放的座次

(二)大型会议

大型会议中,主席台上就座的领导座次安排分两种情况:

(1)主席台上就座的领导人数是奇数的时候,一号领导应该坐在主席台的正中位置,在一号领导的两侧应该有相同数量的领导。就1号和2号领导来说，遵循"以右为尊"的原则，1号应该在2号的右边，那么2号应该安排在1号的左边，在确定了1号和2号领导之后，其余领导就依次按一左一右进行排列（见图3-14）。

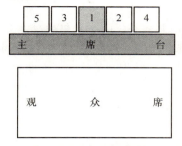

图3-14 主席台人数是奇数的座次

（2）主席台就座的领导人数是偶数时，排座次的时候是一对一对地进行排列，1号和2号是一对，这里仍然遵循"以右为尊"的原则，接下来3号和4号是一对，5号和6号是一对（见图3-15）。

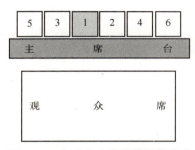

图3-15 主席台人数是偶数的座次

二、签字仪式礼仪

签字仪式是对订立合同、会谈文件等进行签字的一种正式隆重的仪式，出席人员一般规格较高，代表会谈各方的诚意，体现各方对会谈成果的重视。

签订合同和协议都必须本着平等互利、协商一致的原则，双方权利义务明确清楚，必要时还应加上附件说明。签订合同和协议时务必将易产生歧义之处写清注明，避免后续造成不必要的麻烦。经过严肃认真考虑和论证后方可正式举行签订仪式，一旦签字就要认真履行、不得违约。

签字仪式的流程如下：

（1）出席签字仪式的人员入席。出席签字人员必须衣着整洁，遵守时间，以礼相待。各方人员进入签字厅，遵循座次礼仪，按照主方在左，客方在右的位置入座，双方其他陪同人员排列站于各签字人之后，以各自职位、身份高低为序就座。礼仪人员分别站在签字者的外侧，协助翻动文本，指明签字处。

（2）签字人签署文本。由签字人先签署己方保存的合同文本，再由礼仪人员互相传递文本，然后在对方的文本上签字，最后由签字人交换文本。

（3）握手致意。仪式后双方要起立互相握手致意。双方最高领导者及客方人员先行退场，然后主方再退场。

三、参加会谈人员礼仪

（1）着装得体。参会人员的着装要符合会议主题，体现对主办方和会议主持人的尊重，正式会谈时适宜穿着职业正装。

（2）遵守会谈纪律。按时到会和离会，中途不要随意进出。确实必须离开时，应当向组织方讲明原因，离席时要弯腰、侧身、尽量少影响他人，并表示歉意。保持会场安静，不大声喧哗不接打手机，控制咳嗽声、哈欠声。保持端正的体态，不仰靠椅背，不斜倚扶手。

（3）服从会议组织者安排。对主持人的提议作出积极的回应，当演讲者演讲结束时，参会人员应报以热烈的掌声表示赞赏和感谢。

资源拓展

以右为尊原则

在各种类型的国际交往中，大到政治磋商、商务往来、文化交流，小到私人接触、社交应酬，但凡有必要确定并排列具体位置的主次尊卑，"以右为尊"都是普遍适用的。在并排站立、行走或者就座的时候，为了表示礼貌，主人要主动居左，而请客人居右。男士应当主动居左，而请女士居右。晚辈应当主动居左，而请长辈居右。未婚者应当主动居左，请已婚者居右。职位、身份低者应该当主动居左，而请职位、身份高者居右。

（参考资料来源：360百科词条"以右为尊原则"）

任务实施

任务实施见表3-5。

表3-5 任务实施表

会谈礼仪	礼仪要求
安排座位	遵循"以远为上，面门为上，以右为上，以中为上"原则。以右侧为上座，引导客户在右侧就座；面门一侧为上座，谈判桌横放在室内时，引导客户在面对正门的一侧入座
会谈	1. 与客户面谈，注意给客户留下良好的第一印象，尤其重视个人仪容仪表、举止动作，以及语言表达艺术。 2. 控制好会谈的重点，要展现出公司良好的整体面貌，不要在一个具体的价格、技术细节上纠缠不清。 3. 注意把握会谈的节奏，循序渐进向客户介绍公司的整体面貌、服务质量、服务产品等，逻辑清晰，表达流畅。 4. 注意把握会谈的时间，视客户的兴趣而定，一般不适宜太久
签约合同	签约合同的礼仪流程：人员入席；签署文本；交换文本；握手致意；有序退场

同步测试

一、单项选择题

1. 主人和主宾并列位于会议室的中间会谈时，正确的座次安排是（　　）。
   A. 客人坐在主人的左边　　　　　　B. 客人坐在主人的右边
2. 会谈时，宾主相对而坐，客方应安排在（　　）就座。
   A. 面向门的一侧　　　　　　　　　B. 背对门的一侧
3. 正式会谈中，男士适宜穿（　　）参会。
   A. 牛仔服　　　　B. 格子衬衫　　　　C. 深色西装　　　　D. 休闲套装

二、判断题

1. 签合同时，由签字人先签署己方保存的合同文本，再由礼仪人员互递文本，在对方的文本上签字，最后由签字人交换文本。（　　）
2. 参加会议时，要遵守会议纪律，服从会议组织方安排，保持会场安静，不大声喧哗不接打手机。（　　）

三、案例分析

家政服务公司召开公司内部小型会议，行政部的小杨负责布置会场。会场是长方形会议桌，不设主席台，小杨应如何安排座次？

任务五　送别礼仪

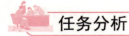 **任务描述**

家政服务公司的李红与客户会谈结束后，客户起身告辞，李红送别客户。此时李红应注意哪些送别礼仪？

 任务分析

送客是接待来访客户的最后一环，如果处理不好将影响到整个接待工作的效果。当接待人员与客户交谈完毕后，接待人员要礼貌地送别客户。"出迎三步，身送七步"是迎送客户的最基本礼仪。

相关知识

在送别客人时，应当注意四个环节：一是应当加以挽留；二是应当起身在后；三是应当伸手

在后;四是应当相送一程。具体来说,有以下几点:

(1) 告辞应当由客人率先提出来,假如主人首先与客人道别,难免会给人以厌客、逐客的感觉。

(2) 客人表示要走时,应婉言相留。不过也要尊重客人的意愿,不能强行挽留,以免耽误他们的工作和生活日程。

(3) 当客人起身告辞时,应马上站起来相送。一般的客人送到楼梯口或电梯口即可,重要的客人则应送到办公楼外或公司大门口。

(4) 施礼感谢光临和致告别语,如:"祝您一路平安,欢迎下次再来!""希望我们合作愉快,再见!"

(5) 切忌刚和客人道别,马上就转身进门,或是"砰"地一声把门关上;而应帮客人把车门关好,等客人的车辆起动后,面带微笑,挥手告别,目送车子离开后才能离开。

(6) 客人告辞时,如果自己正忙于要事抽不开身无法送行时,应当向客人说明情况,表示歉意,不可一声不吭或无所表示,这是非常失礼的表现。

资源拓展

人际交往中的"末轮效应"

"末轮效应"指的是在人际交往之中,人们所留给交往对象的最后的印象,通常也是非常重要的。在许多情况下,它往往是一个单位或某个人留给交往对象的整体印象的重要组成部分;有时,它甚至直接决定着该单位或个人的整体形象是否完美,以及完美的整体形象能否继续得以维持。"末轮效应"理论的核心思想是要求人们在塑造单位或个人的整体形象时,必须有始有终、始终如一。

(参考资料来源:360百科词条"末轮效应")

趣谈"话别"和"饯别"

话别,亦称临行话别。与来宾话别的时间,一要讲究主随客便,二要注意预先相告。最佳的话别地点,是来宾的临时下榻之处。在接待方的会客室、贵宾室里,或是在为来宾饯行而专门举行的宴会上,亦可与来宾话别。参加话别的主要人员,应为宾主双方身份、职位大致相似者,对口部门的工作人员,接待人员等等。话别的主要内容有:一是表达惜别之意,二是听取来宾的意见或建议,三是了解来宾有无需要帮忙代劳之事,四是向来宾赠送纪念性礼品。

饯别,又称饯行。它所指的是,在来宾离别之前,东道主一方专门为对方举行一次宴会,以便郑重其事地为对方送别。为饯别而举行的专门宴会,通常称作饯别宴会。在来宾离别之前,专门为对方举行一次饯别宴会,不仅在形式上显得热烈而隆重,而且往往还会使对方产生备受重视之感,增进互相了解。

(参考资料来源:360文库)

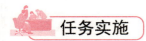

任务实施见表3-6。

表3-6　任务实施表

送别礼仪	礼仪要求	情景图片示例
语言	客人离开时声音热情饱满地致告别语，如"一路平安，再见！"	
表情	面带微笑，目光注视客人，等客人的车辆起动后，目送车子离开后才能离开	
姿态	与客人道别时要端正站好，挥手告别，切忌歪着身子斜着脑袋看着客人	

一、判断题

1. "出迎三步，身送七步"是迎送客人的最基本礼仪。　　　　（　）
2. 告辞应当由主人率先提出来。　　　　　　　　　　　　　　（　）
3. 和客人道别后，便可以马上转身进门。　　　　　　　　　　（　）
4. 与客人道别时要端正站好，挥手告别，切忌歪着身子斜着脑袋看着客人。（　）
5. 客人表示要走时，主人应强行挽留，以表达热情好客。　　　（　）

二、案例实践

家政服务员刘姐在雇主家送客人离开，请你模拟此情景，展示送客礼仪。

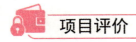

项目评价见表3-7。

表3-7　项目评价表

项目	评价标准
知识掌握（30分）	说出来访接待工作的礼仪流程（10分） 说出迎客礼仪、引导礼仪、奉茶礼仪、洽谈礼仪、送别礼仪的具体礼仪规范（15分） 说出来访接待礼仪中的语言及肢体语言沟通方法（5分）
实践能力（40分）	能按照规范的礼仪流程接待客人（10分） 能规范得体地迎客并引导客人入座（10分） 能规范得体地为客人奉茶并会谈（10分） 能规范得体地送别客人（10分）

续表

项目	评价标准
礼仪素养（30分）	具备主动、耐心、细致服务的意识（10分） 具有文明得体的待客礼仪素养（10分） 具备家政服务人员礼仪服务形象（10分）
总分（100分）	

项目二　电子通信服务礼仪

【项目介绍】

随着科学技术的进步和人们生活水平的提高，电子通信已经成为我们日常生活和工作中不可缺少的交流工具，电子通信沟通服务也成为一种重要的服务交往方式。电子通信服务礼仪可以说是一门学问、一门艺术，它不仅反映了每位服务人员的情绪、文化修养和礼貌礼节，同时也反映了整个公司职员的素质，甚至直接影响着一个公司的声誉。因此，作为家政服务人员，在进行电子通信服务时，必须重视自己的形象，遵守相关服务礼仪。本项目主要从电话服务和电子邮件两个方面介绍电子通信服务礼仪。

【知识目标】

1. 掌握接听电话和拨打电话的礼仪及基本要求；
2. 掌握发送电子邮件的礼仪与基本要求；
3. 掌握接收与回复电子邮件的礼仪与基本要求；
4. 熟悉电话服务礼仪的注意事项。

【技能目标】

1. 能够正确地拨打电话和接听电话，维护自己和家政服务公司的形象；
2. 能够正确地接收和发送电子邮件信息。

【素质目标】

提升礼仪修养，塑造知礼、懂礼、守礼的家政服务人员形象；树立良好的职业礼仪观念，能够在家政服务工作中展现出高尚的服务礼仪素养。

案例引入

小李是某家政服务公司新进的工作人员，对公司的业务不太熟悉。有一天，公司电话铃声响起，过了半分钟，小李接起电话。客户王先生要为自己卧病在床的父亲请护工，想咨询相关费用。小李犹豫几秒钟后说道："我帮你找人来，你稍等。"谁知这一等就是好几分钟，王先生能听到办公室嘈杂的声音但就是没人再接电话，小李也不知去向。王先生非常生气，挂断了电话。经理了解情况后，第一时间电话回访了王先生，并通过电子邮件把相关费用情况发送给对方，挽回了客户。

模块三　家政服务工作岗位礼仪

任务一　接打工作电话

任务描述

接打电话的特点是不见其人，只闻其声，也就是说对方不能看到你在接打电话时的表情、姿态，但是你的语音、语调可以将你的情绪和状态传递给对方。热情、亲切的声音可以使对方心情舒畅，双方的交谈就能愉快进行，工作就能顺利开展。因此，家政服务人员在接打电话时，要保持良好的精神状态，灵活地使用沟通技巧，给客户留下良好的印象。

任务分析

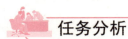

电话服务礼仪代表了个人素质和公司形象，家政服务人员要在掌握电话服务礼仪知识的基础上，勤加练习，不断积累，灵活地掌握和运用接打电话的技能和技巧，为客户提供优质服务。

相关知识

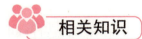

一、接听电话的礼仪

当电话铃声响起时，接电话者处于一个被动位置，对方可能是你的客户、领导、同事，或者是你的合作伙伴。无论对方地位尊卑，作为家政服务人员，在通话的过程中都要做到以礼待人。

（一）迅速接听电话

铃声响起，要立即停下自己手头的事，尽快接听。不要等铃声响过很久之后才姗姗来迟。及时接听电话，可以从侧面反映出公司诚恳的接人待物态度。"铃声不过三声"是一个原则，一般来说，电话铃声响起三声内，拿起话筒比较合适。如果电话铃声响起超过四声以后才接起，一定要向对方说："抱歉，让您久等了。"

（二）礼貌问候，自报家门

电话接起后首先要礼貌地问候对方，然后说出自己所在单位的名称，来确认对方拨打电话是否正确。例如："您好，我是××。""您好，这里是××家政公司，很高兴为您服务。"即使对方拨错电话也不要勃然大怒，要耐心地告诉对方："对不起，您拨错电话号码了。"

（三）耐心聆听，积极反应

倾听对方的谈话，是对他人的尊重。接听电话时，尽量避免打断对方的谈话。但为了表示自己在专心聆听，并且已理解，要不时地说"嗯""好""是的""太好了""让您费心了""谢谢您"等。

（四）认真做好通话记录

当对方的需求较多较复杂时，应及时做好通话记录。记录内容要求既简洁又完备，记录完毕以后要向对方复述一遍，以免出现遗漏或差错。

99

（五）规范地转接电话

当接到代转电话时，首先应确定来电者的身份和目的，如果要找的人在，告知对方"请稍等"，并迅速找人。如果不放下话筒喊距离较远的人，可用手轻捂话筒或按保留按钮，然后再呼喊接话人。如果要找的人不在，可以询问对方是否需要留言，如若需要留言，应认真记录和核对对方的姓名、电话以及留言内容。切记不可未经同事允许，将其去向或个人资料透漏给对方。

（六）礼貌结束通话

结束通话时，一般由发话人先挂电话。接听者要等对方说"再见"后，再道声"再见"，挂电话时动作要轻缓。

二、拨打电话的礼仪

拨打电话者本身处于主动地位，对通话者的身份信息、单位信息比较了解。因此，在拨打电话前，家政服务人员应做好充分准备，运用规范的电话服务礼仪塑造良好的个人和企业形象。

（一）选择恰当的时间

拨打电话，首先要考虑在什么时间最合适。如果不是特别熟悉或者有特殊情况，一般不要在早8点以前、晚8点以后打电话，也不要在三餐时间和午休时间打电话；否则，有失礼貌，也影响通话效果。国际长途电话务必注意时差和生活习惯。

（二）礼貌问候，自报家门

打电话时首先应使用"先生您好、女士您好、打扰了"等礼貌用语，对对方的尊称可以根据对方身份灵活多变。简单问候之后，先确定对方的身份或名称，再做自我介绍，然后告知对方自己要找的通话对象及相关事宜。

（三）言简意赅，避免拖沓

打电话时通话内容精练简洁，忌讳语言啰唆、思维混乱，这样很容易引起对方的反感。不讲空话、套话，不反复重复同样内容，更忌讳偏离主题、东拉西扯。因此，通话时要注意控制时间，语言做到简洁明了。

（四）电话突然中断应主动道歉

电话突然中断，应由拨打方先拨过来。家政服务人员在接听客户电话时遇到突然中断的情况时，可以主动打电话，以示尊重。

（五）道谢后说再见

结束通话，一般由打电话的一方提出，客气道别，说一声"谢谢，再见"。挂电话时要注意动作幅度，不要让对方觉得太突然。

三、接打电话时的注意事项

（一）接打电话时要端正自身姿态

家政服务人员接打电话时要保持端正的站姿或坐姿，一般左手拿话筒，右手记录信息。通话时不可趴在或靠在桌子上，更不能将听筒夹在肩膀和头之间。

（二）接打电话时要声音清晰、语调亲切

在通话时要采用礼貌用语，并保持声音清晰，语速适中，语调柔和。切记不可大喊大叫，语

调平直或者说话生硬刻板。

（三）接打电话时要复述要点

接打电话时，一定要将双方对话要点重复一遍。对于地点、时间、人名、数字等信息要重点重复、核实。

（四）接打电话时要注意控制音量

通话过程中音量不宜过大或过小，声音过大会使对方有聒噪之感，声音过小会使对方听不清楚通话内容。声音应以对方能听清楚而且不会吵到周围的人为宜，通话时应注意嘴到话筒的距离。

（五）接打电话时切忌吃东西或打哈欠

接打电话时抽烟、喝茶、吃东西或者打哈欠不仅会影响通话效果，而且会使对方觉得你不真诚或者觉得你心不在焉，不尊重对方。

资源拓展

电话常用礼貌用语见表3-8。

表3-8 电话常用礼貌用语

情景	不当用语	礼貌用语
向人问好	喂	喂，您好
自报家门	我是××公司的	这里是××公司
问对方身份	你是谁？	请问您是……？
问别人姓名	你叫什么名字？	能告诉我您的姓名吗？
问对方姓氏	你姓什么？	请问您贵姓？
要别人电话	你电话是多少？	能留下您的联系方式吗？
要找某人	给我找一下××	请您帮我找一下××，好吗？谢谢！
问找某人	你找谁啊？	请问您找哪一位？
问有某事	你有什么事？	请问您有什么事吗？/有什么能够帮您？
叫别人等待	你等着	请您稍等一会儿
他不在	他现在不在这里	对不起，他现在不在这里，如果您有急事，我能否代为转告？
待会儿再打	你待会儿再打吧	请您过一会儿再打来电话，好吗？
结束谈话	你说完了吗？	您还有其他事吗？/您还有其他吩咐吗？
做不到	那样可不行	很抱歉，没有照您希望的办！/不好意思，这个我们可能办不到
不会忘记	我忘不了的	请放心，我会尽力办好这件事情
没听清楚	什么？再说一遍！	对不起，我刚才没听清楚，请您再说一遍，好吗？

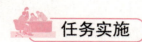

任务实施

接听、回访电话流程见表3-9和表3-10。

表3-9 接听电话流程

家政服务公司 接听电话流程	步骤一：电话铃声响起后三声以内接起，左手拿起电话，右手拿纸笔记录。身体端正，嘴角上扬，保持微笑。口齿清晰致以简单的问候："您好，××家政公司，请问有什么可以帮助您？"
	步骤二：认真倾听客户的需求，并做好客户需求记录。在接听电话的过程中尽量不要打断对方，同时要根据客户的谈话应答对方，在交谈过程中要耐心地回答客户所提出的问题
	步骤三：如果交谈过程中得知客户需要聘请家政服务员，首先要对客户的需求进行详细了解，例如家政服务员的年龄、性别、籍贯等，最后要求留下联系方式
	步骤四：如客户需要家政服务员做家庭保洁、买菜、做饭、洗衣、接送孩子上学、照顾老人、协助照顾病人等具体服务项目时，要用专业术语引导客户的需求
	步骤五：等客户放下电话后，自己再轻轻放下电话

表3-10 回访电话流程

家政服务公司 回访电话流程	步骤一：根据来电咨询的客户需求，在规定的时间内，找到合适的家政服务员，详细了解家政服务员的情况后，对客户进行电话反馈
	步骤二：电话接通后，首先要进行问候并自我介绍：您好！我是××家政服务公司的员工××，请问您现在方便接电话吗？如果客户回答时间不合适，应该说："抱歉，打扰您了，那我在您方便的时候再给您来电。"
	步骤三：如果客户回复有时间，那么继续告知客户："我已经根据您的需求挑选了几个符合条件的服务人员，您看您什么时候方便过来面试或试工呢？"
	步骤四：把推荐给客户的家政服务员的详细情况介绍给客户，通话时间尽量控制在10分钟以内
	步骤五：如果客户对推荐的家政服务员条件满意，即和客户商定好面试和试工时间，最后等客户放下电话后，自己再轻轻放下电话

同步测试

一、单项选择题

1. 下列电话服务礼仪不正确的是（　　）。
   A. 让来电者等待超过 15 秒钟　　　B. 通话内容简明，时间简短
   C. 语音语调亲切甜美　　　　　　　D. 仔细倾听，并不仅仅是记录

2. 通话过程中要始终注意言谈举止，说话时速度（　　）。
   A. 尽量快，节省双方时间
   B. 尽量慢，确保对方听清楚
   C. 适当，不可太快，也无须过慢
   D. 无所谓，全凭个人喜好

3. 电话接听完毕之前，为了避免出现错误或遗漏，应该（　　）。
   A. 保持正确的姿态
   B. 保持正确的语调
   C. 重复来电要点，例如时间、地点、人名
   D. 再次重复自己公司名称以及自己姓名

二、判断题

1. 电话铃声响起之后，应该在三声以内接起。　　　　　　　　　　　（　　）
2. 当问对方姓氏的时候，应该说"你姓什么？"　　　　　　　　　　（　　）

三、情景模拟

小李是你的同事，有一天有位客户打电话找小李，恰好小李不在公司。假如是你接起的电话，你将如何回复客户？

任务二　电子邮件沟通

任务描述

电子邮件有很多用途，通常用于联系业务、亲朋好友之间的通信等。作为工作场合的业务沟通，电子邮件提供了很多的便利。它具有高效快捷、经济安全、不受篇幅限制的特点。电子邮件的书写礼仪和使用礼仪代表着个人的职业素养和专业程度。因此，我们要掌握必要的电子邮件礼仪，促使双方愉快沟通，提高办事效率和竞争优势。

任务分析

通过对发送电子邮件基本礼仪、接收与回复邮件的基本礼仪的学习与掌握，家政服务人员要保持公司和自己的职业形象，做到亲切不轻浮、自信不骄傲、落落大方、回答得体。

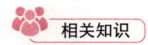

一、发送电子邮件的基本礼仪

(一) 电子邮件主题的要求

电子邮件主题是用户在未打开该邮件前第一直观印象。一个好的电子邮件主题，能够用简单的几个字概括出整个邮件的内容，以便收件人权衡邮件的轻重缓急，有针对性地进行处理。

1. 标题不可空白

空白标题是一种失礼行为，很多人在写电子邮件时经常会忘记填写标题内容就将邮件发出，对方收到邮件后会显示无主题状态。由于很多人是以标题来决定是否继续详读信件的内容，这就会导致邮件的打开率降低，被收件方忽略。

2. 标题要言简意赅

标题要能真实反映邮件的内容和重要性，且要简短明确，不宜冗长，要让收件人对邮件内容一目了然。

(二) 电子邮件称呼和问候语的使用

电子邮件中称呼和问候语的使用显得既礼貌又正式，体现了对收件人的尊重和重视。

1. 恰当的称谓

称谓即称呼，要符合寄信人同收信人的特定关系。恰当的称谓可以明确提醒收件人，此邮件需要他进行阅览和回复。一般来说，平时对对方称呼什么，信的开头就写什么。如果对方有职务，应按职务尊称对方，如"×经理"；如果不清楚职务，则应按通常的"×先生""×小姐"称呼。

当收件人为多人时，称呼可用"各位/各位领导/各位同事"。写给敬佩的长者可在称呼前加上"尊敬的"，以表示对对方的尊重。切记称呼要和收件人清单保持一致，不含抄送人。

2. 合适的问候语

问候是写信人对收信人的一种礼节和关心，体现了写信人的素质和涵养。问候语最常见的是"您好""近好"，依时令节气不同，也会有不同的表达方式，如"新年好""春节愉快"。通常问候语写在称呼下一行，前面空两格，常自成一段。

(三) 电子邮件正文的书写要求

电子邮件正文要做到主题明确，语言流畅，内容简洁。在撰写正文时还应注意以下几点，以示礼貌和尊重，以免造成不必要的困扰。

1. 正文内容要主题明确，重点突出

电子邮件正文要求主题明确，语言流畅简洁，重点突出，让收件人能在最短的时间内了解到邮件的主旨以便提高工作效率。如果邮件过于冗长，且语句啰唆，收件人一般不太愿意仔细阅读，更不容易引起重视。有些邮件正文主题写得不够清晰，收件人需要花费很长的时间破解其原意，这给收件人带来了许多不必要的麻烦。

2. 正文内容需严谨客观

电子邮件经常会转发给不同公司或客户，是非常直接的书面证据，所以邮件内容务必慎重、客观、严谨，用词务必要规矩，切不可无中生有、信口开河。正文中避免出现错别字，这是对人最起码的尊重。在邮件发出之前，要反复检查核对，确保万无一失。

3. 正文采用结构化思维，增强逻辑性

如果电子邮件正文涉及内容较多较复杂，让人难以快速阅读，可以按要点进行编号，分条叙述，这样表达更直白、更有逻辑性。重要内容可以采用加粗字体或采用其他颜色字体的方式来强调，需注意不可通篇强调，对正文通篇强调，等于没有强调。

4. 正文中表情符号的使用要慎重

是否能够使用表情符号取决于当时的情况。如果要给新客户或者新的商业伙伴发邮件，你对对方的情况还不太了解，尽量不要使用表情符号。如果要给同事或者关系比较熟悉友好的客户发邮件，可以适当地使用表情符号。

5. 结尾祝福不可少

正文写完后，都要写上表示敬意、祝愿或勉励的话，作为邮件的结尾。祝愿的话可因人、因具体情况选用适当的词，不要乱用，以免闹出笑话。可以用"祝您顺利""祝您身体健康"来表达祝福之意；若是尊长可以使用"此致敬礼"；若可提供好的选择，应在结尾处提出，如"请您考虑，有任何需要咨询，请电话或E-MAIL联系我"；若期盼与对方达成合作可以使用"希望我们能够达成合作"。

6. 结尾署名是必备

电子邮件的结尾空一行顶格标注发件姓名，在姓名之后，有时还视情加上"恭呈""谨上"等以示尊敬。换行顶格再标注发件日期。

（四）电子邮件附件的使用规范

附件是随邮件附发的有关材料，例如报价单、确认书、合同等。如果需要标注附件的，在邮件署名的下方可以标注附件。如果附件是两个以上的，要分别标注附件一、附件二等。

1. 添加附件提醒

如果在发电子邮件时另外添加了附件，要在邮件正文里加以说明，起到提醒对方及时阅读的作用。

2. 附件命名要求

附件应合理命名，不可用看不懂的或者比较复杂、冗长的文件名。附件文件的命名最好能够概括附件的内容，方便收件人下载后进行存储管理。

3. 附件数量需限制

附件数量不宜过多，一般不超过4个，数目较多时应打包成一个压缩包，方便收件人进行管理。

二、接收与回复电子邮件的基本礼仪

1. 定期查收并及时回复电子邮件

定期打开收件箱查看是否有新邮件，以确保信息的及时交流和工作的顺利开展，一般应在收到邮件当天予以回复。如果涉及较难处理的问题，要先告诉对方已收到邮件，会尽快给予正式回复。

查阅并回复邮件时，正确的工作习惯是按照重要紧急四个维度来处理，先处理重要且紧急的，再处理紧急但不重要的，然后再处理重要不紧急的，最后处理不重要不紧急的。

2. 进行针对性回复

回复对方电子邮件时，我们最好把相关的问题抄到回件中，然后附上对应的答案，让对方能够一目了然。切记不要用"是的""好的""可以"来直接回答，这种过于简单的回答方式会让对方觉得一头雾水，无法理解回复内容，容易造成理解上的偏差。

3. 及时调整沟通方式

当收件双方就同一问题反复沟通多次，还没有达成一致意见，这就说明电子邮件沟通不是双方最好的沟通方式。此时，双方可以选择电话沟通或者当面沟通的方式来商议。

4. 区分单独回复和回复全体

如果谈论的内容只需要单独一人知道或者需要保密，单独回复发件人即可。如果回复的内容需要众所周知，应该选择回复全体。

三、电子邮件使用的注意事项

（一）忌电子邮件滥用

电子邮件的发送无须费用，而且简单迅速，但是也不要轻易向他人乱发邮件。不可利用电子邮件与他人谈天说地，更不可未经他人允许发送广告邮件。

（二）忌不称呼

有些人在写电子邮件时，直接就说事情，未使用适当的称呼和问候，这些都是不礼貌的做法。正确的做法是：如果对方有职位要称呼职位（姓氏+职位）；如果不清楚职位，可用姓氏+先生/小姐。

（三）忌不署名或隐藏发件人姓名

不署名或者隐藏发件人姓名的电子邮件会使收件人无所适从，不知道发件人的信息、公司名称。没有人愿意对一封来路不明的邮件内容保持耐心，更不会产生信任。这样的邮件其内容的可信度会大大降低，还会降低个人或公司的专业程度，损害公司的形象。

（四）忌邮箱地址错误

发送电子邮件时，首先要认真核对邮箱地址是否正确，必要时可以打电话和对方确认，保证电子邮件顺利发送到对方邮箱。切忌邮箱地址错误，影响工作的正常开展。

资源拓展

邮箱使用安全小知识

在互联网高速发展的时代，黑客侵袭网络、邮箱被盗、信息泄露等事件经常发生。这类恶性事件对经济安全、机密安全和个人隐私造成不可预估的损失。因此，我们在使用邮箱时需要注意以下几点：

1. 不要打开不请自来的邮件；
2. 不随意下载陌生邮件资料；
3. 定期对电脑进行杀毒；
4. 不要在邮件中随意发送个人隐私信息；
5. 避免使用公共Wi-Fi无线网络连接；
6. 增加电子邮箱密码的复杂度，例如，选择大小写英文字母和数字的组合密码，可以提高邮件的安全性；
7. 不要轻易点击电子邮件中的链接，尤其是让我们输入验证码或密码的链接，以防带来大量的病毒。

任务实施

1. 登录电子邮箱。打开自己的电子邮箱地址，并输入账号、密码，登录自己的电子邮箱，如无电子邮箱，可以根据相关流程进行注册。

2. 写发电子邮件。登录完成后在页面左侧点击写信项。在收件人行里正确填写收信人的邮箱，并输入主题和正文，根据需要添加文件、照片等附件。电子邮件的内容编辑完成以后，可对其进行预览操作，进行检查。最后，在页面下方，点击发送。在写电子邮件前应确认收件人信息，避免发送错误，可根据需要填写抄送人信息，如无抄送人无须填写。另外，可根据需要设置"紧急""回执"等内容。

3. 定期查看。在电子邮件发出后，可通过电话等方式告知对方已发送，提醒对方查收。电子邮件发出后应定期登录电子邮箱查看是否回复。在己方查收邮件时，可点击页面左侧的收件箱，查看当前收到的邮件。

同步测试

一、单项选择题

1. 发送邮件只知道对方的姓氏和职位，邮件称呼最合适的是（　　）。
   A. 大家好/各位好　　　　　　　　B. ×先生
   C. Dear+名字　　　　　　　　　　D. 姓氏+职位

2. 电子邮件附件数目不宜超过（　　）。
   A. 4个　　　　B. 5个　　　　C. 10个　　　　D. 不限

3. 针对邮件主题，以下错误的是（　　）。
   A. 为真实反映邮件主题的重要性，不可随意使用紧急标识
   B. 要简短，不宜冗长
   C. 为了方便，邮件主题可以不填写
   D. 主题千万不可出现错别字和不通顺之处

二、判断题

1. 如果不清楚对方职务可称呼"×先生""×小姐"。　　　　　　　　　　（　　）
2. 在电子邮件沟通过程中，可以就同一问题多次回复讨论。　　　　　　（　　）

三、案例分析

××家政服务公司星期三要开全体员工会议，王经理给各部门发出邮件通知，邮件内容如下：
主题：开会
正文：周三上午要开全体员工会议，请大家按时参加。
运用所学知识分析王经理的此封邮件是否得当？请说明你的理由。

 项目评价

项目评价见表3-11。

家政服务礼仪与沟通

表 3-11 项目评价表

项目	评价标准
知识掌握（30 分）	知道接听电话和拨打电话的基本礼仪要求（10 分） 知道发送电子邮件的礼仪与基本要求（10 分） 知道接收与回复电子邮件的基本礼仪要求（10 分）
实践能力（40 分）	能够正确地接收和发送电子邮件（20 分） 能够正确地拨打电话和接听电话，维护自己和家政服务公司的形象（20 分）
礼仪素养（30 分）	塑造知礼、懂礼、守礼的家政服务人员形象（10 分） 树立良好的家政服务职业礼仪观念（10 分） 提高家政服务礼仪素养（10 分）
总分（100 分）	

项目三　入户会面礼仪

【项目介绍】

　　家政服务人员在入户服务过程中，必须与家庭成员相处、交流，同时还要与客户的亲戚、邻居等人打交道。会面礼仪是体现家政服务人员基本素养的一面镜子，能让家政服务人员在和客户交往中赢得理解、好感和信任，是展示家政服务公司形象的一张名片，同时也是提升公司竞争力的重要方式。根据入户会面礼仪要求，在本项目中设置了称呼礼仪、介绍礼仪、握手礼仪、名片礼仪四个项目，由此来学习家政服务人员入户会面礼仪，提高职业道德素养，更好地履行工作职责。

【知识目标】

1. 了解入户会面礼仪的要求；
2. 掌握入户会面时称呼、介绍、握手、递交名片的具体礼仪规范；
3. 在交流过程中注意称呼、介绍、握手等礼仪技巧。

【技能目标】

1. 学会入户会面时的具体礼仪规范；
2. 能够在工作岗位中按照会面礼仪要求与客户交流相处。

【素质目标】

1. 提高家政服务人员职业素养；
2. 增强服务意识，规范服务礼仪，塑造服务人员良好的职业形象。

> **案例引入**
>
> 　　一位年轻人去风景区旅游。那天天气炎热，他口干舌燥，筋疲力尽，不知距目的地还有多远，举目四望，不见一人。正失望时，远处走来一位老者，年轻人大喜，张口就问："喂，离青海湖还有多远呀？"老者目不斜视地回了两个字："五里。"年轻人精神倍增，快速向前走去。他走呀走，走了好几个五里，青海湖还不见踪迹，他恼怒地骂起了老者。

模块三　家政服务工作岗位礼仪

任务一　称呼礼仪

任务描述

家政服务是以人为服务主体的工作。正确掌握和运用沟通技巧，是家政服务人员的必修课。作为家政服务人员，在与客户会面时如何展示自身素质和职业规范？

任务分析

礼节礼貌是人们在交往时，相互表示尊重和友好的言行规范，特别是在交际场合，它是相互表示尊敬、问候的惯用形式。入户会面时善于使用规范的语言表述方法，运用丰富的称呼技巧，达到相互沟通的目的，是对家政服务人员基本素质的要求。

相关知识

称呼礼仪是家政服务人员入户工作与客户见面的基本礼仪要求。在与客户交流时，选择一个合适的称呼尤为重要。得体的称呼体现出对他人的尊重，赢得他人的信任，拉近彼此间的情感距离，同时也可从细节处体现出家政服务人员良好的礼仪修养。

一、称呼的原则

（一）称呼文明　体现尊重

在人际交往中，要将对交往对象的尊重、友好放在第一位，选择合乎礼节的尊称是建立良好的人际关系的第一步。

（二）称呼恰当　符合身份

根据双方的关系、会面的场合与对方的职业选择恰当的称呼，这是称呼选择应遵循的重要原则。例如：面对同一位长辈，在家中用亲属称呼方显亲切，而在工作场合则采用职业或职衔称呼更显尊重与正式。

（三）称呼得体　尊崇长序

中国传统礼仪文化讲究"尊卑有序"，至今仍是我们在人际交往中遵循的重要原则。中国人在亲属间需按辈分相称，如乱了辈分则失了礼节。在与多人交往时，称呼的次序应遵循先长后幼、先高后低、先女后男的原则。

二、称呼礼仪

称呼是指人们在正常交往应酬中，彼此之间所采用的称呼语，在日常生活中，称呼应当亲切、准确、合乎常规。正确恰当的称呼，体现了对对方的尊敬或亲密程度，同时也反映了自身的文化素质。

家政服务礼仪与沟通

（一）选择正确的称呼方式

1. 国内称呼方式

（1）泛尊称呼。这种称呼适用范围比较广，是国际上通用的社交称呼方式，不受年龄与地域限制。成年男性可统称"先生"，成年女性可统称"女士"。女性还可依照婚姻状况区分，已婚女性可称"太太""夫人""女士"，未婚女性可称"小姐"，婚姻状况不明者可泛称"女士"。另外，对某一职业群体也可用通称，如学生间可称"同学"，士兵间可称"战友"，教师间可称"同事"。不同国家和地区对60岁以上的老人也有不同的泛尊称呼，如中国香港称"长者"，新加坡称"乐龄"，欧美许多国家称"乐年"等，这些称呼显示出对老年人由衷的尊重。

（2）敬谦称呼。敬称与谦称是相对使用的。中国传统礼仪讲究对人敬畏，于己谦逊。因此，在称呼中对交往对象使用敬称，以体现对对方的尊重；称呼自己与家人则用谦称，以体现自身的谦虚内敛。如"您老"对"晚辈"，"贵府"对"寒舍"，"令尊大人"对"家父""家严"，"阁下"对"鄙人"等。

（3）职业称呼。为表示对交往对象的职业及劳动技能的尊重，根据对方职业的特殊性，可以直接选择职业作为称呼，如"老师""护士""医生"等，或姓氏后加职业名称，如张老师、王护士等。

（4）职衔称呼。职衔即职位和头衔，在较正式的场合一般采用职衔称呼，以示对对方的尊重与敬畏。可分为三种情况：①直接称呼职衔，如"主任""院长""团长""上校"等，此种称呼可给人以亲切感；②姓氏加职衔称呼，如"张主任""李院长""王处长"等，此种称呼给人以敬畏感；③姓名加职衔称呼，此种称呼适用于庆典等特别重要的场合，给人以庄严感。

（5）学术称呼。对于学识渊博，在教学或科研机构工作的交往对象，可根据其在专业领域的成就选择学术称呼，如"张教授""李博士""王院士"等。

（6）亲属称呼。亲属之间需按照辈分选择合适的亲属称呼，而在非亲属间的日常交往中，如果选择亲属称呼，则会给对方热情、亲近之感，如"李奶奶""王伯伯""李阿姨"等。

（7）姓名称呼。适合亲友、同事等熟人之间使用。可以直呼其名或免姓只呼其名，但在中国，此种称呼只可称呼同辈或晚辈，还可在姓前加"老、大、小"，如"老张""小李""大刘"等。

家政服务员在照顾老年人时，对老年人的称呼选择应该考虑对方的职业、性格、知识水平等因素。如对性格内向的老人应选择较正式、严肃的称呼；对性格外向的老人可选择生活化的亲属称呼，更显亲切、热情；也可选择泛尊称呼，如先生、女士，可缩小心理年龄差距，会让老人感觉更年轻、更自信；对于离退休老人可根据其曾从事的职业、曾任职务或学术职衔等选择称呼，如"老师""教授""老书记"等，更显尊重与敬畏。

2. 国际称呼方式

在国际交往中，对男子一般称"先生"，对已婚女子一般称"夫人"，对未婚女子则统称"小姐"。对不了解婚姻状况的女子，可称其为"小姐"，年龄稍大的可称"女士"。上述这些称呼均可以冠以姓名、职称、衔称等，如格林先生、议员先生、玛丽小姐、布朗夫人、护士小姐等。对地位较高的官方人士，如部长以上的高级官员，一般可称"阁下"或"先生"，如部长阁下、总理阁下、总理先生、大使先生等。对医生、教授、律师、法官以及有博士等学位的人士，可单独称其为医生、教授、律师、法官、博士等，也可以在前面加上姓氏，或在后面加上先生，如马丁教授、法官先生、怀特博士等。

（二）称呼的注意事项

（1）要根据交往双方的关系、深度、远近程度等有选择性地称呼。

（2）在称呼时要注意民族和区域的界限，根据称呼人的交往习惯来选择称呼。

（3）要注意称呼的感情色彩，给不同的交往对象被尊重之感。

（4）注意像一些昵称、小名或者绰号的称呼仅适用于非正式场合，或者熟人之间，不可在正式或社交场合称呼对方的小名、绰号。

（5）注意不要以"喂""哎""3号""那个端盘子的""卖菜的""老头"等方式去称呼对方，这样显得很不礼貌，更不能不称呼对方直接进入谈话。

（6）使用称呼时就高不就低。

（7）当被介绍给他人，需与多人同时打招呼时，称呼要注意有序性。

（三）称呼的禁忌

1. 使用错误的称呼

在称呼他人时，假如出现差错，显然是失礼的。

2. 使用误会的称呼

一些在国内使用的称呼，一旦到了不同地区便会产生其他意思。在与他人交往中，要尊重彼此之间的文化差异，对一些可能引起误会的称呼，严禁使用。

3. 使用距离不当的称呼

在正式交往中，若是与仅有一面之缘者称兄道弟，或者称其为"朋友""老板"等，都是使用与对方距离不当的称呼的表现。

4. 使用庸俗低级的称呼

某些市井流行的称呼，因其庸俗低级，格调不高，甚至带有显著的黑社会风格，在正式的交往中也应禁用。

5. 使用绰号作为称呼

对与自己关系一般者，切勿擅自为对方起绰号，也不应以道听途说而来的绰号去称呼对方。至于一些对对方具有讽刺侮辱性质的绰号，更是严禁使用。

三、家政服务人员应做到言之有理，谈吐文雅

（一）态度诚恳、亲切

说话本身是用来向人传递思想感情的，所以，说话时的神态、表情都很重要。例如，当你向别人表示祝贺时，如果嘴上说得十分动听，而表情却冷冰冰的，那对方一定认为你只是在敷衍而已。所以，说话必须做到态度诚恳和亲切，才能使对方对你产生表里一致的印象。

（二）用语谦逊、文雅

如称呼对方为"您""先生""小姐"等，用"贵姓"代替"你姓什么"，用"不新鲜""有异味"代替"发霉""发臭"。如你在一位陌生人家里做客需要用厕所时，则应说"我可以使用这里的洗手间吗"或者"请问，哪里可以方便"等。多用敬语、谦语和雅语，能体现出一个人的文化素养以及尊重他人的良好品德。

（三）声音大小要适当，语调应平和沉稳

无论是普通话、外语、方言，咬字要清晰，音量要适度，以对方听清楚为准，切忌大声说话，口沫四溅。语调要平稳，尽量不用或少用语气词，使听者感到亲切自然。

家政服务礼仪与沟通

资源拓展

称呼的功能

1. 呼唤功能。称呼具有呼唤功能，是传达给听话人的第一信息。
2. 关系功能。称呼能反映出呼唤人与被呼唤人之间的关系。
3. 情感功能。除了反映出呼唤人与被呼唤人之间的关系，称呼还可以反映出两个人之间的态度和情感。

 任务实施

任务实施见表3-12。

表3-12 任务实施表

称呼礼仪	礼仪要求
问候用语	用于见面的时候。例如："您好！""早上好！""欢迎您！""近来好吗？"这种问候要亲切、自然、和蔼，同时配合脸上的微笑
迎送用语	用于见面迎接、分别告辞时。例如："再见！""一路平安！""欢迎再来！"这种告别语要真诚、恭敬、笑容可掬
答谢用语	用于向对方感谢。例如："非常感谢！""劳您费心！""感谢您的好意！""多谢您的帮助！"这种答谢语要恳切、热情
请托用语	用于向别人请教时。例如："请问""拜托您""帮个忙""请稍等""麻烦您关照一下"。这种请托语要委婉谦恭，不要强求命令
道歉用语	用于自己做错了事，想对方道歉。例如："对不起""实在抱歉""请多多原谅""真过意不去""失礼了""都是我的错"。这种道歉语态要真诚，不能虚伪
征询用语	用于向别人询问时。例如："您有什么事需要我帮忙吗？""您觉着这件东西怎么样？"这种征询语要让人感到关心和体贴
慰问用语	用于对别人表示关心。例如："您辛苦了""让您受累了""您快歇会儿"给人一种善良、热心的好感
祝贺用语	用于对别人成喜事的祝贺。如"恭喜""祝您生日快乐""祝您事业有成"等表示深厚友谊和中心的祝词
赞赏用语	用于对别人的称赞或者受到别人对自己的称赞时。例如"太好了！""真不错！""对极了！""相当棒！""非常出色！"

112

同步测试

一、单项选择题

1. 以下不属于称呼功能的是（　　）。
   A. 呼唤功能　　　　　　　　　　B. 解释功能
   C. 关系功能　　　　　　　　　　D. 情感功能
2. 下列哪个选项不属于家政服务人员谈吐文雅的表现？（　　）
   A. 态度诚恳、亲切
   B. 用语谦逊、文雅
   C. 声音大小要适当，语调应平和沉稳
   D. 说话声音尽量放大

二、判断题

1. 家政服务人员在入户会面时，对客户家要称呼得体，符合自己的身份，一般按年龄和辈分来称呼家庭成员。（　　）
2. 家政服务人员与客户比较熟悉后，可以称呼客户的乳名以示亲近。（　　）

三、案例分析

在某家政服务公司上班的小王与公司李先生的关系处得很好，平时小王入户进行家政服务时都对李先生以"李哥"相称，李先生也觉得这种称呼很亲切。这天李先生陪同几位来自香港的客人一路同行，小王看到李先生一行人，又热情地打招呼："李哥好！几位大哥好！"谁知随行的香港客人觉得很诧异，其中有一位还面露不悦之色。

试分析，以上情景小王在称呼上有什么问题？

任务二　介绍礼仪

任务描述

小何是某一家政服务公司的员工，这天在客户家工作时，突然有客人来拜访，恰巧主人没在家，客人疑惑地问小何："你是哪位？"小何应如何介绍自己？

任务分析

在入会会面礼仪中，介绍是一个非常重要的环节，是人际交往中与他人进行沟通、增进了解、建立联系的一种最基本、最常规的方式。通过介绍，可以缩短人们之间的距离，帮助扩大社交的圈子，促进彼此不熟悉的人们更多地沟通和更深入地了解。那么当需要进行介绍认识时，应该由谁来介绍？先介绍谁，后介绍谁？什么时候介绍恰当？

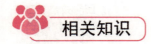

一、介绍的类型

根据介绍的对象、场合不同，可分为以下几种：依社交场合的方式来分，有正式介绍和非正式介绍；依介绍者的位置来分，有为他人介绍、自我介绍和他人为你介绍；依被介绍者的人数来分，有集体介绍和个人介绍。

二、自我介绍礼仪

（一）自我介绍的四要素

自我介绍主要包括单位、部门、职务、姓名，这样容易被人理解。例如，"我是××家政服务公司市场部的市场总监王××"。

（二）自我介绍的具体形式

（1）应酬式（寒暄式）。适用于某些公共场合和一般性的社交场合，这种自我介绍最为简洁，往往只包括姓名一项即可。如："你好，我叫××""你好，我是××"。

（2）工作式。适用于工作场合，包括本人姓名、供职单位及其部门、职务或从事的具体工作等。如："你好，我叫××，是××家政服务公司的运营部经理。""我叫××，在××企业工作。"

（3）交流式。适用于社交活动中，希望与交往对象进一步交流与沟通。大体应包括介绍者的姓名、工作、籍贯、学历、兴趣及与交往对象的某些熟人的关系。如："你好，我叫××，在××工作。我是××的同学，都是××人。"

（4）礼仪式。适用于讲座、报告、演出、庆典、仪式等一些正规而隆重的场合。包括姓名、单位、职务等，同时还应加入一些适当的谦辞、敬辞。如："各位来宾，大家好！我叫××，是××家政服务公司的总经理。我代表××家政服务公司欢迎大家光临我们公司，希望大家……"。

（5）问答式。适用于应试、应聘和公务交往。问答式的自我介绍，应该是有问必答，问什么就答什么。

（三）介绍时机

第一种情况，你想了解对方情况之时。所谓"将欲取之，必先予之""来而不往非礼也"。

第二种情况，你想让别人了解你的情况。

第三种情况，被动型的自我介绍。在社交活动中，你应其他人的要求，将自己某些方面的情况进行一番自我介绍。需要作自我介绍的场合主要有以下几种：社交场合与不相识者、聚会场合、公关活动、访谈活动、大众传媒进行自我宣传时、应聘时。

（四）介绍的基本程序和规则

1. 程序

先向对方点头致意，得到回应后再向对方介绍自己的姓名、身份和单位，同时递上事先准备好的名片。一般以半分钟为宜。

2. 规则

（1）先低后高原则：地位低的人需要向地位高的人作自我介绍，以此说明情况。

（2）先主后客原则：在服务场合，服务人员应先向客人介绍自己，以便与客人进行服务交流。

（3）先长后幼原则：长辈和晚辈在一起时，晚辈应先自我介绍。
（4）先男后女原则：男士和女士在一起时，男士先自我介绍，既显得有绅士风度，也体现了尊重女性的美德。都是女性时，未婚者先介绍，已婚者后介绍。

（五）其他注意事项

（1）注意时间。以半分钟左右为佳，如无特殊情况最好不要长于1分钟。
（2）讲究态度。进行自我介绍，态度务必要自然、友善、亲切、随和、大方。
（3）注意表达。介绍的时候要注意说什么以及该说什么、不该说什么，该说的要言简意赅，不该说的不要说，避免起到反作用。

三、他人介绍

他人介绍，又称第三者介绍，它是经第三者为彼此不相识的双方引见、介绍的一种介绍方式。

（一）他人介绍的时机

（1）与家人外出，路遇家人不相识的同事或朋友。
（2）本人的接待对象遇见了其不相识的人士，而对方又跟自己打了招呼。
（3）在家中或办公地点，接待彼此不相识的客人或来访者。
（4）打算推介某人加入某一方面的交际圈。
（5）受到为他人作介绍的邀请。
（6）陪同上司、长者、来宾时，遇见了其不相识者，而对方又跟自己打了招呼。
（7）陪同亲友前去拜访亲友不相识者。

（二）介绍礼仪的顺序

在为他人作介绍时，根据规范，必须遵守"尊者优先了解情况"的规则。即在为他人介绍前，先要确定双方地位的尊卑，然后先介绍位卑者，后介绍位尊者。这样，可使位尊者先了解位卑者的情况。具体原则如下：
（1）先幼后长。要先把资历浅、年纪轻的一方介绍给资历深、年纪长的一方认识。
（2）先男后女。要先把男士介绍给女士认识。
（3）先下后上。介绍上下级认识时，先介绍下级，后介绍上级。
（4）先亲后疏。介绍同事、朋友与家人认识时，要先介绍家人，后介绍同事、朋友。
（5）先主后宾。介绍宾客和主人认识时，要先介绍主人，后介绍宾客。

（三）介绍的形式与内容

（1）标准式。适用于正式场合，内容以双方的姓名、单位和职务为主。
（2）简介式。适用于一般的社交场合，内容只有双方姓名一项，甚至只有姓氏。
（3）强调式。适合于各种场合，其内容除了姓名等信息，往往还会刻意去强调其中一位被介绍者与介绍者之间的特殊关系。
（4）推荐式。适合于比较正规的场合，介绍者会做精心的准备，目的就是将某人推荐给某人。
（5）引见式。适合于普通的各种场合，介绍者所要做的就是将被介绍者双方引到一起。
（6）礼仪式。适用于正式场合，是一种最为正规的他人介绍，与标准式差不多，只是语气、表达上更为礼貌、谦恭。

（四）介绍的手势和表情

为他人作介绍时，介绍哪一方就要手心向上指向哪一方。具体动作是四指并拢，拇指打开，手心朝上指向被介绍一方，介绍时应面带微笑，以示尊重（见图3-16）。

图 3-16 介绍的标准手势和表情

四、集体介绍

在大型活动的社交场合，需要把某一个单位、某一个集体的情况向其他单位、其他集体或其他人说明，这就属于集体介绍。集体介绍，实际上是介绍他人的一种特殊情况，它是指被介绍的一方或者双方不止一人的情况。

（一）集体介绍的形式

集体介绍的形式很多，要根据活动的内容、参加人员的多少、活动的时间长短，以及必要性决定介绍的形式。第一种是由一位主持人或熟悉各方人员的人出面为大家互相介绍，第二种是各方出一人为本方人员逐个介绍，第三种是各方人员依次自我介绍。

（二）集体介绍的规范

1. 集体介绍的时机

正式大型宴会、大型的公务活动、涉外交往活动、举行会议或接待参观、访问者等场合，参加者不止一方，各方也不止一人，应进行集体介绍。

2. 集体介绍的顺序

（1）单向介绍。在演讲、报告、比赛、会议、会见时，往往只需要将主角介绍给广大参加者。

（2）笼统介绍。若一方人数较多，可采取笼统的方式进行介绍，例如，"这是我同事 。"

（3）双向介绍。当被介绍者双方地位、身份大致相似时，应遵循"少数服从多数"的原则，先介绍人数较少的一方；如被介绍者双方地位、身份存在差异，应遵循"尊者优先了解情况"的原则，即先把单位级别低的介绍给级别高的。

（4）多方介绍。若被介绍的不止两方，需要对被介绍的各方进行位次排序，排列的顺序可以是：以座次顺序为准；以抵达时间的先后为准；以其负责人身份为准；以单位名称的英文字母顺序为准；以其单位规模为准；以距介绍者的远近为准。

3. 集体介绍的原则

（1）不使用容易产生歧义的简称，在首次介绍时要准确地使用全称。

（2）不开玩笑，要正规端庄。介绍时要庄重、亲切，切勿开玩笑。

五、业务介绍

业务介绍，也可以称为商业性介绍。在进行业务介绍时，需要注意以下三个礼仪方面的要点：

（一）把握时机

当消费者或者目标对象有兴趣的时候，再做介绍，见机行事，那时效果才可能比较好。

（二）讲究方式

一般来说，做业务介绍有四句话需要注意：其一，人无我有；其二，人有我优；其三，人优我新；其四，诚实无欺。

（三）尊重对手

在进行业务介绍时，千万不要诋毁他人。任何讲究职业道德的人，都不会在介绍自己业务时诽谤他人。尊重竞争对手，是一种教养，也是一种风度。

介绍的礼节

介绍的时候，无论被介绍的人或介绍别人的人都应该站起来，这是一种礼仪。

介绍女方时，男方要站起来。

介绍男方时，女方可以不站起来。

坐在椅子上的女性或者年长的女性坐着被介绍也无妨。但是在女性作为主人的聚会上，即使被介绍的一方是男性，她也应该站起来。

同性之间互相介绍时都要站起来。

介绍比自己高职位的人时，无论男女都要站起来，唯独患者和老年者除外。

同性之间的礼节一般都是握手，异性之间女性行注目礼或面带微笑比较好。

年长者用简单的礼仪代替了握手时，年少者跟着年长者的礼仪。

 任务实施

任务实施见表3-13。

表3-13　任务实施表

介绍礼仪	礼仪要求
手势	为他人做介绍时，介绍哪一方就要手心向上指向哪一方。具体动作是四指并拢，拇指打开，手心朝上指向被介绍一方
表情	介绍时应面带微笑，以示尊重
时间	以半分钟左右为佳，如无特殊情况最好不要长于1分钟
态度	进行自我介绍，态度务必要自然、友善、亲切、随和、大方
表达	介绍的时候要言简意赅，语言表达清晰，不该说的不要说，避免起到反作用

同步测试

一、多项选择题

1. 依社交场合的方式来分，介绍的类型可以分为（　　）。
   A. 正式介绍　　　　　　　　B. 自我介绍
   C. 他人为你介绍　　　　　　D. 非正式介绍

2. 以下哪些选项属于他人介绍的形式？（　　）
   A. 交流式　　B. 标准式　　C. 简介式　　D. 推荐式

家政服务礼仪与沟通

二、判断题

1. 他人介绍时要先把资历浅、年纪轻的一方介绍给资历深、年纪长的一方认识。（　　）
2. 长辈和晚辈在一起时，晚辈应先自我介绍，以表示对长辈的尊敬。（　　）

三、案例分析

一位客户因不满家政服务员的服务来到其公司，客服经理在公司大厅接到这位客户后，应客户要求安排他和公司总经理见面，这时客服经理应该先介绍谁？

任务三 握手礼仪

任务描述

小张是刚到家政服务公司工作的家政员。这天小张在公司内遇到了公司总经理，立即跑过去向总经理问好，并伸出双手握住总经理的手，却看见总经理微蹙眉头，面露不悦之色。小张很纳闷，不知自己哪里做错了。

任务分析

握手是人与人交际的见面礼仪。握手的力量、姿势与时间的长短往往能够表达出不同礼遇与态度，显露自己的个性，给人留下不同的印象，也可通过握手了解对方的个性，从而赢得交际的主动。握手看似简单平常，实则有礼仪规范。那么什么时候需要握手？有什么礼仪规范？又有哪些忌讳？

一、握手礼的使用规范

（一）握手的时机

（1）当被介绍与人相识时，应与对方握手致意，表示很愿意结识对方，为相识而高兴。
（2）当朋友久别重逢或多日未见的同学相见时应热情握手，以示问候、关切、高兴。
（3）当对方取得了好成绩、得到奖励或有其他喜事时，可以握手，表示热烈的祝贺。受奖者在领取奖品时，要与颁奖者握手，以示感谢对自己的鼓励。
（4）在接受对方馈赠的礼品时，要与之握手表示感谢。
（5）当得到了别人的帮助后，应握手表示感谢。
（6）在要拜托别人办某事后并准备告辞时，应以握手表示感谢和恳切企盼之情。
（7）当参加完宴会告辞时，应与主人握手表示感谢主人的盛情款待。
（8）在拜访友人、同事或上司之后告辞时，应握手表示再见之意。
（9）到医院去看望病人时，应握手表示慰问。
（10）参加友人或同事的家属追悼会，离别时应和主要亲属握手，表示劝慰并节哀之意。

（二）握手的类型

1. 对等式握手

这是标准的握手样式。握手时两人伸出的手心都不约而同地向着左方，多见于双方社会地位对等时一种礼节性的、表达友好的方式（见图3-17）。

图3-17　对等式握手

2. 双握式握手

在用右手紧握对方右手的同时，再用左手加握对方的手背、前臂、上臂或肩部。使用这种握手样式的人是在表达一种热情真挚、诚实可靠，显示自己对对方的信赖和友谊。从手背开始，对对方的加握部位越高，其热情友好的程度显得也就越高（见图3-18）。

图3-18　双握式握手

3. 握手指式握手

女性与男性握手时，为了表示自己的矜持与稳重，常采取这种样式，不是两手的虎口相触对握，而是男性只捏住女性的几个手指或手指尖部（见图3-19）。如果是同性之间这样握手，就显得有几分冷淡与生疏。

图3-19　握手指式握手

（三）握手的姿势

距离受礼者约一步，两足立正，伸出右手，四指并拢，拇指张开，以手指稍用力握住对方的手掌，持续1~3秒钟，微微抖动3~4次，双目凝视对方，面带笑容，上身要略微前倾，头要微低。

二、握手的力度和时间

与人握手时稍紧表示热情，但是不可太用力也不可太轻。正确的做法是不轻不重地用手掌和手指全部握住对方的手，然后微微向下晃动。男士与女士握手时，往往只握一下女士的手指部分或者轻轻地贴一下；女士与男士握手时，只需轻轻伸出手掌。

握手的时间通常是3~5秒钟。匆匆握一下就松手，是在敷衍；长久地握着不放，又未免让人尴尬。

三、握手的顺序

许多人为了表示自己的热情与礼貌，会抢先伸出手去，其实不然，因为握手意味着更进一步的沟通与交流。在正式场合，握手时伸手的先后次序主要取决于职位、身份，一般由职位、身份高者主动伸手；在社交、休闲场合，则主要取决于年纪、性别、婚否，一般由年长者、女士、已婚者主动伸手。位尊者如不伸手，另一方不宜主动，问候一下或含笑点个头即可。

握手时要遵守"尊者决定"原则，如：职位、身份高者与职位、身份低者握手，应由职位、身份高者首先伸出手来；女士与男士握手，应由女士首先伸出手来；已婚者与未婚者握手，应由已婚者首先伸出手来；长辈与晚辈握手，应由长辈首先伸出手来；社交场合的先至者与后来者握手，应由先至者首先伸出手来；主人应先伸出手来，与到访的客人相握；客人告辞时，应首先伸出手来与主人相握。

四、握手的禁忌

在职场以及大多数社交场合中，握手都是一门礼仪学问，我们不单单要掌握好该如何展现握手礼仪，还应该充分了解握手礼仪的禁忌有哪些，以免造成尴尬。握手的禁忌有：忌用左手握手；忌坐着握手；忌戴手套；忌手脏、手湿；忌交叉握手；忌与异性握手用双手；忌神情不专注、左顾右盼。

> **资源拓展**
>
> **握手礼的起源**
>
> 1. 起源说一。握手礼起源于古代。在"刀耕火种"的原始社会，人们用以防身和狩猎的主要武器就是棍棒和石头。传说当人们在路上遭遇陌生人时，如果双方都无恶意，就放下手中的东西，伸开双手让对方抚摸掌心，以示亲善。这种表示友好的习惯沿袭下来就成为今天的握手礼。
>
> 2. 起源说二。握手礼源于中世纪，当时打仗的骑兵都披挂盔甲，全身除了两只眼睛都包裹在盔甲中，如果想表示友好，互相接近时就脱去右手的甲胄，伸出右手表示没有武器，消除对方的戒心，互相握一下右手，即为和平的象征。这种方式沿袭下来，到今天便演变成了握手礼。

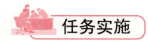**任务实施**

任务实施见表 3-14。

表 3-14 任务实施表

握手礼仪	礼仪要求	情景图片示例
站姿	距握手对象一米左右，呈立正姿势，上身略向前倾	
手姿	伸出右手，四指并拢，拇指张开，掌心垂直地面	
握姿	虎口相交，用力适度，上下抖动约三下	
神态	目视对方，面带微笑，同时向对方问候	

同步测试

一、单项选择题

1. 握手的时间通常以（　　）为宜。

A. 0~3 秒　　　　　　　　　　B. 1~2 秒

C. 3~5 秒　　　　　　　　　　D. 10 秒以上

2. 以下符合握手的规范要求的是（　　）。

A. 与异性握手用双手　　　　　B. 右手握手

C. 多人时交叉握手　　　　　　D. 戴手套握手

二、判断题

1. 身为家政服务员的小张第一天去客户家，面对家里的长辈时，为了表示自己的热情与礼貌，第一时间向老人伸出右手以示握手。（　　）

2. 男士与女士握手时，一般只宜轻轻握女士手指部位。（　　）

三、案例分析

1. 在公司年会上，王强、张波、陈刚、李露云（女）相遇了，他们四人高兴地相互交叉握手，久久不放，热烈交谈。

小组讨论：四位年轻人的这种握手方式是否妥当？应该如何握手？学生分别模拟角色表演，全班同学评议。

2. 你负责陪同家服务政公司的张董事长去迎接来公司考察的职教中心校长及夫人，经介绍后，张董事长与校长及夫人热情地握手问好。

问：本案例中用到哪些礼仪知识？根据学过的知识讨论并进行情景演示。

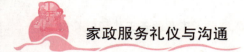

任务四 名片礼仪

任务描述

家政服务公司的业务部工作人员小张接待了一位到公司咨询相关服务的客户。与客户见面作自我介绍时，小张递送上自己的名片，随后展开自己的业务。

任务分析

随着社会的发展，名片成为人们互相认识、交往的一个重要媒介和工具，是人们在进行商务活动时的必备品，是社交场合的介绍信、联谊卡，是推广自己或企业形象，介绍业务或职务、产品或服务的联络方式，几乎成为人们的随身档案。因此要了解名片的功能和作用，根据不同场合正确使用名片。

相关知识

一、名片的常规用途和使用功能

名片是向他人传递个人信息的载体。有普通社交名片和公务、职业名片之分。在商务活动中，名片的使用十分频繁、普遍。名片的基本功能是在与陌生人交往的过程中便于自我介绍和今后保持联系。名片的使用功能有：

（1）可以替代便函。用来对友人表示祝贺、感谢、介绍、辞行、慰问、馈赠以至吊唁等多种礼节。

（2）可以替代请柬。在非正式邀请中，可用名片替代请柬，并写明时间、地点和内容。

（3）用于通信和留言。拜访友人时，若被拜访人是尊长，可在名片的姓名下写上"求见、拜谒"字样。若被访者不在家，可留下一张名片，上面写一句表示友善的话语。

（4）用于业务宣传。类似广告的作用。

（5）用于通知变更。一旦调任、迁居或更换电话号码，送一张新名片，等于及时又有礼貌地打招呼。

二、名片的分类

（一）商业名片

这是公司或企业进行业务活动中使用的名片，名片使用大多以营利为目的。

（二）公用名片

这是政府或社会团体在对外交往中使用的名片，名片的使用不以营利为目的。在政府交往中、公司交往中、学术交往中以及办公事的时候使用此类名片，它需要提供较为丰富的资讯，一般包括三方面内容：

（1）称呼，其中包括自己的姓名、职务、学术性或技术性头衔。

（2）归属，包括单位名称、所在部门、企业标志。

（3）联络方式，包括单位地址、办公电话、邮编。但是需要强调的是一般不提供私宅电话，也不提供移动电话，头衔要少而精。

（三）个人名片（社交名片）

社交名片，亦名私用名片，它指的是人们在工作之余，以私人身份进行交际应酬时所使用的名片。朋友间交流感情，结识新朋友时使用这种名片。

三、名片的使用

（一）名片的携带与收藏

（1）足量适用。携带的名片一定要数量充足，确保够用。所带名片要分门别类，根据不同交往对象使用不同名片。

（2）完好无损。名片要保持整洁，切不可出现折皱、破烂、肮脏、污损、涂改的情况。

（3）放置到位。名片应统一置于名片夹、公文包或上衣口袋之内，在办公室时还可放于名片架或办公桌内。切不可随便放在钱包、裤袋之内。放置名片的位置要固定，以免需要名片时东找西寻，显得毫无准备。

（二）名片的索取

一般情况下，交换名片正规的顺序应该是地位低者首先把名片递给地位高者，地位高者有优先知情权，直截了当地索要名片往往会自寻尴尬。

（1）交易法。所谓将欲取之，必先予之，最简单的就是直接把名片递给对方，来而不往非礼也，一般情况下对方会回递。

（2）谦恭法。一般对象是学者、专家、名人时，多用此方法。

（3）暗示法。所谓暗示法，是指在索取他人的名片时采用婉言暗示的做法。通常，向尊长暗示自己索取名片之意时，可以说："请问以后如何向您请教？"而向平辈或晚辈表达此意时，则可以询问对方："请问今后怎样与您联络？"

（三）名片的接受原则

（1）要专心致志，不能三心二意。接受他人的名片时，不论自己多忙，均应暂停手中所做的一切事情，并且起身站立，面含微笑地迎向对方。尽量使用双手接过名片，至少也要使用右手，而不能仅用左手。

（2）迎向对方，双手捧接。

（3）有来有往，回敬对方。

（4）接到名片一定要看。看对方名片实际有两个作用，第一表示尊重，第二了解对方的确切身份。

四、使用名片禁忌

（1）残缺折皱的名片不使用。

（2）名片不宜涂改。

（3）在比较重要的场合不能提供两个以上的头衔，要简单。

（4）不要把名片当作传单随便散发。

（5）不要随意地将他人给你的名片塞在口袋里。

（6）不要随意拨弄他人的名片。

（7）在对方的名片上做一些简单的记录和提示，是帮助我们记忆的好办法。但是，不要在他人的名片上乱写一些有关名片主人特征的词，如"小个子""戴眼镜"等。

资源拓展

名片的制作

1. 格式。名片格式是有讲究的，名片的大小有专门的尺寸。一般人用的名片长9厘米、宽5.5厘米，国际社会上有的名片长10厘米、宽6厘米。

2. 材质。名片要求的是实用功能，不以奢侈无用来见长。印制名片最好选用纸张，并以耐折、耐磨、美观、大方的白卡纸、再生纸、合成纸为佳。注意无特殊需要不要选择黄金、白银、木材、不锈钢材料。

3. 色彩。一般不能太花枝招展。印制名片的纸张，宜选庄重朴素的白色、米色、淡蓝色、淡黄色、淡灰色，并且以一张名片一色为好。

4. 图案。一般名片上不允许出现过多的图案，顶多允许出现企业的徽记；再者从公关营销的角度来说，可以出现产品的图案。

5. 内容。一般名片上应该印上工作单位、姓名、身份、地址、邮政编码等，也有些名片在背面印上企业的简介、经营范围、产品及服务范围，以方便客户了解和作为宣传。很多企业有标准的员工名片格式，有的要加印企业的标识甚至企业的经营理念。

6. 文字。比如我们是中国人，一般交往中使用的名片大概以简化标准汉字为佳。再如一些在少数民族地区工作的人员，出于尊重少数民族文化习惯和传统要求，可按照国家法律使用汉字和当地民族文字。

名片发展的历史沿革

"古人通名,本用削木书字,汉时谓之谒,汉末谓之刺,汉以后则虽用纸,而仍相沿曰刺。"——赵翼(清)《陔余丛考》

名片的前身即我国古代所用的"谒""刺",最早出现于战国时期。特别是秦始皇统一中国,开始了伟大的改革,统一全国文字,分封了诸侯王。咸阳成了中国的中心,各路诸侯王每隔一定时间就要进京述职。诸侯王为了拉近与朝廷当权者的关系,难免经常联络感情,于是开始出现了名片的早期名称"谒"。所谓"谒"就是拜访者把名字和其他介绍文字写在竹片或木片上(当时还没发明纸张)作为给被拜访者的见面介绍文书,也就是现在的名片。《释名·释书契》载:"谒,诣告也。书其姓名于上以告所至诣者也。"

东汉末年时,人民活动日趋平凡,竹片、木片被纸代替,称呼"谒"又改叫名"刺",据《后汉书》载,祢衡曾身怀名刺求见于人。在挖掘的汉墓中发现,这种谒或名刺,系木简,长22.5厘米、宽7厘米,上有执名刺者名字,还有籍贯,与今名片大抵相似。

到了唐代,科举盛行,木简名刺改为名纸、"门状"。元代易名刺为"拜帖"。明清时"万般皆下品,唯有读书高",百姓识字增多,"名刺"的称呼演变为"名帖",又称"片子";尺寸有了规范,要求宽3寸、长7寸;内容也有改进,除自报姓名、籍贯,还书写了官职。

清朝西方入侵,西方名片进入中国,才正式有"名片"的称呼。

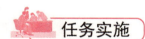

任务实施

任务实施见表3-15。

表3-15 任务实施表

名片礼仪	礼仪要求	情景图片示例
交换名片时间	交换名片应在与人初识时,自我介绍或经他人介绍之后进行	
递送名片	面带微笑,正视对方,恭敬地用双手将名片正面朝着对方,用食指和拇指捏住名片上端的两角送到对方的胸前,如果坐着应起身或欠身递送,同时说一句谦恭的话	
接名片	接名片应起身或欠身,面带微笑,恭敬地用双手捏住下角,当着对方的面用30秒以上的时间看一遍,然后认真地装起来,不要漫不经心随手向口袋里一塞或随便放什么地方	

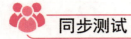

同步测试

一、单项选择题

1. 名片的常规用途主要有介绍自己、结交他人、保持联系和（　　）。
   A. 通报变更　　　B. 广交朋友　　　C. 传递信息　　　D. 显示地位

2. 以下哪个选项不属于名片的类型？（　　）
   A. 公用名片　　　B. 个人名片　　　C. 集体名片　　　D. 商业名片

二、判断题

1. 名片一定要放置到位，外出时可以放在钱包、裤袋之内。（　　）
2. 递送名片时，一般由地位低的人先向地位高的人递。（　　）

三、案例分析

某公司王经理约见一个重要的客户。见面之后，客户就将名片递上。王经理看完后就将名片放到了桌子上，两人继续谈事。过了一会儿，服务人员将咖啡端上桌面，请两人慢用。王经理喝了一口，将咖啡杯子放在了名片上，客户皱了皱眉头，没有说什么。

讨论：
1. 请分析王经理的失礼之处。
2. 接到对方的名片后应如何放置？

项目评价见表3-16。

表3-16　项目评价表

项目	评价标准
知识掌握（30分）	了解入户会面礼仪的要求（10分） 掌握入户会面时如何称呼、介绍、握手、递交名片的具体礼仪规范（10分） 熟悉对客户的称呼、介绍、握手等技巧，在交流过程中注意称呼用词、称呼方式以及语气方式（10分）
实践能力（40分）	学会入户会面礼仪的具体礼仪规范（15分） 能够在工作岗位中按照会面礼仪独立完成与客户的相处和交流（25分）
礼仪素养（30分）	提高家政服务人员基本素养（10分） 增强家政服务人员的服务意识、规范服务礼仪，更有效塑造人员良好的职业形象（20分）
总分（100分）	

项目四　工作交往礼仪

【项目介绍】

工作交往是家政服务人员日常工作的有机组成部分，在开展业务过程中的会务交谈，维系

模块三　家政服务工作岗位礼仪

客户关系时必要的宴请用餐以及乘坐汽车都属于正常的工作交往。工作交往礼仪是个人和公司的敲门砖。规范的会务礼仪、得体的用餐礼仪、大方的乘车礼仪，都会展现个人的素质。良好的工作交往礼仪不仅能够体现个人素质和涵养，更能展示家政服务公司的文明程度、管理风格和道德水准，塑造良好的公司形象。良好的公司形象是公司的无形资产，无疑可以为公司带来直接的经济效益和社会效益。

【知识目标】

1. 掌握会务礼仪；
2. 掌握中西餐礼仪的座次礼仪、餐具使用礼仪以及进餐礼仪；
3. 掌握乘车礼仪中的座次礼仪、上下车礼仪。

【技能目标】

能规范运用会务礼仪，在用餐时熟练得体地运用中西餐礼仪，在上下车时姿态大方，并选择正确的座次乘车。

【素质目标】

树立良好的服务意识，合理利用工作交往礼仪，树立良好的家政服务职业形象。

案例引入

A家政服务公司举办一场经验交流会，邀请全市所有的家政服务公司参加，旨在让家政服务优质企业分享交流企业建设及成长经验，以带动全市家政服务行业发展壮大。活动举办当日需要用车接送相关参会公司领导，会后举办宴会活动。A家政服务公司的工作人员在会务、宴会和接送环节运用相关工作交往礼仪，为活动的顺利进行提供了保障，受到与会人员的好评。

任务一　会务礼仪

任务描述

会议是办公活动中影响最大的公众场合。与会者要保持良好的精神风貌，通过出席会议，可以树立良好的公众形象。办公者做好会务服务，展示会务礼仪，这是一个公司亮眼的名片。

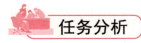

任务分析

为做好相关会务工作，会务礼仪必不可少。首先要了解会议的整体流程，熟悉不同岗位的职责分工，掌握会务过程中的具体礼仪要求。

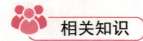

一、会务流程

（一）会前准备

（1）时间——要告诉所有的参会人员，会议开始的时间和要进行多长时间。这样能够让参加会议的人员很好地安排自己的工作。

（2）地点——是指会议在什么地点进行，要注意会议室的布局是不是适合这个会议。

（3）人物——以外部客户参加的公司外部会议为例，会议有哪些人物来参加，公司这边谁来出席，是不是已经请到了适合的嘉宾来出席这个会议。

（4）会议的议题——就是要讨论哪些问题。

（5）会议物品的准备——就是根据这次会议的类型、目的，需要哪些物品。比如纸、笔、笔记本、投影仪以及是不是需要用茶、小点心等。

（二）会中

会议是一个程序化很强的流程，需要对每一个环节和步骤加以科学合理的安排，对会议进程进行适当和必要的调度。会议组织者要对整个会议有一个总体安排，会议主持人要掌握会议的进程，保证准时开会，按部就班，顺利完成各项议题。会议进程体现在会议程序安排之中，包括会议日程安排和会议程序的推进。

（1）一般会议程序会议。大体按照"议题—议论—议决"程序进行，包括会议开始、介绍会议议题及筹备情况、大会报告和讨论、表决通过事项、宣布散会。没有议决任务的会议则是按照"宣布开会—报告发言—总结散会"进行，其中报告发言根据会议内容和目的的不同而做不同的安排。

（2）会议议决程序。议决是某些会议进程中的重要一环。会议有审议任务的，按照议案列入、议案提交、议案审议和议案表决通过程序进行；立法程序则按动议、讨论、表决、公布的程序进行。

（3）选举程序。有选举议程的会议，需要安排选举程序，一般是：候选人提名、提名说明、举行选举、选举结果公布。

（4）主持人礼仪。主持人是会议成功的关键人物，要求着装庄重得体、举止沉稳大方、神态自若、口齿清楚、步频适当。主持人的一举一动都会成为与会者关注的焦点。

（三）会后

会议能否取得成效，除了精心筹备、周密安排，会议收尾工作中还应该注意以下细节，才能够体现出良好的商务礼仪。主要包括：

（1）形成会议结论或可供贯彻、传达的文件。对会议文件材料进行处理，为与会者离会提供服务，做好会议总结。会谈要形成文字结果，哪怕没有文字结果，也要形成阶段性的决议，落实到纸面上，还应该有专人负责相关事物的跟进。

（2）赠送公司的纪念品。

（3）参观，如参观公司或厂房等。

（4）合影留念。

> **资源拓展**
>
> ## 会场八忌
>
> 一忌迟到早退； 五忌渎职失职；
> 二忌仪容不符； 六忌举止无度；
> 三忌公物私用； 七忌精神萎靡；
> 四忌手机响铃； 八忌随意走动。
>
> ## 鼓掌有讲究
>
> 鼓掌是带动会场气氛、提高客户情绪最好、最快的方式。
>
> 1. 欢迎式掌声：激情、有感染力、有带动力，高举双臂，双掌于头顶，随着播放的音乐节奏，两掌有力地相击，动作幅度大、节奏快。
> 2. 休整式掌声：相对较柔缓，穿插在欢迎式掌声之间，当激情的鼓掌告一段落后，用休整式掌声缓解一下体能。双臂置于胸前，随播放音乐节奏两掌相击，动作幅度较小，节奏可适当调整。
> 3. 回应式掌声：开会期间，讲到精彩之处时以回应式掌声来回应，即双臂置于胸前，双掌快速相击，掌声需洪亮。
> 4. 问好式掌声：当主持人向全场问好时，回应"非常好"的同时随着每个字的发音拍三下手，随着"好"字落地声伸出右手握拳下拉，节奏明快、有力。

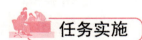

任务实施

任务实施见表3-17。

表3-17　任务实施表

会务礼仪	礼仪要求
仪容仪表	总体要求是得体、大方、整洁。参会人员应按照会务组要求着装。会务期间均需保持一致性，不得在服饰上做文章，搞特殊化。 将头发梳理整齐。男士头发不过耳，不得留胡须。女士着正装时，发式要整洁，化淡妆。保持口腔清洁及指甲清洁。 会务期间必须佩戴工牌，工牌必须佩戴在外衣左胸适当位置上
仪态礼仪	站姿：正确的站姿要挺胸抬头、目视前方、双肩水平、双臂自然下垂。 坐姿：轻轻入座，要坐椅子的三分之二，不要坐满整张椅子，这样的坐姿显得比较挺拔。如果需要长时间地坐着，后背可以轻靠椅背，双膝自然并拢。坐下后，身体稍向前倾，表示尊重和谦虚。 走姿：走路时一定要抬头挺胸，目视前方，步速步伐适中，并配以适当的摆臂动作，给人以朝气蓬勃的感觉

家政服务礼仪与沟通

续表

会务礼仪	礼仪要求
礼貌用语	接待时使用："欢迎参会！""这边请！" 询问客户时，态度要温和且有礼貌："您好，请问……" 签到时，面带微笑："您好，请到这边签到。" 在为客户需求提供服务时："好的，请您稍等一下。" 如需让客户登记或办理其他手续时："麻烦您，请您……" 当需要打断客户或其他人谈话时，注意语气和缓，音量要轻："不好意思，打扰一下。"
行为礼仪	会务期间，面带笑容，主动向参会人员问好。 当客户有需求帮助时，应主动上前询问。 遇到客户询问，做到有问有答。 参会人员应保持归位的良好习惯。借用的东西应及时归还；自己拿乱或自己负责区域内被拿乱的物品，应及时整理。 为客户倒水时，应先将杯子拿离桌子，以免倒水时水渍污染桌面，同时注意拿杯子时手不要碰触杯沿。 会务期间，在通道、走廊里遇到上司或客户要礼让，不能抢行。 手机应调到振动挡位，如遇紧急来电，应首先向发言人示意需接听电话，得到允许后方可离开接听电话

 同步测试

一、多项选择题

1. 会场中鼓掌可以分为（   ）。
A. 欢迎式掌声　　　B. 休整式掌声　　　C. 回应式掌声　　　D. 问好式掌声
2. 一般会议程序会议大体按照（   ）程序进行。
A. 议题　　　　　　B. 投票　　　　　　C. 议论　　　　　　D. 议决

二、判断题

1. 会务期间，同人间要行为有度，不可勾肩搭背、嬉戏打闹。（   ）
2. 正确的坐姿是轻轻入座，坐椅子的三分之二。（   ）

任务二　用餐礼仪

任务描述

用餐礼仪，指用餐时在餐桌上的礼仪。餐桌是重要的社交场合，用餐不单是满足基本生理需要的过程，人们习惯于通过用餐的形式进行接触、保持联系和沟通情感。用餐礼仪在社交过程中占据着非常重要的地位，它可以展示自身修养，塑造一个人的良好形象。因此，对用餐礼仪的学习是必要的。

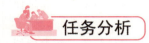

任务分析

现代社会礼仪无处不在,但人们往往只注重日常生活中的职场商务礼仪,经常忽略用餐礼仪。通过本节知识点的学习可以掌握用餐礼仪知识和技能,以利于塑造良好形象,赢得尊重,对自身修养的提升也大有好处。

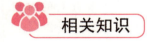

一、中餐礼仪

饮食礼仪源远流长,是社会文明的具体体现之一。中国饮食礼仪,数千年来由上到下成规成矩,成为中国文化现象的一种特征。中餐礼仪中有很多关于进餐的规矩,例如餐桌的座次要求、进餐的姿势、进餐时的谈吐和餐具的使用等。

(一)座次礼仪

自古中国餐饮礼仪中,餐桌上排座次是非常重要的一部分。现在各个地方请客吃饭的座次安排也是对古代礼仪的演变与发展,让就餐者能有秩序地礼貌就餐。中餐礼仪讲究以右为尊、面门为上、以远为尊、面景为佳。

面朝门的位置是主人坐,主人右边的位置为第一尊贵客人、左边为第二尊贵客人,定好最尊贵的两个客人位后,再以离主人的近远依次进行排序,右手边是第三、左手边是第四,右手边是第五、左手边是第六,右手边是第七、左手边是第八(见图3-20)。

如果是主人携带夫人的家宴,那么对着门的为男主人,男主人对面背对门的是女主人,男主人右侧为第一客人,左侧为第二客人,女主人右侧为第三客人,左侧为第四客人(见图3-21)。

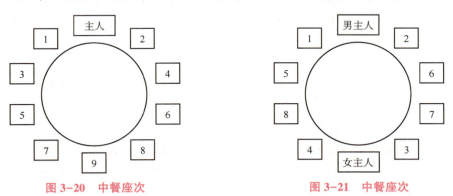

图3-20 中餐座次 图3-21 中餐座次

(二)餐具使用礼仪

1. 筷子

(1)筷子使用的正确方法:一般是用右手拿住筷子,然后再用拇指、食指和中指把筷子拿稳,手指头位于筷子的中间部位。

(2)筷子使用的禁忌:

①不可敲碗击盅。筷子不要敲打饭碗和餐具等,敲击碗具会让人觉得像乞讨一般。

②不可咀嚼筷子。吃完饭的时候不要用嘴巴咀嚼筷子，这样看起来不优雅、不卫生，而且让人觉得很不礼貌。

③不可仙人指路。这种拿筷子的方法是用大拇指和中指、无名指、小指捏住筷子，而食指伸出。吃饭时食指若伸出，就会不停地指着别人，是一种不雅观的行为。

④不可迷箸刨坟。这是指手里拿着筷子在菜盘里不住地扒拉，以求寻找猎物，就像盗墓刨坟一般。这种做法有失礼仪，会令人生厌，寓意不吉利。

⑤不可当众上香。不要把筷子竖插放在食物上面，因为这种插法，只在祭奠死者的时候才用。

2. 勺子

（1）用筷子取食的时候，可以使用勺子来辅助取食，尽量不要单独使用勺子去取菜。

（2）在用勺子取食物时，不要舀取过满。

（3）在舀取食物后，可在原处暂停片刻，等汤汁不会再往下流再移过来享用。

（4）暂时不用勺子时，应放在碟子上，不要直接放在餐桌上，或让勺子在食物中"立正"。

（5）若是取用的食物太烫，不可用勺子舀来舀去，也不要用嘴对着勺子吹，应把食物先放到碗里等凉了再吃。

（6）不要把勺子塞到嘴里，或是反复舔食吮吸。

3. 盘子

（1）取放的菜肴不要过多，避免看起来繁乱不堪。

（2）不要将多种菜肴堆放在一起，不雅观，也不方便。

（3）不宜入口的残渣，如骨、刺等不要吐在地上、桌上，而应将其轻轻取放在食碟前端，必要时再由服务员取走、换新。

（三）进餐礼仪

在进餐时，我们的谈吐和吃相体现着我们的修养与品性，古往今来，餐桌都是体现社会人际交往的重要场所。因而，在用餐时我们不仅要有良好的卫生习惯，更要注意行为举止的文雅得体。

1. 开席要等候

入席后不要立即动手取食，而应待主人打完招呼并举杯示意开始时才能举杯，客人不能抢在主人前面动筷。

2. 夹菜要文明

夹菜时，应等菜肴转到自己面前时再动筷子，不要抢在邻座前面夹取，一次夹菜不宜过多。夹取的食物在非常正式的场合不要直接入口，要先放在餐盘里，再一点点送入口中。

3. 要细嚼慢咽

细嚼慢咽是餐桌上的礼仪要求，决不能狼吞虎咽，否则会给人留下不雅观的印象。

4. 吃饭不出声

用餐时，嘴里尽量不要发出任何异样声响，如喝汤和吃菜时的"咕噜咕噜"声。嘴里含有食物时，不要和别人说话。

5. 动作要文雅

在用餐时，最好不要在餐桌上剔牙。如果确需用牙签剔牙，要用手或纸巾掩住嘴。要打喷嚏或咳嗽时，应用手或纸巾捂住鼻嘴，并向邻座表示歉意。

（四）敬酒礼仪

1. 敬酒的顺序

在酒桌上敬酒的时候，以顺时针的顺序敬酒。当与长辈或上级领导同桌而坐时，为表示尊敬应先从地位高的人开始敬酒，切勿本末倒置。如果与朋友喝酒，大可随意一些，但多数也是以顺时针顺序来敬酒的。

2. 敬酒的仪态

起身站立，右手端起酒杯，以左手托扶杯底，面带微笑，目视其他特别是自己的敬酒对象，送上祝福。碰杯的时候，一定要让自己的酒杯低于对方的酒杯，表示你对对方的尊敬。当离对方比较远时，用酒杯杯底轻碰桌面，表示和对方碰杯。

对方敬酒时，即使你滴酒不沾，也要端起杯中饮品代酒。

3. 尊卑要分明

领导和长辈在资质、年龄、经验方面比我们有优势，他们可以一个人敬所有人，可以一对多。而晚辈只能一个敬一个，不能说"我敬大家一杯"。

（五）离席礼仪

用餐后，须等主人离席后，其他宾客方可离席。中途离席，需向主人说明情况并致歉，不要和每一个人都告别，悄悄地和身边的两三个人打个招呼，离去便可。不要询问其他人是否需要和你一起提前离开，以免影响现场的欢乐气氛。

二、西餐礼仪

随着东西方文化交流加强，西餐迅速在中国流行起来。在餐桌上得体地应对进退，无论在中国还是西方，都同样是加分项，所以学习西餐礼仪是很重要的。得体的西餐礼仪，能更好地展现绅士风度、优雅气质。

（一）座次礼仪

1. 座次礼仪的原则

（1）女士优先。在西餐礼仪里，往往体现女士优先的原则。排定用餐席位时，一般女主人为第一主人，在主位就位；而男主人为第二主人，坐在第二主人的位置上。

（2）距离定位。西餐桌上席位的尊卑，是根据其距离主位的远近决定的，距主位近的位置要高于距主位远的位置。

（3）以右为尊。排定席位时，以右为尊是基本原则。就某一具体位置而言，按礼仪规范其右侧之位要高于左侧之位。在西餐排位时，男主宾要排在女主人的右侧，女主宾排在男主人的右侧，按此原则，依次排列。

（4）面门为上。按礼仪的要求，面对餐厅正门的位子要高于背对餐厅正门的位子。

（5）交叉排列。在西方人看来，前往宴会场合是为了拓展人际关系，这样交叉排列的用意就是让人们能多和周围客人聊天，达到社交目的。

2. 西餐就座方式

西餐就座的位置排法与中餐有一定的区别，中餐多使用圆桌，西餐则以长桌为主。长桌的位置排法主要有以下两种方式：

（1）法式就座方式。主人位置在中间，男女主人对坐，女主人右边是男主宾，左边是男次宾，男主人右边是女主宾，左边是女次宾，陪客则尽量往旁边坐（见图3-22）。

图 3-22　法式就座方式

（2）英美式就座方式。桌子两端为男女主人，若夫妇一起受邀，则男士坐在女主人的右手边，女士坐在男主人的右手边，左边则是次宾的位置，如果是陪同客，尽量往中间坐（见图3-23）。

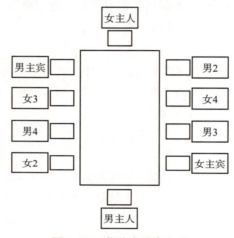

图 3-23　英美式就座方式

（二）餐具使用礼仪

1. 口布的使用

（1）口布打开方式。传统西餐礼仪里，口布要在点完餐后由服务员为客人铺在腿上。现代西餐礼仪中，口布大多数由客人自己铺在腿上。但注意，一坐下没点餐就将餐巾打开是违反餐桌礼仪的，应该点完餐再将餐巾打开；男士和女士一起用餐时，男士要等女士放好餐巾再拿起自己的餐巾；如果去主人家用餐，要等主人摊开餐巾后，客人方可摊开。

（2）口布的使用。西餐里，口布是用来擦嘴和擦手的。在吃西餐时，通常要将口布从中间对折成长方形，开口向外搭在自己的大腿上。中途要离开餐桌时，要将口布搭在椅背上。用完餐以后，需要将口布简单折叠，放在餐桌左边，切忌凌乱地扔在餐桌上。如果用了纸巾，还需要将纸巾放在盘子里，不可随意丢在桌子上。

2. 刀叉的使用

（1）刀叉识别。刀一般摆在食盘右侧，从外到内依次是前菜刀、汤勺、鱼刀、主菜刀，食盘左边放对应的叉子，从外到内依次为前菜叉、鱼叉和主菜叉。食盘的左前方是面包盘和抹奶油的奶油刀，正前方的勺、叉是吃甜点用的，右前方一般是水杯和酒杯。

（2）刀叉使用。左手拿叉，右手拿刀。切东西时，要将叉尖向下，左手食指轻轻压在叉背上使食物固定，右手拿刀，刀刃向下，食指轻轻压在刀背上切一口吃一口。好多人还是习惯先切成小块，再一块一块吃。正式场合时要记住切一块吃一块，这样显得很懂礼。切食物的时候，手臂放松，不要抬得太高，切的动作要优雅，表情要自然，不要咬牙切齿的。

（3）刀叉搁放。刀叉搁放大有学问，八字斜向相放，代表没有使用完请别收走；刀叉平行放置盘上，表示用餐完毕可以收走。不论用哪种方式摆放，刀刃都一定要向里，以免伤到服务人员。

（三）进餐礼仪

1. 面包礼

吃面包忌讳的是用刀切开或用叉子叉着咬或直接拿着面包来啃，西餐礼仪认为如果用刀切面包就如同切耶稣的身体，是不敬之举。因此吃面包时是用手撕而不用刀切，通常是撕下一小块，然后用面包刀蘸上黄油或将果酱抹在面包上，一口吃掉，接着再撕下一块。

2. 喝汤礼

一手扶住汤碗，另一手用汤匙由内向外侧舀着喝；避免发出声音；不可端起汤羹直接喝，如果碗里的汤所剩不多，可以把汤碗稍稍向外倾斜，汤勺依然是从内向外舀汤。

3. 肉类礼

用刀叉切食物时，要从左边或外侧开始切，切一块吃一块。一般欧洲人会用左手的叉子直接将切好的食物送入口中，然后再切；美国人则习惯放下刀子，将叉子换到右手，再将食物送入口中。吃菜时如果有细小的骨头或鱼刺需要吐出来，可以先吐到餐巾纸中包好放在碟子靠自己的这边。纸巾在国外不是用来擦嘴的，而是用来装杂物的。

（四）离席礼仪

用餐结束后，第一个告辞的应该是主宾。通常情况下，如果主宾不主动告辞，主人不应"撵"人。其他客人在主宾之前告辞是非常失礼的，确实需要提前离开，要跟主人打招呼。自己作为主宾时，应适时退场，离开时礼貌地跟主人或其他客人打个招呼。

资源拓展

牛排熟度选择小技巧

牛排是西餐中非常重要的一道菜品，将牛排煎出适合自己的口味，吃上一口，肉质细嫩可口，鲜美多滋，嚼起来津津有味。如果初次在饭店里吃煎牛排，一定会有饭店服务人员询问你要吃几分熟的，对于这样的问题，没有经验的朋友上来肯定会有些犯愁，不知道自己应该点几分熟的牛排。

一般煎牛排从1分熟开始计算，分为1分熟、3分熟、5分熟、7分熟以及9分熟。1、3分熟度的牛排熟度较低，因此并不是大多数人能够接受的，毕竟大多数人的饮食习惯都是全熟。

最常见的是5分熟牛排，对于这样的半熟牛排，切开后，外表是褐色，内部呈现出浅红色而且肉中带有少量的血水。其实不少人都挺喜欢这样的熟度，毕竟这时的牛肉，肉质从熟到生，吃起来有层次感，而且口感往往保留了牛肉的细腻感，嫩滑爽口，还多汁。

7分熟的牛排应该是大多数不经常吃牛排的朋友都会选择的熟度，毕竟7分熟的牛排已经接近全熟的状态，口感较5分熟要硬一些，和平时的牛肉熟度接近。因此对于首次来吃牛排的朋友其实可以选择这种熟度的牛排尝试一下。

9分熟的牛排其实就已经是全熟的状态。由于牛肉相较于其他日常吃到的肉质要硬许多，煎过的肉比较硬，会缺少应有的鲜嫩的滋味，喜欢品尝煎牛肉细嫩肉质的朋友，其实不会选择这样的熟度。

家政服务礼仪与沟通

任务实施

一、根据用餐目的做好提前准备

1. 提前预约。与共同用餐人预约时间和地点。无论是同事聚餐还是宴请他人都应提前预约。在确定用餐时间后立刻确定用餐地点，并第一时间告知共同用餐人。

2. 提前到达。邀请他人时，应提前到达用餐地点，熟悉场地，并做好必要的准备工作。之后要在门口做好迎接工作，并将客人引至房间。

二、得体用餐

宴请他人应穿着得体，不适合穿过于休闲的服装。入座时，根据用餐方式和不同身份安排好座位，如用餐人员中有女士，男士应为女士拉椅推座。入座后，身体要端正，坐姿应保持稳定，不能用手臂支撑身体靠在桌子上。餐巾在用餐前就可以打开，平铺在腿上，盖住膝盖以上的双腿部分。招呼服务生时，应点头或手举到肩膀的高度示意。用餐过程中，根据不同的用餐方式，采用与之相符的用餐礼仪。

三、礼送宴请对象

用餐结束后，应礼送宴请对象到大门口。可帮对方提前叫好出租车，如有必要可用专车送对方回家。如果对方开车前来，但用餐时喝了酒，可帮对方叫好代驾。根据车程时间，及时联系对方，核实其是否安全抵达。

 同步测试

一、单项选择题

1. 通常我们在宴请客人时，首先要请（   ）入座。
   A. 长辈　　　　　　B. 小孩　　　　　　C. 客人　　　　　　D. 随意坐

2. 在酒桌上敬酒的时候，以（   ）的顺序敬酒。
   A. 顺时针　　　　　B. 逆时针　　　　　C. 两种方向都可以　D. 以上都正确

3. 喝汤时不宜发出声响；若汤热，（   ）。
   A. 应等凉了再喝
   B. 可以用嘴吹，不可用汤匙拨弄
   C. 不宜用嘴吹，但可用汤匙搅拌
   D. 以上都不对

二、判断题

1. 中餐礼仪讲究以右为尊、面门为上、以远为尊、面景为佳。（   ）
2. 吃西餐时使用刀叉应右手拿叉，左手拿刀。（   ）

三、案例分析

新进员工小李阳光开朗，性格很是豪爽，但是不太注重社交礼仪。有一天公司聚餐，小李为了给同事留下好印象，提前半小时来到餐厅包房。小李看到包房里空无一人，于是在餐桌面门的位置坐下。在用餐期间，小李发现同事总是一边看向他一边窃窃私语，小李非常诧异，不知道自己到底有什么问题。

请问你知道同事为什么对小李议论纷纷吗？请说明理由。

任务三 乘车礼仪

任务描述

如今汽车已成为现代社会最主要的交通工具，它给我们的生活带来很多便利，可以让我们更快地到达目的地。在工作中，汽车更是一种不可或缺的交通工具，我们难免要与领导、同事、客户一同乘车。因此，乘车礼仪就显得十分重要。在公众场合，不懂礼就会失礼，失礼会令宾主双方都陷入尴尬境地。要懂礼，必须加强乘车礼仪相关知识的学习。

任务分析

以礼待人是乘车的基本要求，当然乘车的座次顺序、上下车的顺序、上下车的姿态也是有讲究的，我们必须加强乘车礼仪相关知识和技能的学习，做一个知礼、懂礼、守礼的人。

相关知识

一、座次礼仪

礼仪体现在生活的方方面面，在乘车的过程中也存在一些座次礼仪，即坐车位置的礼仪，我们应分清尊卑座位，在自己适宜的位置就座。坐车时不能失了礼仪更不能失了风度，因此，我们要掌握乘车时的座次礼仪，把彬彬有礼的形象体现出来。

（一）双排五人座轿车的座次礼仪

1. 当主人或领导亲自驾车时

当主人或领导亲自驾车时，一般前排为上座，后排为下座；以右为尊，以左为卑。座位顺序由尊而卑依次是：副驾驶座、后排右座、后排左座、后排中座（见图3-24）。这种坐法体现出"尊重为上"的原则，体现出客人对开车者的尊重，表示平起平坐，亲密友善。

2. 当专职司机驾车时

由于右侧上下车更方便，因此要以右尊左卑为原则，同时后排为上，前排为下。座位顺序由尊而卑依次是：后排右座、后排左座、后排中座、副驾驶座（见图3-25）。

图3-24　主人或领导亲自驾车时座次要求

图3-25　专职司机驾车时座次要求

（二）三排七人座轿车的座次礼仪

1. 当主人或领导亲自驾车时

当主人或领导亲自驾车时，三排七人座轿车的座次礼仪原则同双排五人座轿车座次原则是相同的：前排为上座，后排为下座；以右为尊，以左为卑。座位顺序由尊而卑依次为：副驾驶、后排右座、后排左座、后排中座、中排右座、中排左座（见图3-26）。

2. 当专职司机驾车时

由专职司机开车时，座位的顺序由尊而卑依次为：后排右座、后排左座、后排中座、中排右座、中排左座、副驾驶（见图3-27）。

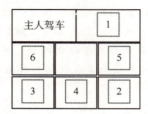
图3-26 主人驾车时座次要求

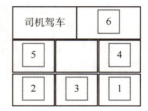
图3-27 专职司机驾车时座次要求

二、上下车礼仪

在一些社交场合中，上下车的先后顺序和姿势是一种文明礼貌的体现。

（一）上下车顺序

上车时，应该请女士、长辈、上司或嘉宾等尊者先上，位卑者后上。下车时，位卑者先下，女士、长辈、上司或嘉宾等尊者后下。上车时，为尊者打开车门的同时，用左手固定车门，右手护住车门的上沿（左侧下车相反），防止其碰到头部，确认其身体安全进车后轻轻关上车门。下车时，方法相同。

（二）上下车姿势

1. 女士上下车姿势

女士上车时，比较优雅的方法是：在车门打开后，背对着车内，双腿并拢，臀部先坐在座位上，同时上身及头部入内，最后再转动身子优雅地进入车内坐正。切记不可以头先进的方式进入车内，有失雅观。

女士下车时要"脚先头后"，具体操作为：面向车门，用手轻扶车门，运用车门边缘作为身体的支撑，将脚慢慢踏至车子边缘，双膝合拢，双脚同时着地，借两手的力量支撑身体，优雅地下车并站直。这样可以有效避免"走光"，也会显得姿态雅观。下车站稳后，要注意用双手轻关车门，切忌用力甩关车门。

2. 男士上下车姿势

男士上下车时仪态没有太多要求，与女士的姿态也大同小异。下车时打开车门，身体适度前倾，眼神自信，目视前方。先迈出一条腿，然后用手助推完全迈出车门，站稳即可。

三、乘车礼仪注意事项

（一）切忌争抢座位

上下轿车时，要相互礼让，不要推拉拥挤，尤其是不要争抢座位。

（二）保持动作雅观

在轿车狭小空间内，不要对异性表示过分亲近，更不要东倒西歪碰到别人的身体。

（三）切忌干扰驾驶员

行车过程中，不要分散驾驶员的注意力，不要与其长谈，以防其走神，不要让其接听移动电话或看书刊。

（四）保持举止得当

不要在车内吃东西；不要向车外扔垃圾、吐痰、擤鼻涕；不要在车内脱鞋、脱袜、换衣服，或用脚蹬踩座位，更不要将手或腿、脚伸出车窗外。

（五）尊重客人意愿

必须尊重客人意愿，尊重其本人对轿车座位的选择，嘉宾坐在哪里，即应认定哪里是上座。即使客人不了解座次礼仪，坐错了地方，也不要加以指出或纠正。

（六）尊重客人宗教信仰

给客人开车门时应该为客人护顶，防止客人碰伤头部，但对信仰佛教或伊斯兰教的客人不能护顶。

资源拓展

小轿车里哪个位置较安全

乘坐小轿车时你一般会坐在哪里？大多数人会毫不犹豫地说驾驶席的后方座椅，因为那里最安全，这是真的吗？其实，座位危险系数从高到低依次为：副驾驶座>驾驶座>副驾驶后座>驾驶后座>后排中间座，也就是说后排中间座是安全系数最高的。

车辆在发生意外时，对于坐在后排的成员来讲，最重要的就是保护头部，此时宽阔的空间给了更多缓冲时间。所以，对于一般的家用轿车而言，后排的乘坐安全系数要高于前排。但是，坐在后排的前提是，一定要系好安全带。如果您不系安全带，您坐的就是"最不安全座位"了。

轿车中最危险的位置就是副驾驶座，但这也是大家使用频率最高的位置。很多人坐出租车都喜欢坐在副驾驶座上，可以与司机保持亲近，有说有聊。还有一些未成年的孩子、孕妇也会坐在副驾驶座上，甚至不系安全带，危险程度雪上加霜。

最后，无论我们坐在哪个位置，一定要有安全行车的意识，这样才能保障我们平安出行。

任务实施

1. 提前备车。在需要乘车时，要提前检查车辆，排除隐患，加足油量，适当提前发动车辆，停放到合适位置，保持发动状态。夏冬季节，提前打开空调，并设置合适的温度。要车等人，不能人等车。

2. 引导上车。引导相关人员至车辆停放位置，运用乘车礼仪，按顺序上车，为领导打开相应位置的车门，并安排合适的座次，自己最后上车。上车后，提醒乘车人员系好安全带。车辆起步时，如需要和车外人员告别，应打开相应位置的车窗，并及时关闭。

3. 安全下车。车辆行驶到目的地后，应按照相关规定停放到安全位置。下车时，注意观察，运用乘车礼仪，按顺序下车，为领导开车门。驾车离开时，开窗示意后，缓慢起步离开。如需可在返回后，与乘车人员电话报平安。

同步测试

一、单项选择题

1. 在公务接待的情况下，由专职司机开车时，上座是（　　）。
   A. 后排右座　　　　　　　　　　B. 副驾驶座
   C. 司机后面之座　　　　　　　　D. 以上都不对

2. 在主人开车的情况，轿车的上座是（　　）。
   A. 后排左座　　　　　　　　　　B. 后排右座
   C. 副驾驶座　　　　　　　　　　D. 司机后面的座位

3. 关于乘车礼仪，表述错误的是（　　）。
   A. 上下车的先后顺序：尊者先上车，最后下车；位卑者最后上车，最先下车
   B. 如果由主人亲自驾驶轿车，由尊而卑依次为副驾驶座、后排右座、后排左座、后排中座
   C. 如果由专职司机驾驶轿车，由尊而卑依次为后排右座、后排左座、后排中座、副驾驶座
   D. 如果主人亲自驾驶轿车，由尊而卑依次为后排右座、后排左座、后排中座、副驾驶座

二、判断题

1. 上下车的先后顺序：尊者先上车，最后下车；位卑者最后上车，最先下车。（　　）
2. 在有专职司机驾车时，副驾驶座为末座。（　　）

三、案例分析

公司王总经理开车带着小李去接来访的张总经理时，王总经理安排张总经理坐在前排的右座，与张总经理随行的业务经理被安排坐在后排的右座，小李坐在后排的左座。

请问王总经理对来宾乘车座次的安排合理吗？请说明理由。

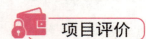

项目评价见表3-18。

表3-18　项目评价表

项目	评价标准
知识掌握（30分）	知道会务礼仪（10分） 知道中西餐的座次礼仪、餐具使用礼仪以及进餐礼仪（10分） 知道乘车中的座次礼仪、上下车礼仪（10分）
实践能力（40分）	能规范运用会务礼仪（10分） 能规范运用中餐礼仪（10分） 能规范运用西餐礼仪（10分） 能规范运用乘车礼仪（10分）
礼仪素养（30分）	树立良好的服务意识（10分） 合理利用工作交往礼仪（10分） 树立良好的职业形象（10分）
总分（100分）	

模块四　家政服务人员语言沟通艺术

项目一　口语沟通的环节

【项目介绍】

在信息化高速发展的通信时代，沟通是一件非常重要的事情。无论身在何处，面对什么样的人，良好的沟通都可以达到事半功倍的效果。那么，作为一名家政服务人员，无论是从事一线家政服务岗位还是公司管理岗位，都必须具备高情商的沟通能力，这是提升企业成功率及使个人受到客户信任的关键所在。因此，作为家政服务人员，要通过良好的口语表达能力来推动和建立良好的人际关系。按照语言沟通的环节，本项目设置了流畅地表达、认真地倾听、恰当地发问三个工作任务，根据不同的工作情境来培养和提升家政从业人员的语言沟通能力，从而更好地胜任家政工作岗位。

【知识目标】

1. 掌握口语沟通的具体环节；
2. 掌握如何与客户进行流畅的表达、如何认真倾听客户所提的问题；
3. 熟悉与客户沟通时怎样恰当地提出问题，掌握与客户沟通的方式。

【技能目标】

学会如何与客户进行有效沟通，用倾听的方式与客户建立良好的信任关系，并且在恰当的时候进行合适的发问。

【素质目标】

树立主动、耐心、细致的沟通意识；提升敬人、热情、尊重的基本素养；提升高情商的沟通能力；塑造家政服务人员的职业形象。

家政服务礼仪与沟通

案例引入

小刘是刚入职不久的家庭保洁员。一天，小刘被公司派到客户家里去做保洁，这个客户预订了4个小时的保洁服务。到了客户家里，小刘先是很热情地跟客户打招呼问好，而后直接去打扫客户家的厨房了。小刘想："客户家的厨房比较脏，用时会长，我先把厨房打扫干净，再去打扫其他区域。"于是，小刘很卖力地打扫厨房。经过两个半小时的清洁工作，厨房终于被打扫得焕然一新，看着自己的劳动成果，小刘很开心。

打扫完厨房后，小刘想要去打扫卧室，客户说："先别打扫卧室了，你把所有地面拖干净吧。"小刘说"好的"，然后开始拖地。地面拖到三分之二，时间已经到了。小刘想："地面还差一点就完成，我给客户拖完地再走。"10分钟后，小刘拖完地，请客户检查，收拾好工具后，跟客户道别离开了。

第二天，公司将客户的意见反馈给了小刘。客户说："保洁员态度很好，打扫得很干净。但是她没有跟我提前沟通我想重点打扫哪里，自己就先去打扫厨房了。其实我只想让她把我们家所有地面拖干净就可以，我们家人都是赤着脚走路，所以想着重打扫地面。"小刘听后，意识到沟通的重要性。此后，再去服务的时候，小刘都会先跟客户沟通，询问客户的重点打扫区域，从而合理安排时间，提高客户的满意度。

任务一　流畅地表达

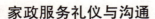

任务描述

李姐是家政服务公司一名资深的育婴师，虽然在客户家中非常认真地工作，专业技能很扎实，带孩子也非常有耐心并且负责任，但是在职期间经常与客户发生争执。有一次，客户想让李姐帮忙做家务，结果李姐说自己只是育婴师不负责做家务。由于李姐不会跟客户好好沟通，经常直接拒绝客户的要求，导致客户频频投诉李姐。那么，在客户家中做育婴师时，育婴师应该如何跟客户进行沟通？如何表达会更好？

任务分析

家政服务人员想要委婉地拒绝客户，又能够体现对客户的尊重，给客户留下好印象，需要具备良好的口语沟通能力。完成此任务首先需要家政服务人员从口语表达能力的内涵、口语表达的特点来学习并掌握口语表达的技巧，从而恰当、流畅、准确地表达出自己的思想与感情，提升最基本的工作能力。

相关知识

表达能力重千金，《鬼谷子·捭阖》中有云："口者，心之门户，智谋皆从之出。"意思是说，我们的思想都要依靠语言表达才能传递出来。在现代社会，由于经济的迅速发展，人们之间的交往日益频繁，各行各业的工作人员都需要有良好的表达能力。因此，良好的语言表达被认为是现代人的必备能力，而家政服务人员更需要具备流畅的口语表达能力。

一、表达能力的内涵

表达能力是一个人正确运用口语和文字，准确地增强思想与感情的能力。在这里主要指口头的语言表达能力。语言表达能力是一个人的基本工作能力。

入职面试时，流畅的口语表达能力可以增强自己的优势；开会谈话时，语言表达能力可以更好地阐述自己的见解；人际交往时，语言表达能力可以为自己赢得人脉；商业谈判时，语言表达能力可以为自己赢得成功。伴随着人们社会交往的日益频繁，这项能力会越来越重要。

美国医药学会的前会长大卫·奥门博士曾经说过，我们应该尽力培养出一种能力，让别人能够进入我们的脑海和心灵，能够在别人面前、在人群中、在大众之前清晰地把自己的思想和意念传递给别人。在我们这样努力去做而不断进步时，便会发觉：真正的自我正在人们心目中塑造一种前所未有的形象，产生前所未有的冲击。

总之，语言表达能力是家政服务人员有效提高素质、开发潜力的主要途径，是驾驭人生、改造生活、追求事业成功的有力工具，是通往成功的必要途径。

二、口语言表达的特点

口语表达按照动机可以分为自发性交谈和有目的交谈；按照特点可以分为暂留性交谈、临场性交谈和综合性交谈。

（一）自发性交谈

自发性交谈即没有固定目的的日常交谈，生活的每时每刻都在发生。有时候我们会评论这个人说话委婉、那个人言辞刻薄，这都是日常交流给人留下的印象。这种无目的、自发的交谈，是非正式的，不受场所限制，交流时进行的礼貌寒暄也无须技巧。

（二）有目的交谈

有目的交谈即为了某些特定目标而交流信息。俗话说，世界上最难做的两件事就是把自己的思想装到别人的脑子里，把别人的钱装到自己的口袋里。当我们为达成某种目的与人交谈时，我们就要有所计划，并注意说话技巧。

（三）暂留性交谈

有心理学家做过这样的测试：我们听话的过程中，能够精确留在大脑里记忆的时间不超过8秒。既然我们记忆的时间是短暂的，那怎么去评价一个人的口才能力呢？我们的语言表达是通过声音的声波传播的，而声波是瞬间即逝的，那么我们就要从整体上把握、从语流上把握。我们说话时语速不可太快，一般语言表达的语速为200字/分钟，最快不能超过280字/分钟。如果一次语言表达超过两分钟，那么，你想表达的信息就会大大削弱。

（四）临场性交谈

语言表达必须符合时间和空间的特定性，并且受到一定的制约。表达的对象是特定的，听众是特定的，现场的氛围是相对特定的，这告诉我们，在临时的场合下要慎重发言，要考虑现场的氛围和反应，适时调整语言及语速。这需要家政服务人员提高自身的素质。

（五）综合性交谈

综合性交谈指的是系统的综合，比如，说话时的语调、声调、态势语都要加以考虑。综合性交谈表现为调动的综合。口语表达需要一个过程，从生活到思维，再从思维外化成口语，在这个过程中,一个人所说的话包含了他的生活体验、文化素质、道德水准,听其言可了解这个人。同样的一件事情被不同的人表达出来的效果不一样,是因为每个人的生活阅历不同,对生活的理解不同。所以,要充分地调动自身的知识素养、能力素养以及生活的积累。综合性交谈还可以体现为手段的综合。语言表达是通过声音传递的,是有感情的,同时手段也是多样的。语言表达可以通过传声来传递声音的高、低、快、慢、强、弱、长、短,还可以借助面目、眼神、手足,这都是综合性交谈所需要掌握的能力。

资源拓展

自我介绍

某高校教师给学生做过一组试验,试验的题目是站到众人面前说说自己,内容不限,时长为两分钟。被选中的同学基本是介绍自己的姓名、专业、兴趣爱好,而且说完这几句话只用了半分钟,剩下的时间只好沉默。之后的同学都不约而同地按照这个固定的模式介绍自己。这样雷同的口头表达并没有把自己的特点介绍出来,自然也就没办法吸引听众注意。

下面是李嘉诚的一分钟自我介绍:

我是李嘉诚,12岁就开始做学徒,还不到15岁就挑起了一家人的生活担子,再没有受到过正规的教育。当时自己非常清楚,只有我努力工作和求取知识,才是我唯一的出路。我有一点钱我都去买书,记在脑子里面,才去再换另外一本。到今天,每一个晚上,在我睡觉之前,我还是一定得看书。知识并不决定你一生是否有财富增加,但是你的机会就更加多了,你创造机会才是最好的途径。

只有短短一分钟的自我介绍,李嘉诚分了三个层次来介绍自己:第一,个人的成长经历;第二,个人的经验总结;第三,人生观,同时也是对年轻人的寄语,要创造机会。寥寥数语,让人印象深刻。

所以对比两个不同的自我介绍,可以看出良好的口头表达能力至关重要。

三、语言表达的作用

(一)全面、准确地传递、理解信息

如果有一件事情需要与对方协商,在短信、微信、电话、面谈这四种方式中,显然"面谈"是最直接的方式。面对面的沟通,可以消除中间障碍因素,保证信息畅通。

(二)增进情感联络,改善并发展人际关系

人是社会性动物,人际交往是人的基本需要之一。在正常交往过程中,虽然语言的一般表达没有问题,但是在不合适的场合听起来就会引起反感。所以,说话时一定要注意自己是在什么场合,再说合时宜的话。注意自己言语的表达会起到不同的作用。如果在别人家办丧事的场合下,说出了逗乐的话,这是最忌讳的;同样,在客户家中欢乐的气氛中说出丧气的话,也是令人不喜的。

人际交流是联络感情的纽带,人际交流是通向友谊的桥梁,人际交流是事业成功的基石。古语有云:"一言之辩,重于九鼎之宝;三寸之舌,强于百万之师。"流畅得体的表达,可以在家政工作中"四两拨千斤"。

模块四　家政服务人员语言沟通艺术

资源拓展

"会说话"的育婴师

有时候客户会带育婴师一起出去吃饭,客户会说阿姨难得出来一次,让阿姨点些喜欢吃的,这是客户对育婴师表达尊重的一种方式。

这个时候有些阿姨会说:"你们点就可以了,我随便。"如果客户有朋友在场,此场合下这样讲话是不合适的。跟客户一起出去,我们尽量不要用"随便"这两个字,这个时候客户是尊重你,让你发表意见,就算你当时不知道说什么,你可以这样回答:"你们出来能带上我,我就已经很高兴了,吃什么不重要,能跟你们一起出来我已经很开心了,我没有什么忌口的,吃什么你们决定就可以了。"如果阿姨这样讲话是不是比直接说"随便"更让客户感到舒服呢?而且在这样的场合下更让客户和客户的朋友觉得你很有礼貌,很尊重他们。

通过后者的表达,我们看到了好的语言表达能够使人与人之间增进情感的联络,提升人与人之间的信任,使人与人感受到尊重。良好的表达能力至关重要,这就是语言表达的作用。

任务实施

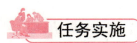

作为一名家政服务人员,准确地表达思想与感情是最基本的能力。语言表达是指要有计划地、有技巧地把特定的目标说出来。任务描述中客户想让育婴师去做家务,很多育婴师会理直气壮地说:"不行,我是育婴师,是专职带宝宝的,我不是来做家务的!"大家可以清楚地看到这段沟通的话语中就有两个否定的关键词:不行、不是!如果你是客户,听完这样的话语,心里会是什么样的感受?我们把想要表达的目的设定好,有计划和技巧地表达出来,再结合语言表达的临场性和综合性,可以这样去沟通:"你好老板,宝宝现在在睡觉呢,我要去做家务的话,宝宝醒了我不知道呀,万一掉下床摔了怎么办?如果在宝宝安全的情况下,我是可以帮你搭手做点家务的,我做家务时看不到宝宝,我要负责他的安全呀,我的主要职责还是以宝宝的安全为主。"如果我们这样去和客户沟通是不是更好?这样既委婉地拒绝了客户的不合理要求,客户也不会感觉到不舒服,因为你在为他的孩子的安全着想。

同步测试

一、单项选择题

1. 口语表达按照动机可以分为(　　)和有目的交谈。
A. 自发性交谈　　　　　　　　　B. 暂留性交谈
C. 临场性交谈　　　　　　　　　D. 综合性交谈

2. 在临时的场合下要慎重发言,要考虑现场的氛围和现场的反应,适时调整语言及(　　)。
A. 动作　　　　B. 速度　　　　C. 声音　　　　D. 反应

二、判断题

1. 如果有一件事情需要与对方协商,在短信、微信、电话、面谈这四种方式中,显然"面谈"是最直接的方式。(　　)

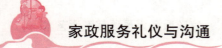

家政服务礼仪与沟通

2. 人是社会性动物，人际交往是人的基本需要之一。　　　　　　　　（　　）

任务二　认真地倾听

任务描述

客户经过试用期想要长期雇用阿姨，于是进行了一次沟通。客户说："阿姨，我们希望你对我们孩子就像对自己的孩子一样！"客户还没有说完家政员就连忙接话说："那不行！那哪行呀，我自己的孩子都是扔在一边让他自己玩，给他什么他就吃什么，不听话就打，我怎么能这样对您的小孩呀！"客户听完内心是"崩溃"的。家政员没有认真听完客户的话就连忙表达自己的想法，其实客户的真实想法是：希望阿姨可以更用心、投入更多的爱来照顾宝宝。由于家政员没有认真地倾听客户的需求，导致客户非常失望。

成功的倾听是改善人际关系的一剂良方，在人际交往中倾听是一种能力，是尊重别人、与人合作、友善待人、虚心求解的心态表现。那么，我们应该怎样提升自己的倾听能力呢？在家政服务岗位上应该如何有效地进行沟通？

任务分析

在实际工作中，沟通往往存在着一些问题，而倾听是沟通中最为重要的一环，是了解别人的重要途径。为了获得良好的沟通效果，家政服务人员应提升自己的倾听能力，养成倾听习惯，学习倾听的艺术。本任务要求学会在沟通中认真地倾听，从不同角度了解倾听并且掌握倾听的技巧。

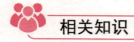

一、倾听的意义

沟通是从学会听开始的。"听"是语言交际活动中最基础、最重要的环节，是获取信息的主要渠道。美国学者理查德·L.威瓦尔研究了普通人一天传播活动的时间分配，分别是：9%的时间在书写，16%的时间在阅读，35%的时间在交谈，40%的时间在倾听。著名的幽默大师马克·吐温总结"获得知心朋友最有效的办法"就是"尽量倾听说话者嘴里说得最多的话，而不是加以反驳"。

（一）倾听有利于了解和掌握更多的信息

对方说话的过程中，你不时地点点头，表示你非常注意说话者的讲话内容，使说话者受到鼓舞，觉得自己的话有价值，也就会更为充分、完整地表达自己的想法。倾听能激起客户的谈话欲望，家政服务人员可以从倾听的过程中了解客户所需要的信息，从而更好地服务于客户，使双方之间的关系变得更加融洽，同时使工作进行得更加顺利。

（二）倾听使我们发现问题

对于下属、同事、上司和客户，通过倾听对方的讲话，推断对方的性格、工作经验、工作态度，在以后的工作中可以有针对性地进行接触。倾听有助于博采众人之才，做出正确的判断和决策，正所谓"兼听则明"。家政服务人员可以在倾听中取他人之长、补己之短，有效地增长知识和经验，增强解决问题的能力，有利于做出正确的决策。

（三）倾听为你赢得更多信任

心理研究显示：人们喜欢善听者甚于善说者。实际上，人们都常喜欢发表自己的意见。所以，如果你愿意给他们一个机会，让他们尽情地说出自己想说的话，他们会立即觉得你和蔼可亲、值得信赖。家政服务人员在认真倾听时可使客户感受到被尊重、被理解、被赞扬、被肯定，同时可以获得更多友谊和信任，有助于营造更加和谐的工作环境。

（四）善听者能够有效避免主观误解

平时对别人的看法往往来自我们的主观判断，通过某一件事情，就断定这个人怎么样或者这个人的说法是什么意思，这实际上带有很强的主观色彩。注意倾听别人说话，可以获得更多信息，使判断更为准确。家政服务人员在倾听时可以减轻客户的压力或者焦躁，降低客户的不满或者抱怨，帮助客户厘清思路，从而有效化解矛盾和冲突。

二、倾听的步骤

（一）接收信息

接收信息是倾听的第一个阶段，是指由感觉器官接收外界的刺激。倾听不仅包含接收对方传达的口语内容，而且包含注意对方的非语言讯息，例如眼神、表情、肢体动作等。有时候一个人的眼神和不经意的肢体动作更能表达他的真实想法，所以在倾听时要专心、专注，听的时候不想无关的事，注意力集中于倾听。通过倾听观察非语言暗示和行为，尽量去领悟隐藏在话语背后的感受和意义；要有耐心，明确并非发言才是参与。

要耐心倾听说者的陈述，包括一些奇思妙想、不足或错误。听的时候不随便插嘴，待听清别人的话再发表自己的意见；要虚心，不仅要欣赏别人思维的闪光点，吸取他人之长，还要吸收别人的不同意见，边听边修正自己的观点，弥补自己的不足；要用心，听从不等于盲从，要注意"听""思"并重，倾听"言外之意""弦外之音"，在谈话交流过程中不断充实自己。

所以，良好的倾听不仅仅是用耳朵去接收信息，还需要用心来提高自己的倾听能力。

（二）理解信息

理解信息是倾听的第二个阶段。理解概括的能力，理解说话人的思想、情感、动机，理解说话人没有说出来的意思，理解说话人没有说出口但想让你说出来的意思，这就是理解信息的意义。当我们和人谈话时，通常都会有几秒钟的时间在心里回顾一下对方的话，整理出其中的重点所在。除了必须注意对方所表达的意见和想法，也必须了解对方言谈时的情绪状态，即判断说话者内心的意图。也就是说，我们除了必须理解、记忆说话者所传达讯息的表面意义，还需进一步推测这些讯息的潜在意义。

家政服务礼仪与沟通

> **资源拓展**
>
> **理解"哎呦"**
>
> 我踩了你一脚，你痛得"哎呦"一声。我说："我才轻轻踩你一脚，你却假惺惺装得那样痛。"此时，你可能越叫越大声。
>
> 原因：否定了对方的感受，使对方痛上加痛。
>
> 我踩了你一脚，你痛得"哎呦"一声。我说："真对不起，我这一脚好重，一定把你踩得很痛。"此时，你可能会说"没关系"。
>
> 原因：肯定对方内在的情绪，疏解并帮助对方表达心中的感受，助人止痛疗伤。
>
> 良好的倾听不仅仅是"看"，还要用脑去分析，用心去感受。

（三）反馈信息

反馈信息是倾听过程中十分重要的一个阶段。说话者会根据倾听者的反应来检查自己行为的结果，从而知道自己所说的是否被准确接收和正确理解，然后做出适当的调整，这样会更加有利于倾听者的倾听。因此，一个完整的倾听过程包括信息接收者的反馈。反馈即回应对信息的理解，及时做出反馈性的表示，如欠身、点头、摇头、微笑或者重复一些比较重要句子，再提出一些能够启发对方的问题。这样的反馈是倾听在沟通过程中的重要一环，如果不做反馈，信息的发出者便无法确认倾听者是否接收并准确理解信息。

综上所述，倾听不是简单的"听"这个动作，也不是"听见了"这个简单的结果，它是耳、眼、嘴、脑、心并用的一个连续组成。提升倾听能力，需要我们不断学习、不断体会、不断进步。

三、家政服务人员的倾听技巧

（一）加强倾听过程中的情感交流

作为一名家政服务人员，在工作中要以平等的、恭敬的、尊重的心去倾听，在倾听别人说话时要集中注意力，在分析对方讲话内容的同时，注意观察讲话者的面部表情、肢体语言和语气语调，认真揣摩一下对方想要表达的情绪和情感。这样，在倾听时才可以运用恰当的表情、体态和语言给出对方同样的情感反馈，使对方与你在情感上产生共鸣，增进双方在情感上的交流与沟通。

（二）适当运用倾听的行为技巧

家政服务人员在工作时作为一名倾听者需要做到：表情自然，面带微笑，内心镇定、不慌乱；坐姿和站姿要得体，倾听时身体稍向前倾，表示仔细聆听；眼睛需要透露出亲切的眼神，与对方的眼睛有交流，可轻微点头表示赞同；在倾听时不要打断对方讲话，不摆弄与倾听无关的东西，适时保持沉默。

（三）适当运用倾听的语言技巧

家政服务人员在工作时需要适当使用附和性的语言，如"原来如此""不错""有道理""的确如此"；在倾听时可以采用鼓励性的语言进行反馈，如"您的讲话很有意思""您的见解很独特""您的想法太好了"；在倾听时可以运用询问技巧，可根据谈话内容提出一些问题，如"那么请问您的想法是什么呢""您的意思是""您能说得再详细些吗"；在倾听时要善于引导，适时保持沉默，在对方表达自己的想法时可以说一些鼓励性的话语，如"我懂了""嗯""对"；当谈话出现冷场时，也可以用恰当的提问来引导对方说下去，如"您对此有什么感想""后来又发生了什么"等。

倾听别人讲话本来就是一种有礼貌的行为，愿意倾听表示我们愿意尊重对方的看法和意见，有助于建立融洽的关系。在工作中使用鼓励性的语言进行反馈，既可以表示对谈话的兴趣，又可以给对方精神上的鼓励。倾听是一种能力，倾听者需要具备共情能力。家政服务人员只有在工作中做到共情，才能设身处地、将心比心，做到最好的有效沟通。

所以，注重倾听、善于倾听、乐于倾听是有爱心、有情谊、有度量、有修养的表现，好的倾听是成功沟通的一半。学会倾听是每个成功者的一种追求、一种责任、一种职业自觉。因此，倾听是家政服务人员不可或缺的素质。

资源拓展

含一片柠檬

一位女主人将在晚间宴客，重要的主菜是一条稀有的石斑鱼。为了让客人感受到鱼的鲜美滋味，女主人一遍又一遍叮咛厨师如何清蒸、火候大小及时间长短。最后，女主人特别说明摆放的方式："记住，要用银盘盛这条鱼，四周要有精美的装饰，别忘了，嘴巴里含一片柠檬。"

厨师点了点头，女主人就忙着去打扮自己了。

晚宴时宾主尽欢，当最后一道主菜清蒸石斑鱼端上桌时，原本愉悦的气氛霎时静了下来。石斑鱼放在银盘当中，看来色、香、味俱全，银盘四周的食物装饰也一如女主人的吩咐。只是上菜的厨师嘴巴上含着一片柠檬。厨师认为自己做得恰到好处，结果客人们全都哄堂大笑。

很明显，这位厨师的倾听能力比他的厨艺逊色许多。

任务实施

【小组活动】 传话游戏

以小组为单位，教师给每组学生一张纸条，纸条上有同样的一句话。每组第一排右边的学生拿到纸条先记住这句话，听到"开始"的指令后，悄悄地告诉身后的同学，声音要小，不能让其他人听见，每人只能说一遍，第二个人传给第三个人……依次传下去，最后一排的学生将自己听到的话传给同桌，然后左边的学生由后往前依次传话，直至回到左边第一排。教师请各组最后一个学生汇报，此时可能发现同一句话变成了完全不相同的话语。为什么一句话传来传去就变了呢？怎样才能避免这样的事情发生？请学生分组思考讨论，并填写表4-1。

（教师提示主题：有效倾听）

表4-1　小组活动记录单

组号：		日期：
主要观点：		
评价	教师评分：	
	小组互评：	

同步测试

一、单项选择题

1. 沟通是从学会（　　）开始的。
   A. 读　　　　　　　　　　　　B. 听
   C. 说　　　　　　　　　　　　D. 写

2. （　　）是倾听的第一个阶段，是指由感觉器官接收外界的刺激。倾听不仅包含接收对方传达的口语内容，而且包含注意对方的非语言讯息。
   A. 理解信息　　　　　　　　　B. 接收信息
   C. 反馈信息　　　　　　　　　D. 记忆信息

二、多项选择题

1. 作为一名家政服务人员，在工作中要以（　　）、（　　）、（　　）心去倾听。
   A. 平等的　　　　　　　　　　B. 恭敬的
   C. 尊重的　　　　　　　　　　D. 礼貌的

2. 倾听的步骤有三步，分别是（　　）、（　　）、（　　）。
   A. 规范信息　　　　　　　　　B. 接收信息
   C. 理解信息　　　　　　　　　D. 反馈信息

三、案例分析

用倾听唤起共鸣

"最美巾帼家政人"——徐荣娣是江苏正安居家庭服务有限公司的一名客服，她用专业、耐心使客户安心、舒心，助推家政服务走向专业化、精细化。工作时有的同事觉得遇到爱挑刺的客户越干越没动力，徐荣娣就会积极主动地探索解决之道。用心换位思考以后，她发现客户对于陌生的家政人员存在不信任的情绪，而家政人员对客户过高过细的要求也会产生不满，这种状态不仅造成从业者的一些心理问题，也成为部分纠纷的诱因，还会令高素质人才望而却步，加剧家政业的供需结构性失衡。

为此，徐荣娣自学了心理学的沟通技巧，主动为同事解决工作中和客户的矛盾纠纷。有一次徐荣娣接到投诉，说家政员打扫不细致，她立刻上门帮忙处理。她现场仔细查看客户反映的每一点问题，让客户把心里的抱怨全部说出来，有针对性地解决问题。客户慢慢舒展了眉头，最后放下怨气，和她交心说起家常，并表示希望家政员继续提供服务。

徐荣娣说："每个人的脾气秉性不同，我们应该设身处地为客户着想，站在客户的立场考虑。假想我是客户，我是否会比他更气愤，语言是否会更激烈。这样一想，心态就会变平和，思路会更清晰，能更好地为客户服务。"在徐荣娣一次次用心倾听和细心调解下，公司的市场形象得到了很大提升。

请分析怎样才是设身处地去聆听呢？

任务三 恰当地发问

任务描述

客户说:"我希望你能在我们家长期干!"家政员低头不语,憋了半天蹦出几个字:"我只想试试,但我可能要回家!"客户此时已经不知道该说什么了。其实客户真实的想法是想让阿姨长期留在宝宝身边陪伴他成长,而阿姨的真实想法是:"她们一家人挺好的,就是太高级了,我不知道她们是否满意我,想不想用我,我不敢问所以就想试探一下,说我要回家,看她们留不留我。"

恰当地发问能增进人与人的了解,使沟通顺畅,人际关系和谐,打破误解。发问不当,就会造成种种被动与不快,造成更深的误会。那么家政服务人员如何使发问恰当得体,以解决那些不必要的矛盾从而实现有效沟通呢?

任务分析

在沟通时,不管对方是熟悉的人还是陌生的人,发问是日常生活与社交场合中必不可少的言语现象。很多家政服务人员在与客户沟通的过程中,都会对客户的思想有所"误解",恰当地发问是打破误解的最佳方式,多问问题总比按自己的想法做事出错的概率少。本任务要求掌握发问的类型和技巧,通过恰当地发问来拉近与对方的距离,根据实际情况学会灵活运用发问这种沟通技巧,提升自身的工作能力和素质。

相关知识

一、发问的意义

俗话说得好:"善问者能过高山,不善问者迷于平原。"一个不懂得发问的人,他的沟通能力肯定是很糟糕的。恰当地发问是你对别人感兴趣的一种表现,也是获取信息、获取协调观点的重要途径。

恰当地发问是指在沟通交流中,能够简明扼要地提出问题,通过对方解答问题以获取信息的语言沟通方式。有效地提问,既可以获取对方的相关信息,还可以在对方面前展现出你的水平。因此,恰当地发问在语言沟通中是一项重要的内容,也是日常生活和社交场合中必不可少的言语现象。尤其是在家政服务人员与客户沟通时,要注意提问的方式,问得其所,问到所需。

二、发问的类型

(一)开放式发问

开放式发问,也称敞开式发问,是日常生活中最常见的一种,所问问题的回答没有范围限制,经常使用"怎么样""什么""能不能""如何"等词来发问,让对方就相关问题给予详细的解释和说明。在家政服务工作中,通过开放式发问可以让客户感受到被尊重、被重视,例如:"您还有什么要求吗?""您需要我做什么""您还有什么规划吗?"家政服务人员在进行开放式发问时,

家政服务礼仪与沟通

神态要自然，语气要平和，对于客户的回答要耐心倾听。避免使开放式发问显得直接和目的性强，这样容易引起客户的防备心理。所以在发问时要做好充分的准备工作。

开放式发问既是探询需求的最好方式，也是收集信息最有效的工具，同时可以与谈话人营造一种较为宽松的环境。家政服务人员可以通过开放式发问提升个人的亲和能力、协调能力、表达能力、应变能力，为自己营造出良好的工作环境。

资源拓展

开放式发问——以提问为生

杨澜在《凭海福风》一书中记录了这方面的体会：

现在，我已经非常习惯于提问了，实际上，我已经以提问为生了。说得通俗一点，我是靠提问吃饭的，我是记者。我甚至认为，人生就是一场问答。比如，有一个问题人人必须面对："你为什么活着？又将怎样活着？"每个人的生活本身，就在回答这个问题，不管你是不是意识到，上帝是宽容的老师，五花八门的答案他都照收不误。至于给各人打多少分，就不得而知了。

如今，我用年轻的生命，一天又一天地写我自己的答卷，这份答卷是由无数细节组成的。其中有不少时候我感到难解或绝望无助，或干脆就答得跑了题。好在上帝给我们安排的这场考试是开卷的，你可以问人是怎么回答的，"杨澜工作室"就是一个可以公开讨论答案的地方。有不明白的，我问，以求明白，有时明白了，还要明知故问，因为我估计电视机前的有些人也想明白。

有感而发，有感而问，是节目走向成功的第一步。

（二）封闭式发问

封闭式发问，也称限制式提问，一般用在确认事实上。封闭式发问是将问题限制在特定范围内，回答问题的选择性很小，一般是在交谈基础上进行的，是在开放式发问的过程中或者之后，通过前面的过程管理，最后是水到渠成的关系和过程。

家政服务人员在进行封闭式发问时，可以使用"是不是""要不要""有没有"等词，客户只用"是"或"否"回答即可。这样可以在短时间内得到所需要的信息，并且将信息进行条理化，以获得重要的信息。封闭式发问的句式有很多，比如："今天过来还是明天过来？""这个物品现在要不要？""这个问题现在清楚不清楚？""家务今天做还是明天做？"封闭式发问不宜使用太多，容易使客户变得被动，从而忽略了客户的感受。

由此可见，在家政服务工作中，封闭式发问要与开放式发问结合使用，才能起到最佳效果。

三、发问的技巧

（一）了解发问的对象

发问人人都会，做到巧妙、恰如其分地发问却不是那么容易的。如何使发问恰当得体呢？总的来说，要根据具体语境和对象进行准确发问。传统所说的"六何"可以说是对语境内容简明而精要的概括：何时（时间）、何地（处所）、何人（对象）、何事（事件）、何故（原因）、何如（方式）。"六何"对一般的语言运用有指导意义，也是发问好坏的重要参照依据，其中对象"何人"是重点。

家政服务人员在发问前要看清楚对象，才可能做到"问得适宜，问得恰当"。首先，在服务工作中如需发问，注意避免涉及对方的年龄、收入、婚姻关系、家庭背景等话题。其次，人与人的性格有所不同，遇到性格开朗外向、能言善辩的人，发问时可以开门见山，连连发问；遇到严肃内向、不善言辞的人，发问时就要善于诱发引导，由浅入深，启发对方把心里话说出来。再次，作为发问者应该先了解对方的学识、阅历等文化背景，适当地发问。发问时不可问对方明显不懂的问题，让对方感到难堪。发问时不可漏出鄙夷、嘲笑的神态，而应以谦虚的态度进行发问，让对方轻松自如地与我们进行有效的沟通。

（二）找准发问的切入点

所谓好的切入点是指与我们工作生活中的事情有着密切关联、客户有发言权并且最受关注的问题。我们需要找到这样的切入点，在合适的场合进行发问，表现出自己的关心、行动和观点。首先需要的是关心，任何事情发生之后，第一件事情是要表达你的关心；其次是行动，发问之后要行动起来；最后是全局观的发问，比如："您对这个事情是怎么看的？"一个好的发问，不能只是让对方泛泛而谈的表态，而是必须触及他的内心世界，在我们提出问题的作用下有感而发，说出对方的心里话，这样才是找准了切入点。

家政服务人员要想达到这样的目的，在思维上必须先活跃起来，把自己想问的问题跟特定的时间、相关的人物、曾经发生的类似事件联系起来思考，找一个具体但又可以牵一发而动全身的问题作为提问的中心内容。好的切入点可以通过一个小点去引出更丰富而深刻的话题，而一个好的问题往往能使回答的人觉得确实有点"说头"，不但能够说得开、说得深，而且还会有自己的情感流露。

（三）提炼发问的关键词

家政服务人员的工作本身具有特殊性，所以在每次发问时必须使问题思路明确、重点突出、表达简洁，这样才能确保对方能够迅速地明白你的问题，发问的质量就有了保证。所以，家政服务人员在发问时要准确把握所提问题的核心内容，认真提炼几个"关键词"，这是在口语沟通上的重要环节。例如：封闭式问题包含"会不会""是不是""有没有""对不对"这样的关键词，相应地，它的回答通常以"会""不是"之类的答案为主，这样就使对方与我们缩小了话题范围，将所需讨论的问题聚焦在重点事件、重点信息上了；开放式问题中包含了"什么""怎样""如何"等关键词，这样提出问题，对方就可以自由地谈论他们的情况、想法、情绪，并且能够使对方充分表达自己，使交谈进行得更加顺畅、深入。

四、发问的创造性

新问题是引发创造性思维的起点，而家政服务人员每天都会遇到新的问题，不同的发问会引发不同的心理意向，而心理意向又决定着思维方法和思维品质。创造性发问是启发创意、引发创造性思维的关键，具有启发性、敏感性、主动性、独创性、发散性和创新性，所以家政服务人员需要掌握创造性发问的类型以及相关知识。

（一）"假如"式发问

"假如"式发问需要我们对问题的情境进行假设，从而把问题带入一个假设的人物、时间、地点、事件、对象等情境中进行思考。家政服务人员上门时不知道如何与客户沟通，那么可以预先提出假设性问题，当登门入户时就可以用"假如"式发问来和客户进行沟通。例如，可以这样进行发问："假如吃饭时我提出分餐，先盛出来一部分餐在自己的餐具内，可以吗？""假如我夜里带宝宝没有休息好，可以中午午休一小时吗？""假如"式发问可以让家政服务人员提前有充足的心理准备，根据客户的回答了解客户的需求，为自己今后的服务工作做一个详细的计划，从而能够从容地做好自己的本职工作。

（二）"列举"式发问

家政服务人员可以围绕某一目的或条件，分别列举各种不同的方法、对象、结果或者状况等，让客户充分地了解需要回答的问题。例如，家中的保姆做饭时直接问客户："今天吃什么呀？"可能客户也不知道想吃什么。如果我们把这个问题列举出来让客户选择，可以这样问："冰箱里有芹菜、土豆、牛肉，您想吃土豆炖牛肉还是小炒黄牛肉呢？"在这样的提问下，客户就会直接把想吃的菜选择出来。这样的"列举"式问可以让客户把问题看得更加清晰，方便解决问题。

（三）"六W"式发问

发问时可以用"Who（谁）、What（什么）、Why（为什么）、When（什么时候）、Where（哪些）、How（如何）"式发问句型进行一系列提问。例如，"请问今天谁来吃饭？""请问这是什么？""为什么要把奶瓶放在这里？""什么时候做饭？""从哪些地方开始清扫？""如何解决这件事情呢？"这样的句式都可以用在家政服务工作中，进行基本的口语沟通。

（四）"替代"式发问

用其他的词语、内容、方法代替原来生硬的话语、内容、方法等，以实现相同的发问目标。这类发问对于拓展家政服务人员的思维空间具有良好的作用。例如，家政服务员在上门服务中，客户突然问："你在忙吗？"一般情况下家政服务员会说："正忙着做饭呢。"这样的回答是没有问题的，但是会让客户觉得你在推脱，不想做其他事情；但如果回答"不忙不忙"，则客户可能会觉得你的工作量是不是不够。那么，这时可以用"替代"式发问回答客户，例如："需要我做什么吗？"这句简单的话就可以避免上述所有不愉快。

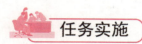

任务描述中客户与家政员由于沟通不当产生了误解，其实家政员只是没有进行恰当的发问，如果家政员在客户直接提出想让她长期在家中工作时，直接用开放式发问的方法问客户对自己是否满意，或者问客户自己是否可以留下来，就可以获得明确的答案，以免造成很多不必要的麻烦。开放式发问是探询需求的最好方式，在这个任务描述中用开放式发问把自己心中的疑惑表达出来，既可以与客户直接消除误解，又为自己今后营造一种较为宽松的工作环境。

一、单项选择题

1. （　　）既是探询需求的最好方式，也是收集信息最有效的工具，同时可以与谈话人营造一种较为宽松的环境。

　　A. 主题式发问　　B. 封闭式发问　　C. 开放式发问　　D. 直接式发问

2. 家政服务人员在发问前要看清楚（　　），才可能做到"问得适宜，问得恰当"。

　　A. 对象　　B. 事件　　C. 原因　　D. 方式

二、判断题

1. 发问时，不可露出鄙夷、嘲笑的神态，而是用谦虚的态度进行发问，让对方轻松自如地与我们进行有效的沟通。（　　）

2. 在家政服务工作中，封闭式发问不用与开放式发问结合使用，就能起到最佳效果。（　　）

三、案例分析

鞋盒放进垃圾箱"家政帮"上门丢掉

一位应女士因为要搬家，就在家政帮服务平台上雇用了打扫家务的阿姨上门处理家务。家政阿

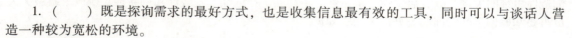

姨在打扫过程中看到客户的垃圾桶里面有个鞋盒,里面还有双鞋子,她根据自己的主观判断认为这是客户不要才扔到垃圾桶的,也没有进行正常的问询就直接帮客户一同清理了垃圾。

应女士下班回家后询问当时在家的母亲,得知那时候上门处理家务的阿姨拿了鞋盒子出来,放到垃圾袋里面,就认为是家政阿姨偷走了鞋子。最后应女士向家政公司投诉了家政阿姨,要求赔偿298元。

请分析家政阿姨为什么会遭到投诉并被索赔,如何避免这样的事情再次发生?

项目评价见表4-2。

表4-2 项目评价表

项目	评价标准
知识掌握(40分)	说出口语沟通的具体环节(10分) 理解如何进行流畅地表达(10分) 说出倾听的沟通技巧(10分) 理解如何恰当地提出问题(10分)
实践能力(30分)	能够在家政服务工作中流畅地表达(10分) 能够在家政服务工作中认真地倾听(10分) 能够在家政服务工作中恰当地发问(10分)
礼仪素养(30分)	具备主动、耐心、细致的沟通意识(15分) 具备敬人、热情、利他的礼仪素养(15分)
总分(100分)	

项目二 口语沟通的技巧

【项目介绍】

语言是人与人之间沟通交流的一种重要表达方式,是人类表达思想和情感的一套符号系统。随着社会经济的发展,人们对家政服务质量和家政服务人员素质的要求也越来越高。现实工作中家政服务人员时常要与不同层次、不同年龄、不同性格的人打交道,没有较好的语言沟通能力会影响对方对自己所提供的服务的评价,严重的甚至会导致矛盾和冲突。口语沟通恰恰是日常最频繁使用的沟通方式,为了实现有效沟通,提高服务质量,要求家政服务人员熟练掌握口语沟通技巧。在本项目中设置了由衷地赞美、温柔地批评、有力地说服、巧妙地拒绝、适时地幽默五个工作任务,结合不同的工作情境,培养家政服务人员良好的口语沟通表达能力,以胜任工作岗位。

【知识目标】

1. 掌握赞美的形式、基本原则和注意事项;
2. 掌握批评的方法和注意事项;
3. 理解说服的定义,掌握说服的基本原则、常用方法;

家政服务礼仪与沟通

4. 掌握拒绝的原则、要求和技巧；
5. 掌握幽默感的养成方法，理解幽默的含义与特征，了解幽默的作用。

【技能目标】

能针对不同情况正确选择和熟练运用赞美、批评、说服、拒绝、幽默等口语沟通技巧，达成有效沟通。

【素质目标】

具有真诚、尊重、平等的家政服务职业道德观念；体会到会说话给生活带来的改变和好处，形成良好的人际关系，获得职业认可。

案例引入

学会说话和会说话是两回事。从牙牙学语到连词成句，学会说话只要两年，而会说话却要一辈子不断修炼。如何做到会说话？美国前国务卿鲍威尔曾这样总结："着急的事慢慢地说，大事要事想清楚说，小事烦事幽默地说，做不到的事不随便说，伤人的事坚决不说，没有的事不要胡说，别人的事谨慎地说，自己的事坦诚直说，该做的事做好再说，将来的事到时再说。"会说话的人往往能更好地与人沟通交流，更容易形成良好的人际关系。

任务一　由衷地赞美

任务描述

一名家庭保洁员初次去客户家里工作，在客厅里看见女主人的编织品十分漂亮，就脱口而出："您编织得真不错啊！"

"哪里，没事时织着玩的！"女主人随口回答。"不！真的织得很好……"虽然保洁员不断地强调自己赞美的诚意，但由于过于客套空洞，反而给对方留下了不好的印象。

在与人沟通时，每个人都渴望被赞美，适当地赞美对方，会使对方心理得到很大的满足。不过赞美也要把握分寸，注重方法，切忌过分夸大，否则容易被认为是阿谀奉承。那么如何表达赞美才能达到自己想要的那种效果呢？

任务分析

家政服务人员要想通过赞美拉近与对方的距离，就要掌握赞美的基本形式和原则。本任务要求根据实际情况学会灵活运用赞美这种口语沟通技巧，培养豁达宽广的胸怀，提升工作能力和自身素质。

相关知识

一、赞美的意义

赞美是发自内心的对美好事物表示肯定的表达方式。心理学家威廉·杰尔士说过："人性最深切的需求就是渴望其他人的欣赏。"由衷的赞美会使对方感到自身的价值得到了肯定，身心愉悦，信心倍增，并对赞美者产生亲切感，彼此的心理距离因赞美而缩短和靠近，甚至还可以消除人际的龃龉和怨恨。

莎士比亚曾说："赞美是照在人心灵上的阳光。"赞美别人，仿佛用一支火把照亮别人的生活，也照亮自己的心田，当你在赞美别人的同时，你也会感受到其中的快乐。学会称赞别人，会使你赢得不少朋友，建立良好的人际关系。但称赞别人与奉承和拍马屁是不同的。

二、赞美的形式

（一）直接赞美

直接赞美是指用明确具体的语言，直接当面称赞对方的行为、能力、外表等。这种形式直截了当，不拐弯抹角，是最直接到位的赞美方式，因为它无须分心去隔离环境带来的负面干扰信息，直截了当地将对方的注意力控制在自己的目标里。例如，"您今天真是太优雅了！""您真是行家啊，从您身上我确实学到了很多东西。"诸如此类的直白赞美，会让人心情愉悦、信心大增。

（二）间接赞美

它是一种借第三方之口来间接赞美他人的方法。往往是当面不便直接开口，或者找不到合适的时机去说，而借用第三方传达自己对他人的赞美之词，有时候比直接赞美更让人感动，也显得更真诚、更可信。例如，生活中常常可以采用"我听某某说你能力可强了""你女儿说你年轻时可漂亮了"等就属于这种赞美方式。

（三）类比赞美

通过赞美与某人联系密切的人、事或物，来表达对一个人的赞美之意，这种方法往往会取得意想不到的效果。比如，在提供家政服务过程中往往接触很多老人，对于老人来说子女是他们的骄傲和牵挂，如果想赞美老人，可以夸赞他的儿女有出息是得益于父母的培养，往往可以迅速拉近与客户的距离。

（四）反语赞美

反语赞美是指用反语或否定的语言来赞美某人或某事的形式。这种形式在特定的言语环境和背景下使用，幽默含蓄，别致风趣，比一般的赞美有更好的表达效果。

资源拓展

当众赞美和个别赞美

赞美是社交活动中常见的一种言语交际形式。从赞美的场合上，赞美可以分为当众赞美和个别赞美。

当众赞美是指面对特定的组织、团体、群体等，对某人或某事的赞美，如表彰会、庆功会、总结大会等。这种形式能充分调动全体人员的积极性，鼓动性强，宣传面广，影响面大，能产生一定的轰动效应，营造热烈向上的气氛。

个别赞美是指在私下针对个别人，在谈话中予以表扬。这种形式使用方便、灵活自如、针对性强，做思想工作比较细致，针对个别人、个别事，能解决一些具体问题，效果比较好，时间地点不受限制。

三、赞美的原则

（一）赞美要出于诚心

真诚是表达赞美的前提，缺乏真情实感、公式化的寒暄客套是不会打动人心的。每个人都有许多优点和个人特色，如果你的赞扬符合他的优点和特色，也就是符合事实，那么你的赞扬是真诚的。因此，我们应该根据个人的具体情况，寻找他身上具有的优点和特色，哪怕是微小的优点和特色，从内心发出真诚的赞赏去激励他，这种真诚的赞扬才有效，才不会给人虚假和牵强的感觉，对方也能够感受到你对他表达的是真诚的关怀。

（二）赞美要符合实际

古人云："美物者贵依其本，赞事者宜本其实，匪本匪实，览者奚信？"这就告诫我们，赞美要讲究实事求是，有理有据，充分发掘对方潜质，增加其价值感，切忌牵强附会、张冠李戴，抽象的赞美往往难以给人留下深刻的印象。因为只有符合实际的赞美，才真实可信；只有真实可信的赞美，才能引发并增强人的自尊，才能感化并激励对方。反之，把赞美当作取悦于人的手段，当作虚泛的客套，用胡吹乱捧来巴结讨好以便另有所图，那是对人的不尊重，更起不到感化、激励的作用。由此，我们应该清楚，区别赞美和吹捧有三个标准：一是看其是否言之有物；二是赞美是否恰如其分；三是赞美是否符合身份。

（三）赞美方式因人而异

人的素质有高低之分，年龄有长幼之别，兴趣和爱好、脾气秉性也因人而异，突出个性，有特点的赞美比一般化的赞美能收到更好的效果。家政服务人员在工作过程中会接触形形色色的人，例如老年人总希望别人不忘记他"想当年"的业绩与雄风，同其交谈时，可多称赞他引以为豪的过去；对年轻人不妨语气稍微夸张地赞扬他的创造才能和开拓精神，并举出几点实例证明他的确能够前程似锦；对于经商的人，可称赞他头脑灵活，生财有道；对于有地位的干部，可称赞他为国为民，廉洁清正；对于知识分子，可称赞他知识渊博、宁静淡泊……当然这些都要依据事实，切不可虚夸。

（四）赞美要明确具体

赞美要具体，不要含糊其词。赞扬越具体，说明你对对方越了解，对他的长处和成绩越看重，越能拉近彼此之间的距离。如果赞美不具体，空泛笼统，赞美的话语就缺乏支持力。在日常生活中，人们有非常显著成绩的时候并不多见，因此，交往中应从具体的事件入手，善于发现别人哪怕最微小的长处，并不失时机地予以赞美，让对方感到你的真挚、亲切和可信，你们之间的距离就会越来越近。

（五）赞美要语言平实

赞美的言辞平实质朴，才能显出赞美者的实在和恳切。如果用语华丽，多加雕饰，夸张过分，就会显得虚伪轻浮，影响赞美的效果。有时套用陈词滥调，缺乏真情实感的敷衍话语或空洞奉承、恭维频率过高，也会令对方感到难以接受，甚至感到厌恶，结果适得其反。

（六）赞美要选准时机

首先，赞美别人要选在对方急需鼓励的时候，看到微小进步时要及时予以赞美，而不要等到发现其退步时才想起谈及他原先的优点。其次，要选择对方以为你已遗忘的时候，比如相见时重提对对方的良好印象，再次感谢对方给自己的帮助或支持，重新献上赞美之辞，表明你把他的好处铭刻在心，赞美的效果会倍增。

（七）赞美要注意场合

平日接触中的随时赞美要注意在场人数的多寡，选择恰切的赞美话语。被赞美者单独在场时，不管哪方面的赞美话语，都不会引起他人的不自在；如果多人在场，你赞美其中一人，有些赞美话语就会惹得其他在场者产生不同的心理反应。

(八) 赞美要恰到好处

赞美的效果在于相机行事，适可而止，真正做到"美酒饮到微醉后，好花看到半开时"。注意观察对方当时的情绪和心情，如果对方正处于失意落魄、情绪低迷的时期，适当的赞美可能就会起到振奋其精神的效果，过分的赞美可能会使对方更加反感或失落。

总而言之，赞美是社交活动成功的必备法宝，只有掌握好基本的赞美艺术和技巧，才能让赞美在增进人际关系中起到事半功倍的效果。

资源拓展

细心的戴高乐

1960年，法国总统戴高乐访问美国。在美国总统尼克松为他举行的欢迎宴上，尼克松夫人费了不少心思布置了一个美观的鲜花展台，在一张马蹄形的桌子中央，鲜艳夺目的热带鲜花衬托着一个精致的喷泉。戴高乐一眼就看出这是女主人为了欢迎他而精心设计制作的，不禁脱口称赞道："总统夫人为举行这次宴会花了很多时间来进行这么漂亮、雅致的计划与布置，我不胜荣幸。"尼克松夫人听了十分高兴。事后，她说："大多数来访的大人物要么不加注意，要么不屑为此向女主人道谢，而他总是想到并提到女主人花的心思。"尼克松总统也因为戴高乐格外尊重他的妻子，而对他另眼看待。可见，一句简单的赞美他人的话，会带来多么好的反响。

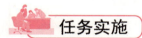

任务实施

任务实施见表4-3。

表4-3 任务实施表

情景分析	沟通技巧
任务描述中这名家庭保洁员，初次来到雇主家，想通过常用的直接赞美获得女主人的好感，但显然并没有得到好的沟通效果，甚至让对方觉得言不由衷，只不过是在应付她。对于女性而言，有时候间接含蓄的赞美比直白的赞美更能打动人	在该场合下，这名家庭保洁员要实现有效赞美应做到以下几点： 首先，要注意自身形象。衣冠穿着得体，外貌干净整齐，礼节适当，面带笑容等，这些会直接给客户留下较好的第一印象，从而改善对话环境。 其次，要了解赞美的对象。赞美有时是浅表性的，但显然深层次的赞美更打动人。深层次的赞美只有在了解对方的情况下才能表达出来。观察分析需要赞美的对象，记住他的爱好、优点、工作特点等，都有助于提高你的表达效果。 最后，要学会寻找合适的赞美点。家中有手工做的编织品，说明女主人非常热爱生活，具有很高的艺术修养。因此初次来到雇主家，如果你想夸赞女主人的编织品，不妨这样问："您是搞艺术工作的吗？""不是，怎么啦？""我看见这幅编织品实在是很不错，没有一定的艺术素养绝对织不出来，您真细心！"如果女主人听到这样用心的称赞，一定会被你的话所打动，会使你们后面的交流更加融洽

家政服务礼仪与沟通

同步测试

一、单项选择题

1. 当有些赞美的话不方便当面说时，可以采用（　　）的形式来表达。
   A. 间接赞美　　　　B. 否定赞美　　　　C. 个别赞美　　　　D. 类比赞美
2. 赞美最核心的前提条件是（　　）。
   A. 真诚　　　　　　B. 找准时机　　　　C. 因人而异　　　　D. 客观

二、判断题

1. 赞美是美好的品质，可以随时随地进行赞美，多夸张都不过分。（　　）
2. 人人都渴望被赞美，爱听赞美是人们提升自尊、寻求理解、支持和鼓励的一种正常的心理需求。（　　）

三、简答题

1. 赞美的形式有哪些？
2. 赞美的原则是什么？

任务二　温柔地批评

任务描述

陈老师的服装设计工作室要搬迁，他雇用了一些家政公司的工人来帮忙搬东西。工作休息间隙，陈老师发现有几个年轻的搬运工人在抽烟，衣服易燃，工作室严禁吸烟，并且在工人的身后就挂有一块写着"严禁吸烟"字样的牌子。陈老师非常生气，他打电话给家政公司老板投诉了这件事。家政公司王老板来到后诚恳地向陈老师道了歉，感谢陈老师的及时制止，有效预防了火灾危险的发生，并表示一定加强对员工职业素养的要求，愿意给出一定的补偿。处理完陈老师那边的事之后，你认为王老板该怎么处理这几个犯错的工人呢？

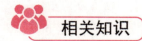
任务分析

本任务要求能正确理解批评的意义，积极吸取教训改正不足，具备良好的工作抗压能力和心理素质。同时也要掌握批评的注意事项和批评的方法技巧，保护对方的自尊心，维护良好的人际关系。

相关知识

一、批评的目的

批评是对错误或缺点提出意见。批评既不是贬义色彩的词语，也不是抱怨、指责，更不是批判。批评和其他语言行为一样，是人际关系中不可缺少的。如果明知对方不对，却不批评，是一种不负责任的做法。日常生活与交往中，要敢于批评与接受批评。但每个人接受批评的心理承受能力是不一样的，这时我们就要运用批评的艺术，在不伤害他人感情、鼓励他人振作的同时，指出他人的缺点和错误，达到既见效又友好的效果。那么怎样做到温柔地批评呢？

二、批评的注意事项

批评不是程序化、模式化的说教，要在尊重对方人格，以关心爱护为指导，运用精准信息，对症下药，增强批评的艺术性。批评时还应该注意对事不对人，要批评别人所做的错误行为，而不要批评当事人，因为是行为本身应受到批评，并不是人本身。

（一）批评的前提是掌握准确的情况

批评教育后的效果受地点、环境、时间和被批评对象等因素的影响。要充分了解出现错误的主客观原因，清楚掌握细节，做到有的放矢。运用适切的批评方法、批评途径，才能确保批评的精准性，使批评教育工作取得实效。此外，还要考虑被批评者的心理可接受性，能把握好被批评者的心理动态，及时帮其减压，这样才能让批评有意义。

（二）批评的基础是控制自己的情绪

首先，面对犯错，我们在进行批评前必须冷静，防止情绪失控。保持平和的情绪，营造温馨的气氛，心平气和地倾听对方对犯错原因的解释。如果批评有误要及时纠正，用爱和责任去感化对方，做到"耐心、公心、热心、爱心、恒心"，切忌盛气凌人。其次，掌握分寸，宽严有度，不能随意夸大所犯错误的危害性。批评的效果取决于批评的内容，也与采用的批评形式和批评的场合有关。批评时机和批评语言的选择要根据错误的不同程度区别对待，就事论事，否则起不到教育效果。最后，合理选择场所，适度批评。有的错误是不宜公开的，就要单独进行批评教育，为对方做好保密工作，让对方放下思想包袱；如果是群体问题，情绪都比较激动，就要一碗水端平，不造成偏袒任何一方的错觉。同时批评者要具备一定的分析和预测批评的负面影响的能力。

三、批评的方法技巧

提高批评的艺术性是值得研究的课题，在企业经营、家庭教育、职业道德建设等方面批评教育都是很重要的约束手段。人的思想转化工作十分复杂，所犯错误也各种各样，批评教育方法不能简单粗暴，更不能挖苦讽刺、恶语相加。家政服务人员要懂得富有启发性和艺术性的批评教育方法，宛如春风，润人心肺，定会收到化腐朽为神奇的批评效果。

> **资源拓展**
>
> **批评的艺术**
>
> 在巴西，人称"黑珍珠"的球王贝利，在很小的时候就显露出了足球天赋。有一次，球赛后伙伴们都精疲力竭，有几位小球员点上了香烟，说是能解除疲劳，小贝利见状也要了一支，他正得意地抽着烟，却不巧被前来看望他的父亲撞见了这一幕。

晚上，严厉的父亲问他："今天你抽烟了吗？"贝利红着脸，低下头说："抽了。"他已经做好了被父亲训斥的准备，但父亲并没有像他想象中那样做。父亲沉默了很久后对他说："孩子，你踢球有几分天赋，勤学苦练将来可能会有些出息，但前提是你具有良好的身体素质。也许你会说，我只是第一次抽烟，我只抽了一根，以后再也不会有这种情况了，但你应该明白，有了第一次便会有第二次、第三次……天长日久，你会渐渐上瘾，身体大不如前，你喜欢的足球也会渐渐地离开你。"说到这里，父亲转过身去问贝利："你是愿意在烟雾中损坏身体，还是愿意做个有出息的足球运动员呢？作为父亲，我有教育的责任，但最终是向好还是向坏，主要还是看你自己的选择。"说完父亲从口袋里拿出一沓钞票，递给贝利并说道："如果不愿做个有出息的运动员，执意要抽烟的话，这些钱就作为你抽烟的费用吧！"说完，父亲头也不回地走出去了。

贝利望着父亲渐渐消失的背影，不由得掩面哭泣。过了一会儿，他止住了哭泣，拿起钞票，来到父亲的面前。"爸爸，以后我再也不抽烟了，我一定要做个有出息的运动员！"从那以后，贝利训练更加刻苦。后来他终于成为一代球王。他的成功跟父亲的一番教导是分不开的。贝利的父亲如果用严厉的口气批评贝利或者把他痛打一顿，可能贝利并不会听他的话，但是他把握好了批评的艺术，用平静的语气教育贝利，让贝利自己做出选择，并彻彻底底地认识了自己的错误，恰到好处地说服了贝利。

三、批评的常用方法

（一）直接批评法

对于性格外向、活泼爽快的人，直截了当的批评可能更易于被他们接受。也就是在批评时，开门见山，不绕弯子，直接传递批评信息。对犯错误较严重又不肯承认，或怀有侥幸心理的人，措辞可以严厉一些，使他们的心灵受到触动，促使他们悔悟改过。

（二）暗示批评法

学会旁敲侧击、巧妙暗示，避免给人当头一棒，造成逆反心理。有时当面指责别人，可能只会造成对方强烈的反抗，会激化矛盾；而巧妙地暗示对方注意自己的错误，则会受到爱戴。暗示批评也称间接批评，一般采用间接的方法，声东击西，让被批评者有一个思考的余地，其特点是不伤被批评者的自尊心。比如，当下属在整理文件时出现了错误，你可以这样跟他说："你的报表做得非常认真，但是你看这些数字还有没有可以补充的？"这时，他一定会认真而虚心地接受你的"批评"，以后工作起来也一定会更加努力。

（三）谈心式批评

对方做错了事，心平气和地加以引导，做到循循善诱。创设一种教育情境，让对方感到你是在真心帮助他。然后在亲切融洽的气氛中，帮助对方认识到所犯错误的性质及危害，耐心开导启发，有时可让他自己谈谈认识，或让他对照有关规定或标准，检讨自己的言行。这种和风细雨式的开导批评，会让对方心服口服。

（四）示范性批评

楷模的力量是伟大的。有时，最好的批评与教育就是身先士卒，做出成绩给容易犯错的人看看。楷模的言行暗含期待，这种信息会通过各种渠道影响别人，胜过无数批评的语言。

（五）抑扬批评法

学会先表扬后批评，然后以友好的方式结束批评。在批评之前，恭维、表扬对方的一些优点，既可以融洽气氛，还可以表明你所做的一切完全是出于善意，没有攻击他人的意思。让对方感觉到善意，这是批评最基本的要求。批评的出发点是解决问题，攻击、讽刺、挖苦、取笑是无助于解决问题的。所以批评要友善，让对方感觉到真诚，思想上才不会产生抵触情绪，也易于接受。

（六）幽默式批评

幽默式批评是指在批评过程中，使用富有哲理的故事、双关语、形象的比喻等，以此缓解批评时紧张的情绪，启发被批评者思考，从而增进相互间的感情交流，使批评不但达到教育对方的目的，同时也创造出轻松、愉快的气氛。

> **资源拓展**
>
> 法国启蒙思想家、哲学家伏尔泰曾有一位仆人，他有些懒惰。一天，伏尔泰请他把鞋子拿过来，不料，鞋子虽被拿来了，但布满泥污。于是伏尔泰问道："你早晨怎么不把它擦干净呢？""用不着，先生。路上尽是泥污，两个小时以后，您的鞋子又要和现在一样脏了。"伏尔泰没有讲话，微笑着走出门去，仆人赶紧追上去说："先生慢走！钥匙呢？食橱上的钥匙，我还要吃午饭呢。""我的朋友，还吃什么午饭。反正两小时以后你又将和现在一样饿嘛。"伏尔泰巧用幽默的话语，批评了仆人的懒惰。

（七）警告式批评

如果对方犯的不是原则性的错误，我们就没有必要"真枪实弹"地对其进行批评。可以用温和的话语，只点明问题，或者借用某些事物做对比、影射，做到点到为止，起到警告的作用。

> **资源拓展**
>
> 春秋时期，秦国准备袭击郑国，军队走到魏国时，这个消息被郑国的商人弦高知道了。弦高原打算到周国做买卖，但他不忍自己国家蒙受损失，便打算劝秦国主将改变攻打郑国的主意。弦高如果以硬对硬，肯定会适得其反，于是他带了千张熟牛皮，赶了百头牛做礼物，犒赏秦军。他故作恭敬地说："我国国君已经听说您将行军经过敝国，已准备好粮草招待，还特地派我来犒劳您。"秦将一听这话便了解到郑国已对他们有所防备，不易攻打，便打消了进攻郑国的念头。弦高的话"绵里藏针"，对秦国的警告最终收到了最佳的效果，既未动一兵一卒，又保全了自己的国家。警告式的批评在这里发挥了极大的作用。但如果对方自我意识差，不点不破，不明说不行，则可以用严肃的态度、较尖锐的语言直接警告他。

家政服务礼仪与沟通

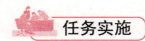 任务实施

任务实施见表4-4。

表4-4 任务实施表

情景	沟通技巧
情景一：如果这几位年轻工人平时都比较老实，本次确实是因为经验不足，不小心犯了错，给老板带来了麻烦，那么他们自己内心也会很愧疚。这时不适合当面直接指责，应巧妙暗示	暗示批评法：王老板递给每个人一支雪茄说："年轻人，如果你们愿意到别处去吸烟，我会很感谢你们的。"老板没有大声斥责或惩罚，相反送给每名工人一支雪茄，他们感到了老板对自己的尊重，也对自己的老板更加敬重，工作更加认真了。当有一些批评的话不好直说时，旁敲侧击就成为一种好方法，它可以给人留面子，也可以达到批评的目的
情景二：这几位年轻工人平时工作就不服从公司安排，对待客户态度也不好，已遭到客户数次投诉	直接批评法：针对屡教不改的人，批评措辞可以严厉一些，这样才能起到警示作用。例如，"本月已经是你们第二次遭到投诉了，工作时要严格按照公司的规章制度来，否则将扣罚奖金。"

 同步测试

一、判断题

1. 批评的出发点是解决问题，攻击、讽刺、取笑是无助于解决问题的。（   ）
2. 之所以进行批评是行为本身应受到批评，并不是人本身。（   ）
3. 如若对方自尊心很强，那么当众批评他可能只会激化矛盾。（   ）

二、案例分析

王红是一名优秀的家庭教育指导师，有一天一位家长带着自己的孩子找到她。家长对王红介绍自己的孩子："孩子很不听话，不管是父母的话还是别人的话他都不听，一不顺心就大发脾气；上课不注意听讲，课后作业也不做，整天只是玩。"王红把孩子与母亲分开，让双方反映真实情况，然后单独对孩子进行咨询。王红诚恳地对孩子说："听你妈妈说，你对邻居与客人很有礼貌，思维很活跃，真没想到你是这样一个好孩子，但好孩子要好好学习，多多体贴父母的苦心。"孩子听了表现出很高兴的样子，说他还会画画，会制作飞机模型。请分析王红采用了哪种批评方法？

任务三 有力地说服

任务描述

小陈是一名刚刚毕业的家政专业的大学生,他要去参加一次重要的面试,可因为走得太匆忙,快到了才发现自己穿了一双拖鞋。回去换已经来不及,再买一双呢,自己又没带那么多钱。他发现有一个人刚买了一双高档皮鞋,估计他能穿,而他身上只带了一个给爸爸买的价值20元的打火机,于是他打算用这个打火机换取穿一次皮鞋的机会。可对方说:
1. 鞋是新买的,他自己还没穿。
2. 他不需要打火机。
3. 他害怕小陈穿完后不还给他。
请你帮小陈想想该怎么说服对方。

任务分析

在人际交往过程中,良好的表达能力往往能够使人际关系更融洽,而在表达的过程中也就不可避免地会遇到双方观点不同的情景。如果处理得不好,往往会给人际关系造成直接或间接的伤害,因此说服技巧就成了维系良好人际关系的重要因素。本任务要求掌握说服的定义、基本原则和技巧,培养思辨能力和情境分析能力,提高自身语言表达能力。

相关知识

一、说服的定义

说服是指在一定的情境中,个人或群体运用一定的战略战术,通过信息符号的传递,以非暴力手段去影响他人的观念、行动,从而达到预期目的的一种交际表达方式。说服普遍存在于人们的实际生活中,思想教育、知识传播、疾病治疗、推销谈判等,离不开说服;在与同学、朋友、亲人、邻居、上级与下级等的交往中,也离不开说服。

说服他人的能力是一种非常重要的管理沟通能力。巧妙地说服他人并不是诡辩骗人,只是制造一个适当的环境,从而把自己的意见有效地表达出去,进而获得对方的赞同,使对方接受并按之行事。

二、说服的基本原则

(一)提高说服者的信誉

说服者的信誉包括两大因素:可信度和吸引力。可信度由说服者的权威性、可靠性以及动机的纯正性组成,是说服者内在品格的体现。权威性包括说服者的年龄、职业、文化程度、专业技能、社会资历、社会背景等构成的权力、地位、声望。权力、地位、声望越高,可信度和说服力

家政服务礼仪与沟通

就越高。可靠性是指说服者的言论是否真实、可靠，是否具有一定的真理性。说服者的话要真实、客观。动机的纯正性则是说服者的说服目的必须端正，不能抱有私心或别有目的。吸引力主要是指说服者外在形象的塑造。

因此，家政服务人员要想增强本身的说服力，首先要提高自身各方面的素质，比如拥有过硬的专业能力、高尚的职业道德修养、较强沟通表达能力等，提高自己的权威性和可靠性。此外，还需重视外在形象，注重仪容仪表和交往礼节等。

（二）了解说服对象

要想成功地说服对方就要了解说服对象的性格、特点、兴趣，捕捉对方思想、态度方面流露出的点滴信息，摸清对方的思想问题症结所在，了解对方的心理需求。

（三）把握好说服的时机

时机把握得好，对方才会愿意听，才会用心听、听得进；否则，说服过早会被对方认为神经过敏或无中生有；说服过迟则已事过境迁，即使你有再好的口才、再好的意见，都不可能收到预期的效果。掌握好时机，可利用特定场合造成境、理相衬，进行深入说服；也可利用景中道情，情中说理，进行委婉说服；还可借助眼前实物，进行暗示说服。

（四）营造说服的氛围

一个宽松、温和、幽雅的环境较之肃穆、压抑、逼人的环境，其说服效果自然会好得多。在一个自己熟悉的环境中进行说服自然也会比在一个陌生的环境中有利得多。

三、常用的说服方法

（一）换位思考法

所谓换位思考，就是指站在对方的立场考虑问题，理解并同情对方的思想感情，从而使对方对你产生一种"自己人"的感觉。这样对方就会信任你，就会感到你是在为他着想，说服的效果就会十分明显。

（二）褒奖法

通过褒奖法达到说服对方的目的是一种很有效的方法。某位年轻的家政服务公司前台接待员工作时总是喜欢化浓妆，虽然她工作很认真细心，但总是给客户一种轻浮不踏实的印象，甚至影响了客户对该家政服务公司的印象。有一次她上班急没来得及化妆，同事看到了大力夸奖她素颜好看，显得更年轻有活力了，自此以后，她再也不执着化浓妆了。

（三）暗示法

现实生活中，有些事情是不便直接说服对方去做的；如果你一定要直言相劝，常常引起对方的反感，即使他真按你的要求去做了，心中的不快也总难很快消失。这时可采用暗示法，即采用委婉的方式，把自己的意见暗示给对方。

（四）借此说彼法

利用两个事物之间的某一相似点，借甲事物来说明乙事物，不仅可以使问题简化，而且往往能收到事半功倍的效果，说服力很强。

（五）激将法

所谓激将法就是用反面的话刺激别人，使他决心去做什么的一种表达方式。有时人的自尊心受到了自我压抑，出现自卑、气馁的状态，如正面开导与说服还不能使之振奋，那么有意识地运用反面的刺激性语言，"将"他一军，反而可能使其自尊心从自我压抑中解脱出来，达到新的心理平衡状态。

> **资源拓展**
>
> ### 点石成金
>
> 英国著名神经生理学家查尔斯·斯科特·谢灵顿，早年是一个横暴乡里、染尽恶习的浪荡公子。一次，他心血来潮，向一个女工求婚，不料那女工断然拒绝："我宁愿跳到泰晤士河里淹死，也不会嫁给你。"他羞得无地自容。从此他发愤读书，并于 1932 年获得了诺贝尔奖。
>
> 女工由于厌恶，对谢灵顿出言刺激，在客观上对他的自尊心起到了"引爆""点燃"作用，促使其猛醒。从一定意义上说，女工在无意间使用的激将法创造了一个杰出的科学家。可见刺激性语言在一定情况下能产生"点石成金"的奇效。

（六）以情动人法

劝说必须在晓之以理、动之以情上下功夫。在劝说者与被劝说者之间矛盾尖锐、情绪对立时，说理往往难以奏效，就需要动之以情了。亚里士多德曾说过："说服是通过演讲使听众动感情而产生效果的，因为我们是在痛苦和欢乐、爱和恨的波动中做出不同的决定的。"心理学研究表明，当一个人处于愧疚、自责、害怕、焦虑等情绪中时，较易接受劝说信息。因此，劝说者应设法通过具体生动的现身说法、典型事例剖析、利害关系的强烈对比等方法去感染和警示对方，使他悔悟。

（七）求得肯定法

当说服工作开始时，先不提及与对方的分歧点，而要努力寻找与对方的共同点，并不断强调，以获得对方赞同的反应。力争在谈话开始时就使对方说"是"，尽可能不让他说"不"。也许他事后觉得自己的"不"说错了，为了他宝贵的自尊，既然说出了口就得坚持下去。一个"不"字出口，就等于在你和对方之间筑起了一道厚厚的墙壁，推倒它需要十倍的耐心和努力。因此，一开始就使对方采取肯定的态度是最重要的。

四、说服能力和技巧的培养

说服能力的培养主要包括两个方面：内功和外功。内功是语言表达的技巧，外功是语言之外的技巧。总体来讲，说服艺术是一门实践性学问，只有在运用中才能不断提高。

（一）功夫在口才之内

1. 言之有情

说服他人一定要真诚，要富有感情。从关心的角度出发，寓情于理，情理交融。要让对方感受到温暖，只有动情，才能动心；只有动心，才能感动；只有感动，才能产生信任感；只有产生了信任感，说服才会成为可能。

2. 言之有理

说服他人时，无论你职位高低，必须要言之有理，以理服人。所谓言之有理，就是说服者必须把话说得合乎常规、合乎常情、合乎人们的认识规律，不说大话、不说套话、不说假话。话要说得接地气，听的人才会信服。

3. 言之有物

说服他人时，要有实际内容，要有的放矢，有针对性。要注意说服对象的特点，紧扣主题，结合实际；不能不着边际，洋洋洒洒，不知所云。言之有物就是要事实清楚，道理明白，有理有据，与实际相符。说的人说得清楚明了，听的人听得明白晓畅。这样说服对象才会对说服者产生信赖感。一旦信赖感产生，说服的目的就可能实现。

家政服务礼仪与沟通

4. 言之有利

说服之前要认真准备，搜集最有利的证据和证人，并把它们融入能证明你主张的可信的正面事例中去，使你的话能站得住脚，增加可信度，更有说服力。这里的言之有利，特别要注意的不是片面的利，或者说只对自己有利的利，而应是全面的利，证据既有利于说服者也要有利于说服对象。

5. 言之有趣

说服过程中，话要说得幽默风趣，耐人寻味。一旦话说得有味道，便增加了说服的情趣，使说服双方互感愉悦，化沉重为轻松，于说笑之中提升对彼此的认识和了解。在活跃的气氛中，人最容易被说服。

6. 言之有力

言之有力就是在说服过程中，说话要干脆利索，而不要拖泥带水。该表态答应的条件，要一口应诺，不要吞吞吐吐。说话要言简意赅，不要喋喋不休。人们都喜欢与豪爽大度的人打交道，做事大气的领导往往也能赢得更多的爱戴和拥护。言之有力也会给说服对象以信心，让说服对象更容易转变。

7. 言之有度

人生的艺术是度的艺术。凡事都不能过度，不及或过度皆损。说服他人过程中的说话也是如此，话不能不说到，但也不能说满，要说得恰到好处。说的人没多费口舌，听的人也没觉厌烦，这便是说话的高水平。

（二）功夫在口才之外

口才有时能服人，让人服的是能说会道的一张嘴，是对口吐莲花的才艺功夫的佩服。而真正让人折服的是口才之外的功夫，包括说服者的品德修养、知识水平、生活态度、情感魅力等因素。"其身正，不令而行；其身不正，虽令不从"，就深刻说明口才之外的非权力性影响力对说服行为的决定性作用。

1. 以德服人

百行以德为先，优秀的品德会给家政服务人员带来强大的影响力。没有什么比人格更能服人，人格本身就具有说服力。大公无私、仁善公道、言行一致、身先士卒就是最好的说服。言教不如身教。所以，要想在与人的沟通中增强说服力，一定要加强自身品德的修炼，提升以德服人的影响力。

2. 以诚服人

真诚是人际交往获得信任的基础。以金相交，金耗则忘；以利相交，利尽则散；以势相交，势去则倾；以权相交，权失则弃；以情相交，情逝人伤。唯有以诚相交，才能相处久远。人际沟通过程中，说服技巧的运用，也应以诚为本，诚字当头。真诚产生信任，信任化为影响力，影响力增强说服力。

3. 以智服人

专业知识能力和智慧是让人信服的又一重要因素。内行人处处受尊敬，有智慧的人往往令人佩服。内行人和聪明人提出的建议和意见，格外受人重视，其影响力也非同一般。以智服人，让人心服口服。所以，家政服务人员要力争做一个懂业务的内行，用自己的聪明才智在客户心中树立地位，沟通过程中，不用开口人自服。

4. 以理服人

谦和做人、平易待人、公平处事、平和讲理是家政服务人员沟通过程中应持的立场和态度。以理服人要做到不可以高高在上、得理不饶人，更不可以权压人、强词夺理。保持一颗包容之心，扬人之长而不是鄙人之能，谅人之过而不是责人之误，补人之短而不是讽人之缺。谦逊说事，平静讲理，让说服对象不得不服。

5. 以心服人。

将心比心，以心换心，用关心换温心，以温心换诚心，以诚心换忠心，没有感动不了的人。心的感动带来的诚服没有力量可以改变。以心服人就是要做到以诚相待，把别人当别人，学会尊重他人，以己度人；把别人当自己，学会理解他人。用真心做事，以真情待人。

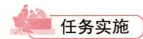任务实施

任务实施见表4-5。

表4-5　任务实施表

任务实施步骤	具体内容
1. 师生共同讨论	教师引导学生思考几个问题： 根据说服的基本要素分析本案例中说服者和说服对象各有哪些特点。 该怎么选择说服时机和营造说服的氛围？ 你觉得采用哪种说服技巧效果更好？
2. 进行情景教学	1. 分组。将学生分成若干实践组和评议组，每组4~5人。实践组进行角色扮演，评议组进行评议。 2. 角色分配。参加面试者A、穿新皮鞋者B（此处B的身份、职业等个人特征可根据每组学生对B的不同设定和演绎进行恰当的更改）。 3. 评议
3. 总结与归纳	说服成功与否，与说服的内因外因关系密切，还要选用合适的说服方法

同步测试

一、单项选择题

1. 下列不属于说服的基本原则的是（　　）。
A. 换位思考　　　　　　　　　　B. 把握好说服的时机
C. 了解说服对象　　　　　　　　D. 提高说服者的信誉

2. 王强毕业后一直没有找到合适的工作，整天闷闷不乐，父母亲人的正面引导和劝说对他始终不起作用，这时可以尝试使用（　　）。
A. 激将法　　　B. 褒奖法　　　C. 暗示法　　　D. 以情动人法

3. 下列关于以理服人的说法不正确的是（　　）。
A. 以理服人属于说服能力培养的内功修炼
B. 以理服人要做到不可以高高在上、得理不饶人
C. 以理服人要求保持一颗包容之心
D. 以理服人要求谦逊说事，平静讲理

二、论述题

请说一说，家政服务人员应从哪些方面培养自己的说服能力？今后你准备怎么做？

家政服务礼仪与沟通

任务四 合理地拒绝

任务描述

随着二孩三孩时代来临,市场上月嫂特别紧缺。有个刚成立的月嫂培训服务公司,生意非常兴隆。一天,公司经理的好朋友来找他,说急需一批经验丰富的月嫂,可以长期合作,希望价格特别优惠,还要求公司抽成要比市场上的价格低百分之三十。公司经理觉得价格压得过低,难以保证服务质量,会影响公司信誉。但因为过去的亲密友谊,实在无法毫不留情地加以拒绝,于是陷入了两难的境地。

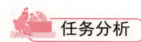

任务分析

拒绝总是令人遗憾的,却又是难以回避的,所以拒绝时必须以得体的方式进行,把对方的不满和不快控制在尽可能小的限度内。本任务要求掌握拒绝的原则、要求和技巧,能够针对不同情况采取合适的拒绝方式,培养独立思考的能力以及过硬的人际沟通能力。

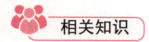

相关知识

一、拒绝的原则与要求

在现代社会交往中,拒绝是人际交往中非常重要的学问。在实际工作中,每个人都经常面临被拒绝或拒绝人的境地,因为每个人都会受到各种限制,客观的有时间、生理极限、国家法规等限制,主观的有能力、情感等限制,这些限制使我们遇到了能为或不能为、愿为或不愿为的各种事情。

拒绝是人际交往之中的逆势状态。如果不该拒绝的拒绝了,有时会耽误大事;如果该拒绝的不拒绝,轻易承诺了自己不愿意或者不应该做的事情,不仅事情办不成,最终甚至会自食其果。可见该拒绝的就得拒绝,只是应该讲究拒绝的策略。但是无论采用什么方式拒绝,都必须以减少对方不悦和失望、寻求其理解和认同为基本原则。

(一)减少不悦和失望

任何人只要提出要求,抛开其要求是否得当不论,总是不希望遭到拒绝,一旦遭到拒绝,必然会表现出不悦和失望。这种不悦和失望会伤害人的感情,妨碍互相沟通和理解,妨碍建立正常的人际交往关系。因此,拒绝时应把尽量减少对方的不悦和失望作为首要的原则。遵循这个原则的基本要求是要以尊重和理解对方为前提,尽可能婉言拒绝,不伤害他人的自尊。

(二)寻求理解和认同

拒绝容易伤害感情,其中主要的原因可能是对方对拒绝的理由或做法不理解,这就必须在拒绝的同时寻求对方的理解和认同。要获得对方的理解和认同,一是要尽可能说出合理的拒绝理由。如果对方认为你所陈述的理由合情合理,即使遭到拒绝不愉快,也会表示一定程度的理

170

解。二是讲究方式方法。拒绝的方式方法得当，就会达到婉言拒绝的最佳效果。

资源拓展

熊猫病了

启功先生是我国著名的书法家，在20世纪70年代末向他求学、求教的人非常多，以致先生住的小巷终日不断响起脚步声和敲门声，惹得先生自嘲："我真成了动物园里供人参观的大熊猫了！"有一次先生患了重感冒起不了床，又怕有人敲门，就在一张白纸上写了四句："熊猫病了，谢绝参观；如敲门窗，罚交一元。"启功先生虽然病了，但仍不失幽默。此事被著名漫画家华君式先生知道后，华老专门画了一幅漫画，并题云："启功先生，书法大家。人称国宝，都来找他。请出索画，累得躺下。大门外面，免战高挂。上写四字，熊猫病了。"这件事后来又被启功先生的挚友黄苗子知道了，为了保护自己的老朋友，便以"黄公忘"的笔名写了《保护稀有活人歌》，刊登在《人民日报》上，歌的末段是："大熊猫，白鳍豚，稀有动物严护珍。但愿稀有活人亦如此，不动之物不活之人从何保护起，作此长歌献君子。"呼吁人们应该真正关爱老年知识分子的健康。

二、拒绝的技巧

（一）认真倾听，拒绝的话不要脱口而出

不要在他人刚开口时即予以断然拒绝，过分急躁地拒绝最易引起对方的反感。应该耐心地倾听完对方的话，请对方把处境与需要讲得更清楚一些，自己才知道如何帮他。接着向他表示你了解他的难处，若是你易地而处，也一定会如此。要站在对方立场上严肃地思考，因为当别人向你提出要求时，他们心中通常也会有某些困扰或担忧，担心你会不会马上拒绝，担心你会不会给他脸色看。

倾听能让对方有被尊重的感觉，而且如果你仔细听了他的要求，或许会发现协助他有助于提升自己的工作能力与经验。这时候在兼顾目前工作前提下，牺牲一点自己的休闲时间来协助对方，对自己的职业生涯绝对有帮助。如果实在帮不了，让对方了解到自己的拒绝不是草率做出的，是在认真考虑之后才不得已而为之的。

（二）以和蔼的态度拒绝

首先感谢对方在需要帮助时可以想到你，并且略表歉意。注意过分的歉意会造成不诚实的印象，因为如果你真的感到非常抱歉的话，就应该接受对方的请求。不要以一种高高在上的态度拒绝对方的要求，不要对他人的请求流露出不快的神色，更不要蔑视或忽略对方，这些都是没有修养的具体表现，会让对方觉得你的拒绝是对他抱有的反对态度的机械反应，从而对你的拒绝产生逆反心理。从听对方陈述要求和理由，到拒绝对方并陈述理由，都要始终保持一种和蔼的态度，以显示出对对方的好感和真诚之心。

（三）要明白地告诉对方你要考虑的时间

我们经常以"需要考虑考虑"为托词而不愿意当面拒绝请求，内心希望通过拖延时间使对方知难而退，这是错误的。如果不愿意立刻当面拒绝，应该明确告知对方考虑的时间，以示自己的诚信。

（四）用抱歉语舒缓对方的情绪及抵抗

对于他人的请求，表示无能为力，或迫于情势而不得不拒绝，一定记得加上"实在对不起""请您原谅"等歉语，这样，便能不同程度地减轻对方因遭拒绝而受到的打击，并舒缓对方的挫折感和对立情绪。

（五）应明白、干脆地说出"不"字

拒绝的态度虽应温和，但是明显不能办到的事，却应明白地说出"不"字。模棱两可的说法使对方怀有希望，引发误解，当最终无法实现时，就会使对方觉得受了欺骗，由此引起的不满和对立情绪往往更加强烈，宜特别注意。俗话说，长痛不如短痛，晚断不如早断，要一次就让对方死心，否则会害人害己，贻害无穷。

（六）说明拒绝的理由

说出真诚的并且符合逻辑的拒绝理由，有助于维持原有的关系。如果你觉得拒绝的理由不充分，也可以直接拒绝不说明理由。例如，你拒绝别人请求时，如果只是说"我很忙"，很可能会被人说"那个人不爱帮助别人"。所以，拒绝别人时，要具体地说明一下不能接受的理由。

（七）提出取代的办法

你的拒绝必定给请求者造成一些麻烦，影响他的计划的正常进程，甚至使他的计划搁浅。这时，你若给他提供一些其他的途径和办法，当然更能减轻对方的挫折感和对你的怨恨心理。如"要是明天的话，我大概可以去一趟"或"抱歉我不能帮你，但我知道小李有这方面经验，或许你可以去找他"，类似的话可以向对方表达你愿意帮他的诚意，并缓解对方的被动局面。

（八）对事不对人

一定要让对方知道你拒绝的是他的请求，而不是他本人。拒绝之后，最好可以为对方指出处理其请求的其他可行办法。

（九）千万不可通过第三方拒绝

通过第三方拒绝，足以显示自己懦弱的心态，并且非常缺乏诚意。

总之，成功地拒绝他人的不情之请可以节省自己的时间和精力，还可以免除由不情愿行为所带来的心理压力。把握好以上几点原则后，我们在具体的工作场合，再根据具体的情况需要来采取具体的拒绝策略，这样才会避免双方之间因感情受到伤害而影响工作中的和谐气氛。

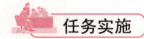

任务实施

任务实施见表4-6。

表4-6 任务实施表

案例分析	沟通技巧
现代企业不是孤立的，它们的生存与外界有千丝万缕的联系。在谈判中也好，在企业的日常运转中也好，有时会碰到一些无法满足的要求。面对对方或者来头很大，或者过去曾经有恩于你，或者是你非常要好的朋友、来往密切的亲戚，如果你简单地拒绝，那么很可能你的企业会遭到报复性打击，或者背上忘恩负义的恶名。对于这类对象，就要选择恰当的方法拒绝他们	该公司经理对朋友说："我们公司的月嫂早就在几个月前被其他用人单位提前预订了，实在无法分出更多人手来给你。不过我认识另外一家专做母婴服务的公司，这家公司和我们有业务往来，信誉也不错，我可以提前给这家公司打个招呼。市场大得很，我们以后肯定还有合作机会，期待下次合作。" 在此案例中，该公司经理采用了补偿法来委婉地拒绝，既清晰地解释了不能与老朋友合作的原因，又没有让对方丢面子和完全失望，提出了一个替代的方法，让对方觉得来一趟有所收获

同步测试

一、单项选择题

1. 你正忙着整理第二天重要会议的资料时,你的上司走过来对你说:"麻烦先处理这份文件。"这时,你该怎么做?(　　)
   A. 向上司说明自己在准备第二天会议的资料,让其判断哪个工作更急迫
   B. 放下手头工作,立马去整理这份文件
   C. 先满口答应,然后继续整理第二天会议资料
   D. 向上司说明自己正忙,直接拒绝

2. 朋友请你帮忙,但事情违背了你的心中的道德原则,你显然不能帮忙。面对这个多年的朋友,你会(　　)。
   A. 断然拒绝　　　　　　　　　B. 借由第三方拒绝
   C. 找个借口拖延　　　　　　　D. 让他找别人帮忙

3. 拒绝的基本原则是(　　)。
   A. 减少对方不悦和失望、寻求其理解和认同
   B. 对事不对人
   C. 用抱歉语舒缓对方的情绪及抵抗
   D. 说清拒绝的理由

二、案例分析

小刘是刚来公司的一名家政服务推销员,平时工作非常踏实认真,为人乐观积极,销售业绩也很不错,得到了大家的一致好评。这天他找到公司财务人员,表示自己家遇到些突发情况,希望能预支三个月工资。但小刘来的时间太短,还没过试用期,这样的要求不合公司或财务部门的规定。可是平时小刘和这名公司财务人员关系又非常密切。请你帮这名财务人员想想,他该怎样恰当地解决这件事情?

任务五　适时地幽默

任务描述

白云(宋丹丹):……主动和我接近,没事跟我唠嗑,不是给我割草就是给我朗诵诗歌,还总找机会向我暗送秋波呢!

黑土(赵本山):别扯瞎,我记得我给你们家送过笔送过桌,还送过一口大黑锅,我啥时候给你送过秋波?秋波是啥玩意儿?

白云(宋丹丹):秋波是啥玩意儿你咋不懂呢?这不没文化吗?秋波就是秋天的菠菜。

(摘自1999年中央电视台春节联欢晚会小品《昨天今天明天》)

请以小组为单位讨论:
1. 这段小品采用了什么幽默技巧?
2. 角色扮演。通过角色扮演,体会幽默语言表达的技巧。

家政服务礼仪与沟通

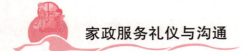

任务分析

语言要在瞬息构思上下功夫，所以被看作一种"快语的艺术"，一种高妙语智和生活情怀的展现。生活中一个具有幽默感的人，总是受到众人的欢迎。但幽默并不是一味的搞怪，不恰当地刻意搞笑可能还会引起反感，甚至同样的话不同人说幽默程度也有很大差别。本任务要求正确认识幽默的特征、含义，掌握幽默的养成方法和幽默的语言技巧，培养乐观积极的人生态度。

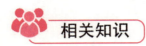

一、幽默的含义

在我国，"幽默"一词最早出现于屈原的《九章·怀沙》里，"眴兮杳杳，孔静幽默"，表达"幽静无声"的意思。而现在使用的"幽默"是指一种令人发笑而有余味的情操。笑是幽默的外部特征，没有笑就不称其为幽默。但笑还不是幽默的本质特征，幽默应该具有三个最基本的特征：第一，幽默的内核是生活中的"乖讹和不通情理之处"，即不协调的、矛盾的、反常的、可笑的甚至是可鄙可恶的事物；第二，幽默往往运用暗示的、含蓄的手法给予表现；第三，这种行为或表达方式所获得的直接效果是发笑，所谓"会心的笑"，是说使人在笑声中明白点什么道理，得到点什么启示。

因此，我们认为幽默是指通过影射、讽喻、双关等修辞手法，在善意的微笑中，揭露生活中的讹谬和不通情理之处。生活中具有幽默感的人，往往能将许多看来令人痛苦烦恼之事，应付得轻松自如。家政服务人员学会用幽默来处理烦恼与矛盾，会使工作更得心应手，与客户沟通也更和谐愉快。

二、幽默在口语沟通中的作用

（一）幽默的语言具有调和性

在人际沟通中，幽默是一种制胜的武器。当双方激烈争论，气氛紧张，遇到不可调和的矛盾或对立时，幽默的语言可帮助沟通者解除困境，缓和气氛，让对方理解并接受劝说，使反驳含蓄深刻，和谐收尾。幽默的言语可表达机智风趣，间接委婉，能调节心理距离、缓和矛盾、应付尴尬局面，是高效交际和沟通的润滑剂。

（二）幽默的语言具有亲和力

从人际关系角度看，幽默的语言可以产生一种亲和力，在家政服务人员与客户沟通过程中可以创造欢快和谐的气氛，让沟通在愉悦的环境中进行，提升沟通效果。家政服务人员与客户、上下级、同事等在初期接触时由于彼此不熟悉，会有较大的距离感，借助幽默语言的亲和力，可以迅速缩短权力距离或陌生距离，创造融洽的氛围，为将来的友好共事做铺垫。

人际沟通的气氛影响着双方的心理，倘若沟通双方在交流时过分严肃，造成气氛紧张，接下来的时间也会感到生涩难忍。

（三）幽默的语言具有讽刺性

具有讽刺性的幽默语言旨在逗笑、讽刺，除了迂回的应答，又带有贬义色彩。具有讽刺性的幽默语言不是挑别人的刺儿，因为刻薄的语言具有攻击性，会破坏与他人的关系。恰如其分地使用幽默语言，能避免敌对情绪。

> **资源拓展**
>
> "马路"和"上坡路"的故事
>
> 　　中华人民共和国成立之初,周恩来总理在接见外国记者时,一名记者问:"为什么中国人把路叫作'马路',是不是只有动物可以走,人不可以走?"周总理面带微笑地回答:"我们是社会主义国家,走的是马克思主义道路,简称'马路'。"周总理巧妙的回答使这位记者哑口无言。
>
> 　　又一次,美国代表团访华时,有一名官员当着周总理的面说:"中国人很喜欢低着头走路,而我们美国人却总是抬着头走路。"此语一出,震惊四座。周总理不慌不忙地说:"这并不奇怪。因为我们中国人喜欢走上坡路,而你们美国人喜欢走下坡路。"这句话既维护了中国人的尊严,也让对方领略了中国人的幽默、机智。

(四) 幽默的语言具有策略性

在人际沟通过程中,幽默的语言是一种策略性地间接"表态"或是一种策略性地间接说"不"。人与人之间的认识和情感并非完全一致,当你陈述或说明自己的观点或批评反驳对方时,要考虑对方的情感特点和接受程度,尽量使用委婉的幽默语言,缩短双方情感上的距离,建立融洽的关系。这样既减少了自己发表的否定性评价所应负的责任,又为消除双方的意见分歧提供了条件,暗示了自己的态度。

(五) 幽默的语言具有适配性

这要求人们使用幽默语言既要适时,还要避免低俗。幽默有雅俗之分,切勿把幽默与滑稽、搞笑等同起来,甚至与"荤段子"相联系,要把握高雅与低俗的区别,做到把幽默信手拈来,得心应"口"而不失身份。

家政服务人员除了把握幽默语言的通俗与庸俗的差别,在进行沟通时还要了解对方的文化背景和生活方式、思维方式,这在日益受到广泛欢迎的家政服务行业中愈显重要。有些幽默语言是某些民族特有的,主要体现在不同文化背景中的民族差异和使用差异上。在遵守国际合作规范的同时,还要以包容的心态和适当的方式处理文化差异,有技巧、适度地使用幽默语言,不可随便开玩笑、调侃。

三、幽默是怎样养成的

幽默是一种素质,不是人人想幽默就能幽默的,幽默感是由多方面的素质促成的。一项研究表明:人的幽默感大约三成与生俱来,其余七成则须靠后天培养。那么该如何培养自己的幽默感呢?

(一) 要有乐观豁达的心态

幽默是一种积极向上的生活态度,要求我们对生活充满热情。幽默者心态坦然而开放,他们热爱生活,笑对人生,充满自信,无所畏惧。幽默是一种"优势的表现",形成这种优势感的,除了地位、权势、财富,更多的还是自信心。因此家政服务人员要学会敢于自嘲,必要时先"幽自己一默",开自己的玩笑。

(二) 要有丰富的人生阅历和知识储备

幽默是一种智慧性言语活动,是人生阅历积淀的体现。说话是谁都会说,但是要把一句话说成幽默,可就不那么简单了。因为通常的智慧和正常的一句话并不会产生幽默,幽默具有悖理的特性,是悖谬的产物。因此,要把一句话说成幽默就需要动用一种特殊的智慧,一种善于变悖谬为趣味的"趣味智慧",而这种"趣味智慧"必须建立在丰富知识的基础上。一个人只有具备丰富的阅历、广博的知识,才能做到谈资丰富,妙言成趣,从而做出恰当的比喻。

因此，家政服务人员要培养幽默感必须广泛涉猎，充实自我，进行各种各样知识的积累。培养深刻的洞察力，提高观察事物的能力，培养机智、敏捷的能力是提高幽默水平的重要方法。

（三）要掌握一定的幽默技巧

幽默的构成要素有三个：语境、性情、语言。尤其是语言，要在瞬息构思上下功夫。只有迅速地捕捉事物的本质，并运用恰当的比喻、诙谐的语言，才能使人们产生轻松的感觉。因此幽默被看作一种"快语的艺术"，一种高妙语智和生活情怀的展现。因此幽默其实是一种艺术手法，在实际交际中通常借助一定的上下文语境和修辞手法被创作出来。它有影射、双关、反语、谐音、仿拟、误会、借代、讽喻、夸张、旁敲侧击以及生动特殊的形神描绘等多种表现技巧。

> **资源拓展**
>
> **"胡说"**
>
> 胡适是20世纪中国很有名气的大学者。有一次，他给大学生上课时引用孔子、孟子、孙中山的话，在黑板上写"孔说""孟说""孙说"，在发表自己的见解时，在黑板上写"胡说"，惹得学生们哄堂大笑。

四、常用的幽默方法

（一）自我嘲讽

自我嘲讽通过极度夸张的手法来嘲讽自己的某种缺点，在别人面前主动贬低自己以缩短与对方的心理距离。运用自我嘲讽这一技巧时也要注意一点，就是对自己的缺点要尽量说得玄乎一点，要有显而易见的虚幻感、荒谬感，如果说得太实，难免起不到幽默的效果，而造成对自己的伤害。

（二）以愚启智

以愚启智就是说话者故意说蠢话、说大话，以激起对方反驳或跃跃欲试的激情。运用的关键就是要让对方对荒谬之处一目了然，而本人要不动声色地装傻。

（三）偷换概念

概念被偷换得越是隐蔽，产生的幽默效果越是强烈。第一，可以利用概念的多种含义，由一种含义突然向另一种含义转移；第二，运用语义双关，即同一个概念包含一明一暗两层意思。

（四）运用反语

反语即说反话，要求是声东击西，"睁着眼睛说瞎话"，把真话往反里说，把反话说绝，说得明显不符合实际情形。例如，有名家政服务员平时工作丢三落四，还振振有词说自己经验丰富。这天恰好他又在办公室夸口被老板听到了，老板就说："还是你最能干，可以经常看客户表演'吹胡子瞪眼'，听老板演唱'唉声叹气'，还可以被投诉后整天'提心吊胆'。"众人听到后都哈哈大笑。

（五）巧言归谬

巧言归谬就是把对方的话加以推理，引到一个显而易见的错误上去，从而指出其错误，让双方在笑声中消除对抗情绪。同时也可以借用这种方法，直接把对方荒唐的推理反戈一击。这一过程中，想要制造幽默，必须要沉住气，不动声色，才能以笑声后发制人。

（六）语言移植

语言移植就是故意对词语互乱搭配，以造成不协调。会议上员工面对领导的问题一时之间回答不上来，场面一度尴尬，领导说："线路不通，短路了。"在大家的笑声中缓和了气氛。

（七）文字游戏

文字游戏就是把字的形、音、义按特殊的情境拆析与组合，使其产生新颖奇特的含义，平添诙谐滑稽、兴味盎然的乐趣。

幽默是一种快乐，是生活中不可缺少的一部分。生活中，一个人言谈举止自然轻松、热情奔放，往往遇到困境时他能用一个像玩笑的幽默化解尴尬、紧张的气氛和局面，这时，开怀大笑之余，我们还会深切地感觉到"这个人真幽默"。幽默感其实是一种生活处世的艺术，如果我们能意识到人生极其严酷的一面，就能以自然、轻松的幽默来应对，用那种"快活"的幽默态度来应对压抑的人生。幽默感不仅是一种轻松愉快的心态，而且是轻松处世态度的流露。

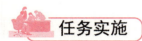 任务实施

任务实施见表4-7。

表4-7 任务实施表

任务实施步骤	具体内容
1. 学生自主探究	讨论任务描述中采用了哪种幽默手法，有什么好处
2. 教师讲解案例	本段小品采用了曲解的手法，使语言变得幽默风趣。曲解是指利用同音异字、一词多义，对上文或交谈者话语中的某个词语予以背离原义的解释，转移了原词语的真正所指。"秋波"本是指"女子多情的眼神"，可白云（宋丹丹）一下子将情感范畴的美好事物曲解为一种冷冰冰的实物，远离了"秋波"的原意，衍生出不协调的趣味，也就难怪让人发笑
3. 角色扮演活动	以小组为单位，对小品进行讨论、加工，并续写不一样的故事，设计具体语言。具体要求如下：第一，轻松明快，语言清晰；第二，亦庄亦谐，注意交流；第三，适度夸张，活用体态。 2~3人一组，角色分配：白云、黑土。以小组为单位进行演示。表演结束后，选出表现得最好的一组。 交流分享一下幽默语言表达的乐趣

 同步测试

一、判断题

1. 幽默是可以后天培养的。（   ）
2. 幽默常用的方法有双关、反语、谐音、仿拟、误会等。（   ）
3. 幽默这种行为或表达方式所获得的直接效果是发笑。（   ）

二、简答题

1. 幽默的基本特征是什么？
2. 怎样培养自己的幽默感？

三、案例分析

高女士在天津美嘉母婴照护服务公司担任月嫂培训师。今天是新班授课的第一天，进去前教室里吵吵嚷嚷，她一走进去立即鸦雀无声。高女士说："怎么刚才还在大闹天宫，我一进来就变成狼来了？我有这么可怕吗？"很快，在学员们笑声中，高女士和学员的情感距离拉近了。随后，她自我介绍道："我最大的特点就是能够超水平地发挥带头作用。出门的时候，你们跟在我后面，夏天晒不着太阳，冬天吹不到冷风，因为我胖胖的身躯能为你们遮风挡雨，怎么样？欢迎我这个新老师吗？"看到老师这么随和，有大胆的学员问："到底是您能干还是原来的李老师能干一点？"高女士趁势说："什么叫能干？"学员回答："就是说话能逗我们笑。""那恐怕鹦鹉要能干一点。"请说一说，在这段话中高女士展现了哪些语言幽默艺术？

项目评价

项目评价见表4-8。

表4-8 项目评价表

项目	评价标准
知识掌握（50分）	掌握赞美的基本形式和原则（10分） 掌握说服的定义、基本原则和技巧（10分） 掌握培养幽默感的方法和幽默技巧（10分） 掌握拒绝的原则、要求和技巧（10分） 掌握批评的注意事项和批评技巧（10分）
实践能力（30分）	能在工作中熟练运用口语沟通技巧（15分） 能主动培养和形成良好的口语沟通习惯（15分）
沟通素养（20分）	具备较好的沟通素养习惯（10分） 具备处理好各种口语沟通情境的信心和能力（10分）
总分（100分）	

项目三　书面语沟通艺术

【项目介绍】

　　书面语沟通作为一种传统的沟通方式，一直为大家多采用。近年来，随着通信技术的快速发展，书面语沟通的形式发展迅猛，在管理实践和人际交往中扮演着越来越重要的角色。在家政服务企业，无论是企业的内部部门之间互相沟通，还是企业和客户等外部部门之间互相协调交流，都不可避免地运用书面语进行沟通。对于家政服务人员来说，掌握书面语沟通技能尤为重要。因此在本项目中设置了书面语沟通技巧、家政服务人员日常应用类文书两个工作任务，通过本项目的学习，提升书面语沟通技能，展现良好的沟通能力。

【知识目标】

1. 明确书面语沟通的原则；
2. 掌握家政服务工作中书面语沟通常见问题及改进办法；
3. 掌握书面语沟通技巧；

模块四　家政服务人员语言沟通艺术

4. 熟悉书面语写作的基本流程；
5. 掌握家政服务人员日常应用类文书撰写要求。

【技能目标】

1. 学会流畅、生动、规范的书面表达；
2. 具备撰写日常应用文书的能力；
3. 具备运用应用文有效交流沟通的能力。

【素质目标】

提高书面表达的分析、鉴赏能力；主动、规范、细致的书面沟通意识；提升良好的书面沟通素养。

案例引入

蓝天公司是一家家政服务公司，张红新入职该公司的某业务部门。2022年5月6日，业务部门负责人李经理给张红布置一项任务，要求她向本部门各个业务人员下发一个岗位培训需求表，并要求该部门所有业务人员在5月7日上午11点之前上交。李经理问张红是否听明白了，她说已经清楚了，于是就去执行。结果到了规定的时间，部分业务人员并没有按时上交表格。李经理问张红是怎么下发通知的，张红通过反思，发现自己虽然是完全按正确的意思传达的，但没有书面下发通知，而是通过口头告知的，导致很多人并没有听清楚具体上交时间。没有书面的文件，很多事情是说不清楚的。

任务一　书面语沟通技巧

任务描述

在家政服务公司，很多家政服务管理人员都会有这样的职场困惑，一项工作如果用口头方式表述出来会感觉比较容易，一旦用规范的书面语言表达出来，就会感觉到有些困难。

任务分析

书面语沟通是管理活动中常用的沟通方式，但书面语沟通的规则性很强，往往比口头交流更让人觉得难以下手，因此了解书面语沟通技巧显得十分必要。本任务要求掌握书面语沟通的特点、原则，以及书面语写作的步骤，从而灵活运用书面语沟通技巧，进行流畅、规范的书面语表达。

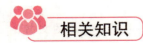相关知识

一、书面语沟通含义

书面语沟通是指将书面文字作为表达方式，在人们之间进行信息传递与思想交流的沟通方

式。如企业在处理日常事务时经常使用的信函、计划书、各类报告、合同协议等。

书面语沟通形式多样，既可以是正式文件，也可以是非正式的书面材料；既可以采取传统的纸质形式，也可以是电子邮件形式。

二、书面语沟通的特点

书面语沟通在企业管理过程中扮演着重要的角色，因其沟通成本较低，且这种沟通方式一般不受场地的限制，在人际沟通中具有不可替代的作用，因而被广泛采用。概括起来它具有以下特点：

（一）超时空性

书面语沟通不受时间空间的限制，可以使不在同一时段同一地点的沟通者顺利传递消息。

（二）规范性

由于文书接收对象广泛，且有较大差异性，因而书面语言要求必须规范。一般地说，多数的书面沟通材料是有计划地制作的结果，也就是说，通常多数的文件是有准备、经过创作编排而成的。在计算机信息系统普及的今天，随着实时通信的快速发展，在家政服务公司，书面沟通需要在规范的前提下注重时效性，对企业管理者的文字素养提出越来越高的要求。

（三）条理性

书面语沟通通过文字这一特有表达形式，在词语的组织运用次序、词语间的关系规则和习惯、句子语法等方面有着明显的逻辑性，因此传递出的信息有很强的条理性。

（四）不确定性

书面语言沟通的不确定性主要表现在两个方面：一是运用书面语言进行沟通时无法通过沟通者的表情动作、语音语调获取丰富的非语言信息；二是一个人传达书面语言信息，其受众不确定，可以是一个人，也可以是众多人，甚至可以让不同的人在不同的时间和地点获得同样的信息。

（五）长期性

书面语言可供阅读，一般可长期保留，并可作为法律凭证。正如人类的经验、文明历史等，主要靠文字进行记录和传承，没有书面语，我们就无法了解、认识、研究过去的一切。由于书面文字可以长期保存，书面沟通可以做到有据可查，因此在某种意义上书面沟通还可以作为法律上的凭证，如家政服务公司与客户签订的合同与协议书的条款一旦生效就具有法律效力。

三、书面语沟通的原则

书面语沟通通常遵循国际流行的"7C"准则，即完整（Complete）、准确（Correctness）、清晰（Clearness）、简洁（Conciseness）、具体（Concreteness）、礼貌（Courtesy）、体谅（Consideration）。这是一种有效的书面语写作的基本原则。

（1）完整是指书面语沟通应完整表达所要表达的内容和意思，即"5W"（何人、何时、何地、何事、何种原因）都要交代清楚。

（2）准确是指书面语沟通中应主题正确，观点正确，内容准确、结论正确。写出的文书要真实、可靠，观点要正确无误，语言要恰如其分，尤其要完整地表达想要表达的思想、观点，完整地描述事实。

（3）清晰是指文书内容思路清楚、层次清楚。书面语沟通的主要目的是传达什么信息、将信息传达给谁以及希望获得怎样的结果。因而书写者必须明确自己如何展开文件内容，特别是选用的所有语句都应能够非常清晰明确地表现真实的意图，避免文字内容模棱两可。清晰的文章能引起读者的兴趣，更能使读者正确领会作者的意图。

（4）简洁是指在无损于礼貌的前提下，用尽可能少的文字清楚表达真实的意思，让人一目了然，易于理解。

（5）具体是指内容要完整而且明确，不能丢三落四。

（6）礼貌是指文字表达的语气上应表现出一个人的职业修养，客气而且得体。

（7）体谅是指在书面语沟通时，始终应该以对方的观点来看问题，根据对方的思维方式来表达自己的意思。

四、书面语沟通的技巧

（1）正确运用语气，学会以礼相待。良好的态度是沟通的前提，文字表达的语气上应表现出一个人的职业修养，客气而且得体。对于家政服务人员来说，最重要的礼貌是及时回复对方，虽然相互交往中也会发生意见分歧，但礼貌的沟通可以化解分歧而不影响双方的良好关系。

（2）学会换位思考，突出对方利益。在文字沟通中，由于无法运用情境和非语言要素，因此要重点强调对方能获得什么，而不是我们能做什么。

（3）注意沟通对象的具体要求。我们在书面语沟通过程中，比如来往信函或者在商务传真中，表达得越具体越没有偏差。

（4）关注书面语写作细节。书面沟通很重要的一个方面就是如何进行写作，因此要学会用书面语来表达自己的观点。

五、书面语写作的过程

一般来讲，顺利完成写作大致包括以下三个步骤：

（一）准备阶段

1. 确定写作目标

书面语沟通首先要明确：写给谁？从受众出发，以受众为导向是进行书面沟通的最重要的策略。写什么？为什么写？书面语沟通的目的不同，所采用的写作方法、写作风格和格式也就不同。

2. 收集信息材料

在动笔之前，作者要明确收集哪些信息材料与写作目的和主要内容有关系，使之成为沟通者形成观点的基础。在动笔之际，收集的信息材料又会成为作者表现其观点的支柱。在收集材料时，一般要确保收集的信息材料真实、准确。互联网和计算机技术的迭代发展，为信息资料的收集提供了更加便利的条件，获得信息材料的途径有书面媒体、现代媒体、互联网检索等。

3. 列出大纲

在做好上述准备工作之后，可以列出本次写作的大纲，确定此次写作的类型、结构和策略等，要简明扼要地将信息传递出去。

（二）初稿阶段

在完成准备工作之后，下一步就是开始初稿的创作，这也是写作过程中的核心环节。一般性的书面语初稿创作可细分为两个阶段，即开头和进行。

1. 开头

在开头部分，作者要考虑怎样称呼对方，书面语沟通的开头将决定读者对文书的第一印象。

2. 进行

这个阶段是根据准备阶段的思路、大纲及材料内容进行写作。

（三）校订文稿

校订文稿就是对写作内容进行修改、补充，也可以就写作内容与有关部门或领导进行协商后修改，最后定稿。一般而言，口头交流要比书面语沟通更为容易，因为说的时候不必对文字仔细推敲，也不必讲究语法和修辞，并且还可以伴随着大量的肢体语言和表情等。但要把自己口头表达的内容变成文字，就必须对其认真组织。因此书面文字在正式传播以前需要经过反复修改、补充、论证，以使意思表达得更为准确。

六、家政服务工作中书面语沟通常见问题及改进办法

（一）家政服务工作中书面语沟通常见问题

1. 词语书写错误

家政服务管理人员进行书面语沟通时，要注意书写严谨。有些职员刚刚入职，对待书面语言不认真，存在书写不规范、错别字、异体字多等信息不正确现象。例如把订单中的金额少写一个零，往往一字之差就会给企业造成严重的经济损失。

2. 使用语气不当

家政服务管理人员进行书面语沟通时，要注意正确使用语气。例如家政公司客服部小王在回答客户的问题时，有两种不同的表述：一种是"我不明白你的诉求是什么？我们没有办法保证服务及时提供"；另一种是"请您再重复一下您的诉求，我们会竭尽全力完成配送任务"。很显然第二种回答更恰当一点，显得专业且不僵硬。

3. 词语搭配不当

家政服务管理人员进行书面语沟通时，会出现词语搭配不当的现象，导致沟通出现障碍。例如"每个部门，应认真执行今天的工作"，"执行"与"工作"搭配不当，把"执行"改为"开展"，或者把"工作"改为"任务"。

（二）书面语沟通的改进办法

1. 勤于阅读

勤于阅读是提高自身语言素养、增强书面语言沟通能力的有效途径。"读书破万卷，下笔如有神"，阅读是表述的基础，读书是输入，书写是输出，有输入方能输出。所以一名合格的职场人一定要养成阅读的习惯，多读书，读好书，好读书。

2. 勤于积累

材料是构成文书的基本要素，写作题材主要靠日常工作积累。积累是多方面的，无论是家政公司日常工作案例，还是精辟的观点，或者成语典故、名言警句，都可以作为积累的对象。因此职场人在工作岗位中应广泛而连续地资料收集。

3. 勤于写作

写作是一种特殊的创造活动，也讲究训练方法的科学性。在写作中应该注意练脑和练手相结合，多写与精写相结合，既要锻炼思维的精密性，又要锻炼写作的技巧，让思考的成果以文字形式展现出来。在家政服务公司，职场写作是为了解决日常生活、学习与工作中的实际问题，因此要善于思考，勤于写作。

资源拓展

收集资料的主要方法

1. 资料查询法。这是一种间接调查法,一般收集的是二手资料,包括查阅文献、有关的文件、报纸、杂志、图书等,也可以通过互联网检索收集资料。在互联网和计算机技术飞速发展的今天,有很多大型检索数据库,如各级政府部门发布的有关资料、家政服务行业协会或者管理机构发布的本行业的统计数据、各级统计部门发布的有关统计资料、各种信息中心和家政服务公司提供的市场信息自律、各种研究机构的相关资料等。

2. 实地调查法。这是一种直接调查法,也是一手资料收集最常用、最有效的一种方法。通过实地调查发现问题,研究分析传播媒介和受众之间的关系和影响。它包括现场观察法和询问法。询问法又包括直接访问法、电话访问法、邮寄方法、堵截访问法、CATI 法。

3. 问卷调查法。这是目前企业调查较为广泛使用的方法,也是一种直接调查法。对于有些资料和信息是没有固定来源或者刚刚出现的,在无处可查找的情况下,就可以采用问卷调查法来收集资料。问卷调查法是以设计好的问卷工具进行调查、收集整理资料。问卷设计要求规范并可以计量。问卷调查法的种类按照问卷填答者不同,可分为自填式问卷调查和代填式问卷调查。

任务实施

【小组讨论】
你能举例说明在什么情况下适合采用书面沟通吗?在这种情况下有哪些沟通技巧呢?完成表 4-9。

表 4-9 小组活动记录单

组号:		日期:	
主要观点:			
评价	教师评分:		
	小组互评:		

家政服务礼仪与沟通

 同步测试

一、多项选择题

1. 书面语沟通特点包括（　　）。
A. 规范性　　B. 条理性　　C. 长期性　　D. 时效性

2. 书面语沟通的"7C"准则包括（　　）。
A. 礼貌　　B. 严肃　　C. 清晰　　D. 完整

二、判断题

1. 文书结构明确，思路要清晰。（　　）
2. 在文书撰写过程中是不必校订文稿的。（　　）

三、案例分析

李阳作为一家家政服务公司客户部门的业务人员，如果客户通过书信或者邮件询问"为什么我从你们公司聘请的育婴师还没有和我们联系"，你认为如何书面回复比较合适呢？

任务二　家政服务人员日常应用文写作

任务描述

作为一名家政服务人员，公司要求每人年底写一份个人工作总结，并且纳入个人年度考核范畴。张红入职该公司刚满一年，如何撰写出色的工作总结呢？

 任务分析

工作总结是在日常工作中使用频率颇高的应用文体，往往出色的工作总结会带给职场人更多的晋升机会。除此之外，述职报告、活动策划书、工作计划、合同等也是家政服务工作中常会用到的应用文体。要想写好此类应用文，需要掌握特定的格式和写作规范，这样才能应对职场需要。本任务要求掌握各类常用的应用文文体的写作要点，熟悉常用应用文文体的种类，了解使用场景，提升运用应用文文体进行有效交流的能力。

 相关知识

一、应用文写作

应用文是人们在日常工作、学习和生活中，办理公务、处理私事时所使用的一种实用性文体，具有通俗易懂、格式统一、实用性强等特点。

家政服务人员日常应用文是家政服务人员在管理、经营、学习、生活中，处理各项公务和日常事务、交流信息、解决具体问题时经常使用的具有一定惯用格式的一种规范性的应用文体，如个人简历、报告（调研报告、考察报告、情况汇报等）、工作方案、工作总结、合同样本、申请书等。

二、应用文写作种类

应用文有其惯用的外观体式和主体风格。按照不同的性质，应用文通常可以分为以下三类：

（1）一般性应用文。这类应用文应包括以下几种：书信（感谢信、表扬信、慰问信、介绍信、公开信、证明信、申请书、建议书、倡议书、聘请书）、启事、会议记录、读书笔记、说明书、通知、个人简历。

（2）公文性应用文。这是以党和国家机关、社会团体、企事业单位的名义发出的文件类应用文，如布告、通告、批复、指示、决定、命令、请示、公函等。这类应用文往往庄重严肃，适用于特定的场合。

（3）事务性应用文。事务性应用文一般包括调查报告、述职报告、工作总结、合同、规章制度及各种鉴定等，这是在处理日常事务时所使用的一种应用文。

三、家政服务人员日常应用文介绍

（一）述职报告

1. 概念

述职报告是各级机关、企事业单位、社会团体的各级领导干部及管理人员，向组织人事部门、上级主管机关或本单位的员工陈述自己任职期间履行岗位职责情况的书面语报告，是考察企业员工职责情况以及是否称职的一种手段。述职报告写作提纲见图4-1。

2. 写作要点

（1）标题：标题写作比较自由，一般写成"关于×××的报告"。可以采用"述职岗位+述职报告"形式，也可以采用双行新闻式标题，如：忙忙碌碌一整年，开开心心每一天——销售经理述职报告。

（2）称谓：一般指的是述职面对的对象或者呈报的部门，如"尊敬的各位领导、同事们""组织人事部""董事会"等。

（3）正文：包括履行职责的基本情况、规律性认识以及进一步思考。开头的基本情况用最精练的文字概括地交代，如工作岗位、工作职责、工作时间、工作内容、工作成效等。中间部分对本年度工作的规律性认识是核心，通过总结自己的工作经验、工作教训形成自己的工作思路。其中写作重点是工作成绩和工作经验，分条列款进行提炼总结，同时注意用简短文字概述存在问题，要写得实实在在，不要避重就轻。末尾部分是对本岗位工作的进一步思考，针对存在问题提出改进方法或者针对所述职岗位的下一步工作，提出自己的看法和建议。

（4）结语：通常表示感谢或者请受阅者批评指正，通常写"以上是我的述职报告，谢谢各位"一类的话语。

（5）落款：写明述职者的姓名及部门名称，最后写上日期。

```
                    述职岗位+述职报告                  ——（标题）
尊敬的领导、各位同事：                                ——（称谓）
    我于去年一月份就职×××岗位，取得了相应的成绩。      ——（正文）
现在向领导和同事们述职如下：
    一、××××     ⎫
    二、××××     ⎪
    三、××××     ⎬  规律性认识以及进一步思考
    四、××××     ⎪
    五、××××     ⎭
    任职一年来，我尽职尽责地开展工作，今后，我仍然要××××，力争在新的一年取得更大进
步，以优异的成绩向同志们汇报。
    以上是我的述职报告，请领导和同事们指正！谢谢各位！    ——（结语）
                         ××××部门 姓名  ⎫
                         ××××年××月××日 ⎬ 落款
```

图4-1 述职报告写作提纲

（二）活动策划书

1. 含义

活动策划书是指对某个未来的活动或者事件进行策划，并展现给使用者的书面语文本。家政服务人员对外接待、组织内部公司活动，或者有针对性地开展专题公关活动都需要策划，而活动策划书就是对上述这些活动所制订的行动计划。

2. 写作要点

（1）策划书名称。首先详细地写出策划书名称，如"××××年×月××家政服务公司××活动策划书"，置于页面中央，也可在写出正标题后将此作为副标题写在下面。

（2）活动主题。主题是整个策划书的灵魂，是对活动内容的高度概括，是统领整个活动，连接各个项目、各个步骤的纽带。专题活动要选好主题，还需统筹考虑活动的背景，包括主要执行对象的近期状况、组织部门活动开展的原因、社会影响以及相关目的动机。如背景不明确，则应该通过调查研究等方式进行分析加以补充。

（3）通过市场分析列出活动资源需要。列出所需人力资源、物力资源，包括使用的地方。可以将其分为已有资源和需要资源两部分。

（4）活动开展。作为策划书的正文部分，表现方式要简洁明了，使人容易理解，但表述方面要力求详尽，写出每一点能设想到的东西，没有遗漏。对策划的各工作项目，应按照时间的先后顺序排列。人员的组织配置、活动对象、相应权责及时间地点也应在这部分加以说明，执行的应变程序也应该在这部分加以考虑。

（5）经费预算。无论是举办什么活动，都要考虑成本问题。策划人员应根据实际情况进行具体、周密的计算，估算可能需要的各种支出，准备呈报上级批准。

（6）活动中应注意的问题及细节。内外环境的变化，不可避免地会给方案的执行带来一些不确定性因素。因此，当环境变化时，是否有应变措施、损失的概率是多少、造成的损失多大、有无应急措施等需要注意的事项也应在策划书中加以说明。

（7）活动负责人及主要参与者。注明组织者、参与者的姓名和单位（如果是小组策划应注明小组名称、负责人）。

(三)工作计划

1. 概念

计划是对单位或者个人在一定时期内所要做的工作加以书面语化、条理化的一种事务性文书。对于家政服务人员来说,结合本部门的实际情况对未来一定时期内的工作作出预想,并用书面语形式写下来,这就是计划。

2. 写作要点

计划的结构一般由标题、正文和落款三部分组成(见图4-2)。

(1)标题。完全式标题由四部分组成,即单位名称+计划时限+计划内容+文种,如《××家政公司××××年营销工作计划》。有的不完全式标题可省略时限或者单位名称,如《××家政公司营销计划》《××××年营销计划》。如果是不成熟或未经批准的计划,应在标题后或正下方注明"草案""讨论稿""征求意见稿"。

(2)正文:

①前言。前言也是计划的开头部分,一般应简要说明制订计划的原因和依据、指导思想、意义等。常用承启语"为此,特制订计划如下""为此,现制订本季度工作计划如下"等导入正文部分。

②主体。主体一般须写清以下三方面的内容:做什么、怎么做、何时完成。首先是目标任务——"做什么",即某一时段内要完成的工作任务;其次是措施——"怎么做",写清楚采取何种办法,利用什么条件,由何单位何人具体负责,如何协调配合完成任务;最后是步骤程序——"何时完成",即写明实现计划分几个步骤或几个阶段。

③结尾。结尾可以说明计划的执行要求,或提出希望或号召;也有的计划不专门写结尾。

(3)落款。在结尾之后写明单位名称和制订计划的具体时间,如果是以公文形式下发,须加盖公章。

××家政公司××××年营销工作计划

(项目介绍)。为此,现制订本季度工作计划如下:

一、工作目标(做什么)

1. ××××

2. ××××

3. ××××

二、工作措施(怎么做)

1. ××××

2. ××××

三、步骤程序(何时完成即步骤或阶段)

1. ××××

2. ××××

××家政公司
××××年×月×日

图4-2 工作计划写作提纲

(四) 工作总结

1. 概念

工作总结是单位或个人对前一段的工作进行全面系统的回顾、检查、分析和评价，从中找出成绩、经验教训和规律性的认识，以指导今后工作实践的事务文书。

2. 写作要点

（1）标题。工作总结的标题有三种形式，即公文式标题、文章式标题、双标题。公文式标题多用于综合性总结。文章式标题多用于专题总结。双标题由正题和副题构成，其中正题点明主题，副题标明单位、时限、事由和文种等。

（2）前言。前言主要概述本阶段的基本情况，起到总括作用，为正文介绍经验和成绩做铺垫。

（3）正文。正文一般包括成绩和经验、问题与教训以及今后的工作和努力的方向三个方面。其中成绩和经验是基础材料，经验体会是重点，也是最核心的内容。

问题与教训是在上一阶段工作中应该解决却没有解决的任务，从而重点分析主客观原因，由此得出教训。对于今后的工作和努力的方向这部分内容可采取分部式结构，如按"情况—成绩—经验体会—问题—今后设想"几个部分来写，也可以采用阶段式结构，把工作过程划分成几个阶段来写。

（4）结尾。结尾一般写出今后工作方向和开展工作的改进意见，展望前景，以便更好地指导下一阶段的工作。

(五) 合同

1. 概念

合同是平等主体的自然人、法人、其他组织之间设立、变更、终止民事权利义务关系的协议。协议签订时，要遵循自愿、公平、诚信的原则，合同当事人应平等相待、协商一致。合同一旦达成，对各方均具法律约束力。

2. 写作要点

对于家政服务人员来说，接触更多的是经济合同（见图4-3），其写作要点如下：

（1）标题。一般由合同性质或内容加文种组成，如《购销合同》。

（2）立约人。签订合同首先要明确合同当事人的名称或者姓名，即准确写出签约双方的全称、全名，并注明双方固定指代，如一般写"甲方""乙方"。例如，立约人：××家政公司（以下简称甲方），××家政公司（以下简称乙方）。如有第三方，可将其称为"丙方"。需要注意的问题是，不能用"你方""我方"类似的表述方式。

（3）引言（开头）。写明订立合同的目的、根据，是否经过平等、友好协商等。

（4）主体。主体内容由合同当事人各方约定。写明各方所承担的法律责任和应享有的权利，包括标的、数量和质量要求、价款或报酬，合同履行的期限、地点和方式，违约责任等。

标的是指合同当事人的权利义务所共同指向的对象；数量、质量要求指的是标的的具体指标，必须明确具体；价款或报酬要明确标的的总价、单价、货币种类及计算标准，付款方式、程序，结算方式等；合同履行的期限、地点和方式中，日期用公元纪年，年、月、日书写齐全，地点要写具体、准确，以及写清当事人履约的具体办法；违约责任应考虑全面，并写明如何处理。

（5）尾部。写有关必要的说明，比如解决争议的方法、合同的份数、保管及有效期、附件、表格、图纸、实物等。

(6) 落款。写明双方单位全称和代表姓名,并签名盖章;还可写明有效地址、邮政编码、电子邮箱、电话、电报挂号、开户银行、账号等。

××家政服务合同

　　立约人:××用户(以下简称甲方),××家政服务员(以下简称乙方)。
　　一、经甲方(用户)乙方(家庭服务员)协商同意,签订服务合同,在合同有效期间,甲、乙双方必须遵守国家法律、法规,遵守公司颁发的《用户须知》和《服务员守则》,以保护甲、乙双方的合法权益不受侵犯。
　　二、甲方(用户)的权利和义务
　　1. 有权要求乙方提供_____为内容的家庭服务工作。未征得乙方同意,不得增加上述规定以外的劳务负担。
　　2. 向乙方提供与甲方家庭成员基本相同的食宿(儿童、老人、病人加餐除外),不得让乙方与异性成年人同居一室。
　　3. 平等待人,尊重乙方的人格和劳动,在工作上给予热情指导。不准虐待。
　　4. 负责保护乙方安全。
　　(1) 按月付给乙方工资××××元每月递增×××元,增到××××元,不得拖欠克扣。
　　(2) 服务期半年内负担乙方医药费的30%,半年之后负担乙方医药费的40%。
　　(3) 保证乙方每月休息不少于3天,如因特殊情况不让乙方休息,需征得乙方同意,并应按天付给报酬。
　　5. 乙方为甲方服务时,造成本人或他人的意外事故,甲方应立即通知有关部门和公司,积极处理好善后事宜,并承担一定经济责任。
　　6. 乙方在服务过程中,因工作失误给甲方造成损失,甲方有权追究乙方责任和经济赔偿,依照国家法律和有关法规处理。甲方不得采取搜身、扣压钱物以及殴打、威逼等侵权行为。
　　7. 不得擅自将乙方转换为第三方服务,不许将乙方带往外地服务。
　　三、乙方(家庭服务员)的权利和义务
　　1. 自愿为甲方提供_____为内容的家庭服务工作。
　　2. 热心工作,文明服务,遵守公共道德和国家法律、法规。
　　3. 不得擅自外出,不带外人去甲方住处,不准私自翻动甲方物品,不参与甲方家庭纠纷。未经甲方允许私自外出或违反上述规定,发生问题责任自负。
　　4. 服务期间,因工作失误造成的损失,均由自己负责。
　　5. 每月可休息3天,如因甲方需要而停休,有权向甲方按天收取报酬。
　　6. 乙方合法权益受到侵害,有权向有关部门和公司提出申诉,直至向司法部门控告。
　　四、合同签订与解除
　　1. 签订合同时,双方向公司(合同签发部门)交纳介绍费××(甲方××元、乙方××元),介绍费一律不退。
　　2. 合同到期后或合同内容有所变更时,七天之内应由双方持合同到公司办理续签和变更手续。经公司同意,双方持合同办理解除合同手续,服务合同才视为终止。
　　3. 乙方擅自离开用户家,甲方必须在24小时内通知公司备案,否则乙方所出问题均由甲方承担责任。
　　4. 合同未到期双方均要解除合同,各收违约金××元整,任何一方要求解除合同,则由提出方交纳××元违约金。

家政服务礼仪与沟通

5. 此合同一式三份，交用户、服务员、公司各自存查。

甲方：（签字）登记号　　　　　　　　　　　　乙方：家政服务公司（盖章）
代表人：×××（签名）　　　　　　　　　　　代表人：×××（签名）
××××年×月×日　　　　　　　　　　　　　××××年×月×日

图 4-3　家政服务合同样本

资源拓展

应用文中的常用习惯语

开端用语：根据、查、兹、兹因、兹有、为了、关于、按照、前接、近查等。
称谓用语：第一人称用"本""我"，第二人称用"贵""你"，第三人称用"该"。
经办用语：兹经、业经、前经、即经等。
引叙用语：悉、近悉、惊悉、前接、近接等。
期请用语：即请查照、希即遵照、希、希予、请、拟请、恳请、务必、务求等。
表态用语：照办、同意、可行、不宜、不可、同意、不同意、遵照执行等。
征询用语：当否、可否、妥否、是否可行、是否妥当、是否同意等。
期复用语：请批示、请批复、请复、请告知、请批转等。
结尾用语：为要、为盼、为荷、特此函达等。

任务实施

工作总结模板见图 4-4。

××××年个人工作总结

　　××××年是我公司××等各项工作取得明显进步的一年。一年来，公司全体员工始终坚持以人为本、诚信第一、质量至上的服务理念，围绕×××，着力打造家政服务品牌，加强规范管理，提高服务质量，取得了良好的社会效益和经济效益。×××并结合自身的岗位职责，现就一年来×××等方面情况进行认真总结如下：（前言：概述工作任务，指导思想，主要成绩）。

　　一、×××××（基本做法、成绩和经验）
　　1. ×××
　　2. ×××
　　3. ×××
　　二、×××××（主要存在问题）
　　1. ×××
　　2. ×××
　　3. ×××
　　三、××××（今后的工作和努力的方向）

××××年×月××日

图 4-4　工作总结模板

190

 **同步测试**

一、单项选择题

1. （　　）是平等主体的自然人、法人、其他组织之间设立、变更、终止民事权利义务关系的协议。
   A. 投标书　　　　B. 招标书　　　　C. 合同　　　　D. 意向书
2. 计划一般由（　　）组成。
   A. 标题、正文和落款　　　　　　B. 称谓、前言、正文和落款
   C. 标题、正文　　　　　　　　　D. 称谓、正文
3. 下列哪一项不符合总结标题的写法？（　　）
   A. 总结单位+涵盖时间+文种名称
   B. 双行式标题
   C. 文种
   D. 公文式标题

二、判断题

1. 活动策划文案的标题可以用正副标题的形式表述。（　　）
2. 如果计划尚未正式确定，或是征求意见稿、讨论稿，须在标题后用括号注明"草案""初稿""供讨论用"等字样。（　　）

三、案例实践

为了庆祝元旦，迎接新年，丰富职工的文化娱乐生活，营造节日气氛，某家政服务公司决定开展一系列活动，请你写一份活动策划案。

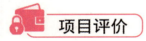 **项目评价**

项目评价见表4-10。

表4-10　项目评价表

项目	评价标准
知识掌握（40分）	了解书面语沟通的原则（5分） 掌握家政服务工作书面语沟通常见问题及改进办法（10分） 熟悉书面语沟通技巧（10分） 掌握家政服务人员日常应用类文书撰写要求（15分）
实践能力（35分）	学会流畅、生动、规范的书面语表达（10分） 具备撰写日常应用文书的能力（10分） 具备运用应用文文体有效交流的能力（15分）
礼仪素养（25分）	书面语表达的分析、鉴赏能力（10分） 主动、规范、细致的书面语沟通意识（10分） 良好的书面语沟通素养（5分）
总分（100分）	

模块五 家政服务人员沟通实践

项目一 家政服务人员工作团队间沟通

【项目介绍】

在职场中,有效的沟通可以提升工作效率,要想得到一个高效协作的团队,需要团队间多沟通交流。因此,本项目学习如何处理与领导、下属、同事之间的协同合作关系,保证整个团队的良好运转,最大限度地发挥团队的协作能力。

【知识目标】

1. 掌握与不同类型领导、下属、同事的沟通方式;
2. 了解与同事沟通的原则与技巧。

【技能目标】

1. 学会向领导请示与汇报工作;
2. 学会处理不同情景下与下属的沟通方式;
3. 掌握与领导、下属、同事沟通的技能。

【素质目标】

提升解决工作团队间沟通实际问题的能力;培养具有大局意识、协作意识和服务意识的团队精神。

> **案例引入**
>
> 某家政服务公司为了奖励市场部的员工,制订了一项带薪休假旅游计划,名额限定为21人,平均分到市场部三个分部,可是市场部的24名员工都想去,需要三个分部的部门经理再向上级领导申请3个名额。如果你是其中一部门经理,你如何与上级领导沟通呢?如果向上级领导争取名额不成功,又如何与本部门下属职工沟通呢?

模块五　家政服务人员沟通实践

任务一　与领导沟通

任务描述

王强大学毕业后入职某家政服务公司市场部。虽然至今他来到这个家政公司已经三年了，但是领导很少注意到他，在汇报工作时他也引起了领导的不满。王强与领导沟通遇到了什么问题？

子曰："一言可以兴邦，一言可以丧邦。"在职场中，与领导说话时要注意说话的内容、分寸，否则往往容易"引祸上身"。完成此任务首先要能够识别不同类型领导的性格特征，有针对性地选择沟通方式，灵活运用与领导沟通的技巧，并学会向领导请示与汇报工作。

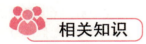

一、与领导沟通的技巧

（一）主动沟通，有效展示自我

在职场中，作为下属应当主动积极地与领导沟通，抓住展示自我的机会，让你的能力和努力得到领导的认可。

在家政服务公司，公司的组织结构一般采用直线制、职能制或直线—职能制结构，在这种垂直型组织结构类型下，往往上级领导无法做到面面俱到。如果下属认为处理好上下级关系是领导的事，应该由领导来赏识自己；或带有畏惧领导的心态，甚至迫于周围人际环境的压力，不敢主动与领导沟通；这样自己的设想和建议就可能得不到领导的了解和采纳，也就丧失展示才华、取得成功的机会。因此，作为职场人，要克服恐惧心理，保持主动与领导沟通的习惯。

（二）尊重领导，不卑不亢

尊重是人际沟通的前提，也是每个职场人必备的一种修养。古人云："事上敬谨，待下宽仁。"每个人都希望得到别人的尊重，领导也不例外。

在职场中，要充分理解领导的难处和苦衷，维护领导的威信，当提出不同的意见时，也要选择领导能接受的方式。即使是自己不喜欢的领导，你也要给予适度的尊敬。同时尊重不是无底线的阿谀奉承，而要保持不卑不亢的态度。在职场中，有些人为了职位的升迁或者满足自己的私欲，不惜曲意迎合，丧失理性和原则，这不仅影响了领导对自己的印象，降低了领导的威信，也会造成团队关系的不和谐。大多数有主见的领导，都比较厌恶职场中一味讨好献媚、阿谀奉承的下属。

（三）了解内心，准确领会意图

我们只有了解领导的个性心理，才方便沟通。一切工作都是从接受领导指示和命令开始的。不同的领导会有不同性格、爱好和工作作风。在领导布置任务时，要充分理解指示的内容，明确完成工作的期限和主次顺序。对领导的个性有清楚的了解，不是为了庸俗地"迎合"领导，而是为了运用心理学规律与领导进行沟通，以便更好地处理上下级关系，做好工作。

（四）工作为重，顾全大局

团队间上下级的关系主要是工作关系，因此上下级沟通中，凡事以工作为重，以团队整体利益为主，顾全大局。

对于公司而言，团队协作有利于提高公司的整体效能，可以调动团队成员的所有资源与才智，因此领导往往比较器重以工作为重、具有团队协作精神的人。

二、与不同类型领导的沟通方式

在家政服务公司，由于各团队之间工作任务的差异性，以及个人的素质和经历不同，往往不同的领导会有不同的领导风格。对于职场人来说，岗位的变动、升迁等都意味着要与不同类型的领导相处，因此了解不同类型领导的性格特征和沟通风格，有益于找出与领导和谐相处的方式。

（一）与控制型领导的沟通

控制型领导一般具有强硬的态度，要求下属立即服从，并且充满竞争心态，旨在求胜，往往对琐事不感兴趣。与控制型的领导沟通，说话应简明扼要，不要拐弯抹角、拖泥带水，无关紧要的话少说，开门见山地沟通即可。此外，这类领导重视自己的权威性，所以应认真对待他们的命令，除特殊情况下，一般不要违抗。另外在适度夸奖他们时，这类领导更希望下级称赞他们的工作成就。

（二）与互动型领导的沟通

互动型领导一般善于交际，喜欢与他人互动交流，喜欢享受他人对他们的赞美，喜欢参与团队任务，对下属的整体表现会十分敏感。与互动型领导沟通，应亲近真诚地主动沟通，态度要和蔼友善，注意自己的肢体语言，开诚布公地反映问题，即使对他有意见，也要当面交流，忌讳在私下里发泄不满情绪；要公开、真诚地赞美，忌讳虚情假意地赞美。

（三）与实事求是型领导的沟通

实事求是型领导性格温和，做事讲究逻辑而不喜欢感情用事，处理问题喜欢弄清楚事情的来龙去脉，注重细节。与实事求是型的领导沟通，应开门见山，省掉拉家常话的时间，直接谈他们感兴趣且属于实质性的东西；注意据实以报，不要加入过多的主观想象；多汇报一些关键性的细节，不要夸大其词。

三、不同情境下与领导的沟通

（一）领导布置任务时的沟通

领导布置任务时，需要迅速准确地把握其意图和工作的重点，包括谁传达的指令、要做什么、什么时间做、在什么地点做、为什么做，以及怎么做、做多少。对其中任何一点不明白，都要主动询问领导并及时记录下来。当对领导的指令理解模糊时，决不能"想当然"，并且还要简明扼要地复述一遍，以确认是否有遗漏之处或领会有误的地方。

（二）请示与汇报时的沟通

请示汇报，是上下级交流沟通的一项经常性工作。俗话说："事前要请示，事后要汇报。"这也是一个最基本的程序，主要包括以下内容：

1. 明确任务要领

当一项任务在团队间明确了目标和方向之后，领导通常会指定团队中的一员来负责该项任务。如果领导把此项任务分配给你，那么需要你迅速准确地明确任务要领和领导的意图。通常我们需要考虑以下几个问题：领导希望达到什么目标？这项任务的具体任务是什么？完成这项任务有几种方案？公司在本次任务中准备投入多少资源？

2. 拟订详细的工作计划

在明确工作目标之后，应尽早拟订一份工作计划，再次交予领导审批。在工作计划中，应该详细地阐述行动方案与步骤，尤其是对工作进度要列出明确的时间表，以便领导进行监控。

3. 及时汇报

在任务进行过程中，应该及时向领导进行汇报，并及时听取领导的意见和建议。

4. 总结汇报

在工作结束之后及时对此次工作进行汇报，总结成功的经验和其中的不足之处，以便在下一次工作中加以改进。同时不要忘记在总结报告中提及领导的正确指导和下属的辛勤工作。

资源拓展

"礼多人不怪"——与上级沟通的职业礼仪

一、上班途中遇到上级时，佯装看不见而避开是失礼之举，你该如何打招呼？

1. 见到上级，便应趋前打招呼。
2. 若说"早晨好"等，应尽可能先向对方打招呼，同时注意声音要响亮，清脆利落。

二、在公司里该如何向上级打招呼

1. 超过上级往前走时，应点头示意并说"对不起"。
2. 打照面时微点头略停顿以示礼让。
3. 上厕所则是各人私自动作，不视别人。若见上级则仍应半侧面轻点头示意。不要游目四顾，心不在焉。切莫放声说长道短，注意厕格中可能有人。

三、因故缺勤时该怎么办

1. 无论因什么事缺勤都先报告，亲自打电话请假，除非因故无法打电话才由家人代劳。
2. 事前预知的先请准假，以不影响自己负责的任务为原则，如果会增加同事负担则宜另择日子。休假期间有关工作安排和联系事项做好备忘录以免混乱、延误。休息过后上班要问候同事。

四、如何对待自己的工作失误

1. 出了错首先应该勇于承认，不要找借口，态度要诚恳。
2. 上级指出你的过失，是给你改过的机会，气馁和抗拒的态度都要不得。要听清楚上级的命令或指示，不要胡乱插嘴。
3. 记住被指责的地方，不要重犯。

（参考资料来源：中国大学MOOC《礼仪文化与有效沟通》）

家政服务礼仪与沟通

任务实施

任务实施见表5-1。

表5-1 任务实施表

情景	沟通技巧
（沟通迷路一）王强从小就被父母教导要踏实勤奋，不要夸夸其谈，所以步入工作以后，王强依然踏实勤奋，领导每次交代的任务他都能如期高质量地完成。但是平常和同事很少沟通，跟领导交流得就更少。他一直相信：事业是干出来的，不是用嘴说出来的，主动和领导沟通就是奉承讨好、溜须拍马，这样做，既会丧失自己的人格尊严，也对工作没有好处。部门会上讨论工作方案，他总是很少发表自己的意见，即使觉得别人的方案并不理想。王强怎么做才可以有效地与领导沟通？	主动沟通，有效展示自我。 领导是决策者和管理者，而下属是执行者，在决策执行过程中，下属必须通过沟通来了解领导的意图，获得领导的认可。多与领导进行工作上的沟通有助于成就多赢的局面，因此，要摒弃"不宜与领导接触过多"的观念，主动与其沟通
（沟通迷路二）王强和市场部职员李娜从一个客户家里考察回来，向经理汇报工作。经理问他们："客户反馈怎么样？"王强直接回答说："不理想。"经理脸色开始变得很沉重。但是李娜却不急于回答经理的问题，因为她已经非常了解经理的脾气，如果直接将不利的情况进行汇报，经理肯定会分析原因，搞不好还会认为她没有尽力去办。经理看到李娜很沉稳，继续问道："客户很不满意吗？还有挽救的可能吗？"李娜非常利索地回答"有"，并继续向经理解释。经理非常欣赏李娜的工作能力。王强向领导汇报工作时应该注意什么问题？	了解内心，准确领会意图。 对不同类型的领导采用不同的沟通方式，尤其是向领导汇报坏消息时，如果处理不好，会引起领导的反感。此时应根据经理的性格特点，以迂为直，先抑后扬，绕过尖锐的话题，通过迂回战术，让领导明白主题

 同步测试

一、单项选择题

1. 与控制型领导沟通，要注意（   ）。

A. 拐弯抹角　　　　　　　　B. 忽视权威
C. 直截了当　　　　　　　　D. 称赞其个性或人品

2. 上下级沟通中，请示与汇报工作过程中，第一个环节是（   ）。

A. 明确任务要领　　　　　　B. 制订计划
C. 及时汇报　　　　　　　　D. 总结汇报

二、多项选择题

1. 与上级沟通的原则是（   ）。

A. 主动沟通，有效展示自我阐述观点
B. 尊重上级，不卑不亢
C. 准确领会意图，工作越位

D. 以个人利益为重
2. 与互动型领导交流，沟通时需要注意（　　）。
A. 背后发泄不满情绪　　　　　　B. 据实以报
C. 公开、真诚地赞美　　　　　　D. 开门见山

三、案例实践

赵明在家政公司业务部门已经工作两年了，领导想把他调到客服部，而赵明不愿意去。在这种情况下，赵明应该怎样与领导沟通呢？

任务二　与同事沟通

任务描述

王强任职以来勤勤恳恳，但是平常和同事很少沟通，面对团队里的形形色色的同事，总是感觉很紧张，他遇到了什么沟通难题？

任务分析

同事之间是一种微妙的人际关系，既是天然的合作者，又是潜在的竞争者。对初入职场的新人来说，出色的沟通能力更是争取别人认可、尽快融入团队的关键。完成此任务，首先要掌握与同事沟通的原则，能够根据不同类型的同事有针对性地选择恰当的沟通方式，灵活运用沟通技巧，处理好同事关系。

相关知识

一、与同事沟通的原则

（一）以诚相见，真诚相待

同事之间坦诚相见，才会营造出一种和谐友好的工作氛围。精诚所至，金石为开。唯有真诚，才能打开同事的心扉，才能激起与同事在思想和情感上的共鸣。如果在同事交往中做事表里不一，说话遮遮掩掩，必然会引起同事的戒备之心。

（二）互谅互让，树立团队意识

常言道："水失鱼，犹为水；鱼无水，不成鱼。"每一个职场人都应该有集体意识，与同事之间互相配合、互谅互让、团结协作。在工作中与同事产生利益纠纷或矛盾必不可少，在遇到这种情况时我们要以大局为重，众人拾柴火焰高，这样才可以走得更远。

（三）严于律己，宽以待人

每个人都有很强的个体意识，都有自己为人处世的行为方式和习惯。所以与同事相处，一方面要严格要求自己，时刻反省自己，提醒自己，尊重别人；另一方面，我们要宽以待人，得饶人

处且饶人。只要不是原则性的问题，就别求全责备，哪怕同事有缺点，我们也要尽可能去容忍。人非圣贤，孰能无过，既然如此，我们就要学会宽容与理解。

（四）不远不近，保持距离

"事君数，斯辱矣。朋友数，斯疏矣。"同事之间需要保持适当的距离，对人、对事才可能客观公正。"君子之交淡如水"，处理好职场人际关系并不等于要与同事无话不谈、亲密无间。不远不近的同事关系，才是最理想的。因为公司各团队之间毕竟是一个成员众多，又具竞争性的组织。与同事相处不能太远，否则人家会认为你不合群、孤僻、不易交往；但也不能太近，太近容易让别人说闲话，而且也容易令领导误解，认定你是在搞小圈子。

二、与不同类型同事的沟通

在职场，由于个人性格的差异性，交往中我们会遇到不同类型的同事，有些同事易相处，能成为工作中的好伙伴；有些人的处事风格和自己并不合拍，易产生冲突、误解、拒绝等消极情绪关系。其中，消极情绪关系基本可分为五种类型，即负面情绪型、闷头做事型、竞争意识强型、团队意识弱型、喜欢发表意见型。不管什么类型，都是我们需要面对的，因此，我们需本着求同存异的思想适当地处理与这些类型同事之间的关系。

（一）与负面情绪型同事的沟通

负面情绪型同事往往只看到自身遇到的一些困难或者不公，爱在人前抱怨，希望博得同情，完全没看到其他人比他承担的责任要重得多，其他人所做的事也远远比他多。与负面情绪型同事沟通，应首先耐心倾听，并表示自己的同情，不要过多地表现自己不耐烦的情绪，这类人往往很敏感；其次尝试帮助他们看到积极正面的东西并引导他们思考解决方案，如我们可以说："对啊，有些事就是不合理，可是我们现在能怎么做？我们有其他的机会吗？"但如果效果不佳，无法鼓励他们，可以转移话题，他们就不会继续和你抱怨了。

（二）与闷头做事型同事的沟通

闷头做事型同事通常业务能力强，可以给予你工作上的指导，但是嘴上不喜欢说太多话，和人缺乏交流。与闷头做事型同事沟通，应通过找到共同兴趣点切入，当两人有足够多的共同爱好时，就可以增加深层次的沟通的机会，拉近两人的关系，从而打开心扉。

（三）与竞争意识强型同事的沟通

竞争意识强型同事喜欢争强好胜，特别害怕别人的能力超过他，所以一旦团队内有人超过他，他就会对其产生敌对情绪。与竞争意识强型同事沟通，不应正面冲突，要找机会化解这个同事心中的担忧，告诉他你们不是竞争对手，而是合作伙伴；如果是良性的竞争，不妨从提高自己的角度正面接受且与之互动及学习。

（四）与团队意识弱型同事的沟通

团队意识弱型同事往往特立独行，以自我为中心，不喜欢团队协作，完不成任务就推卸责任。与团队意识弱型同事沟通，应首先明确每个人的工作内容、完成时限等要求，必要时制作一个流程表并打印下来；其次工作完成过程中除非严重影响到整个任务完成的期限否则不要把事情主动揽过来；养成做工作记录的习惯，避免对方推卸责任的可能性。

（五）与喜欢发表意见型同事的沟通

喜欢发表意见型同事喜欢打听周围人的隐私，并且爱发表自己的意见，甚至在团队里像个小喇叭一样，到处搬弄是非。与喜欢发表意见型同事沟通，应一方面保持尊重；另一方面，如果他们谈话的内容确实有用，那么不妨多请教一下。但如果涉及一些敏感的话题，或者纯粹是为了发表意见而发表意见，那么我们最好少加入讨论，安静地聆听就好。

三、与同事沟通的禁忌与技巧

（一）同事沟通的禁忌

1. 不巧言令色，不好争喜辩，以理为先

同事相处不要耍嘴皮，不要处处表现出伶牙俐齿的状态。要以事实、以理服人，晓之以理胜过强迫，用温和的方式更容易达到目的。与人说话，带着逼迫、愤怒，只会招来更大的反弹，只有用事实与道理与人和谈，灵活处事，才能愉快地与人交流。

2. 不直来直去，应择时择人，视情况而定

我们常常认为心直口快是一种难得的品质，有话就说，直来直去，给人以性格直率之感；但是不分场合、不看对象的直率，往往会成为沟通的障碍。孔子曰："吾党之直者异于是：父为子隐，子为父隐，直在其中矣。"因此同事之间沟通要"曲径通幽"，绕过尖锐的话题。

3. 不传播"耳语"

所谓"耳语"，即小道消息，是指非经正式途径传播的消息，其往往失实，并不可靠。这些"耳语"在团队同事沟通中往往会产生"流言的心理效应"，即一定环境中，尤其是非正常环境下，传播者特定的兴趣、态度和期望，易引起组织内的混乱，影响同事间正常沟通。因此对于团队内小喇叭、嚼舌根的行为，应该做到"三不"：不打听、不评论、不传播。

4. 不随便纠正或补充同事的话

在日常交流中，可以对某个问题发表自己的见解，但不要自以为是、随便纠正或补充同事的话，除非工作需要或对方主动请教，避免投射效应。投射效应是指将自己的特点归因到其他人身上的倾向。在认知和对他人形成印象时，以为他人也具备与自己相似的特性，把自己的感情、意志、特性投射到他人身上并强加于人，就会产生沟通障碍。

5. 不要炫耀自己

威廉·温特尔说："自我表现是人类天性中最主要的因素。"人类喜欢表现自己就像孔雀喜欢炫耀美丽羽毛一样正常，但刻意的自我表现就会使热忱变得虚伪，引起同事的反感。

（二）与同事沟通的技巧

1. 学会微笑

要使同事欢迎你、喜欢你，微笑是一种最简单的示好方式。卡耐基说过："笑容能照亮所有看到它的人像，穿过乌云的太阳带给人们温暖。"行动比言语更具有力量，对人微笑是一种文明的表现，它显示出一种友好和善意，可以帮你快速建立起与同事之间的关系。

2. 学会换位思考

人和人之间的相处，相互理解是与人交往的充分必要条件。同样，在职场中，我们每天都要面临形形色色的人，和不同的人打交道，在这过程中，我们要学会带着相互理解的友善和同事交流，懂得换位思考。别人遇到困难的时候，不奚落对方；别人表达意见的时候，不扭曲对方的意思，懂得站在别人的角度上看待问题，才能更好地和他人相处。

3. 学会利落大方

无论是在生活中还是在职场上，没有人喜欢和一个吝啬、斤斤计较的人相处。所以，在和别人交往的过程中，该大方的时候就大方，不要事事计较，学会大方大度地和他人交流，尊重他人的同时也尊重自己。这样才能赢得同事的好感，才能拓宽自己的人际关系，和同事的相处才会和谐。

4. 学会控制情绪

在和同事相处时要学会控制自己的情绪。职场中，很多人喜欢以硬碰硬，到头来让双方关系越来越僵。对此，我们要学会控制自己的情绪，不要以硬碰硬，否则得不偿失。

> **资源拓展**
>
> **劝慰同事的技巧**
>
> 　　1. 劝慰事业受挫的同事。对于胸怀大志而又在事业上屡遭挫折和失败的同事，最重要的是表现出对其事业的充分理解和支持。在劝慰过程中，应注意理解多于抚慰，鼓励多于同情。最好的一种劝慰是帮助其总结经验教训，分析其面临的诸多有利条件和不利条件，帮助其克服灰心丧气的情绪并树立必胜的信心。
>
> 　　2. 劝慰患病的同事。一般来说，生病的人都会感到心情烦躁，有些病人还会顾虑重重，因病住院者更会感到寂寞、孤单和愁闷。在劝慰生病的同事时，要视具体情况选择谈话内容。对于身患重症、绝症的同事，即便感情再深，也不能在其面前流露哀伤情绪，以免给对方造成精神上的负担。
>
> 　　3. 劝慰丧亲的同事。亲人去世，同事的悲伤可想而知。劝慰这些同事时，专注的倾听尤为重要，倾听对方的回忆和哭诉，让其悲痛的心情得以宣泄和释放，这样有利于对方恢复心理平衡。此外，还应与同事多谈死者生前的优点、贡献以及后人对他的敬仰和怀念，因为对死者的评价越高，其亲属就越能感到宽慰，进而能尽快从丧亲的沉重与悲痛中解脱出来。
>
> （参考资料来源：高琳，《人际沟通与礼仪》）

任务实施

任务实施见表5-2。

表5-2　任务实施表

情景	沟通技巧
（沟通迷路一）王强到家政服务公司市场部以来，同事们对他很友善。但是，后来发生了一件事，改变了同事们对他的态度。一次，他和同事抱怨工作上"不公平的事"，吐槽任职以来看不顺眼的一位同事，不料没出几日，他的这些"吐槽"好像长了腿脚，部门里没有不知道的。从那之后很长时间王强感觉自己好像被孤立了	不传播"耳语"。办公室不是互诉衷肠的地方，我们不能把同事的"友善"和朋友的"友谊"混为一谈，以免影响自身形象。因此当自己工作不顺利、对同事、老板有意见的时候不应该在办公室与同事沟通
（沟通迷路二）上个月，王强所在的部门来了一位新同事，而这位同事正好是他的好友，领导将他交给王强，王强不知道如何与他相处才可以避嫌	不远不近，保持距离。王强首先要做的是向他介绍公司分工和其他制度，注意这时候不宜有过多的肢体动作以免惹来闲言闲语，也容易令同事误解，认定你是在搞小圈子。所以说不即不离、不远不近的同事关系才是最难得的和最理想的。其次，朋友间的闲聊可以等到下班之后，同时也要注意私下最好少提公事

续表

情景	沟通技巧
（沟通迷路三）王强工作团队内部的某位同事爱在他面前抱怨，常因小事"唠叨"不已。虽则事后王强不把这些事情放在心上，但在一起工作总是影响他的心情，进而影响工作效率。王强应如何与他相处？	学会控制情绪，掌握同事类型。 与负面情绪型同事沟通，首先耐心倾听，并表示自己的同情，不要过多地表现自己不耐烦的情绪，这类人往往很敏感；其次尝试帮助他们看到积极正面的东西并引导他们思考解决方案，如我们可以说："对啊，有些事就是不合理，可是我们现在能怎么做？我们有其他的机会吗？"但如果效果不佳，无法鼓励他们，可以转移话题
（沟通迷路四）王强与本部门内一同事刘兰就公司活动写一份策划案，完成之后由刘兰发给上级领导。谁知，由于刘兰的粗心大意，没有将邮件发送成功，为此领导批评了他们。王强心里很不舒服，并对这个同事产生了敌对情绪	互谅互让，树立团队意识。 与同事产生利益纠纷或矛盾必不可少，是任何人都要面对的。这种情况下我们要以大局为重，学会控制自己的情绪，这样才可以走得更远

 同步测试

一、单项选择题

1. "事君数，斯辱矣。朋友数，斯疏矣。"这是指在同事沟通中应该（　　）。

　　A. 不远不近，保持距离　　　　B. 以诚相见，真诚相待
　　C. 严于律己，宽以待人　　　　D. 互谅互让，树立团队意识

2. 俗话说："一个和尚挑水吃，两个和尚抬水吃，三个和尚没水吃。"这是指在同事沟通中应该注意（　　）。

　　A. 不远不近，保持距离　　　　B. 以诚相见，真诚相待
　　C. 严于律己，宽以待人　　　　D. 互谅互让，树立团队意识

二、多项选择题

1. 面对团队意识比较弱的同事，沟通时需要注意（　　）。

　　A. 明确工作任务　　　　　　　B. 制订工作流程
　　C. 学会做工作记录　　　　　　D. 各司其职

2. 同事之间沟通交流为了避免产生"流言的心理效应"，应该做到"三不"，即（　　）。

　　A. 不打听　　　　　　　　　　B. 不直来直去
　　C. 不传播　　　　　　　　　　D. 不评论

三、案例实践

请谈一谈在一个新的环境中应如何与同事相处。

家政服务礼仪与沟通

任务三 与下属沟通

任务描述

在家政服务公司，团队中的每个职工都是组织中的一员，只有整个团队配合得好，才能保证整个组织的高效运转。作为团队的领导者，与下级沟通出现问题的现象屡见不鲜。案例中市场部王经理向上级领导争取带薪休假名额没有成功，便引起了下属的不满。要想打造一个高效的团队，又该如何与下属沟通呢？

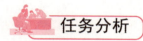

在职场中，能否建立一个关系融洽、积极进取的团队的关键在于领导是否善于与下属沟通，能否营造团队内的和谐氛围。本任务首先明确领导与下属沟通的前提，掌握与不同下属沟通的技巧，处理好不同情景下的沟通，实现有效沟通。

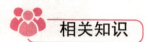

一、与下属沟通的前提

（一）充分了解，关心下属

领导要充分了解下属的观点、态度、价值观，关心下属的生活习惯、生活方式、兴趣爱好等，努力帮助下属在工作中实现个人价值。领导对下属的情况了解得越清晰，越有利于全面、整体、有效的沟通管理。

（二）主动沟通，尊重下属

领导领导要主动放下姿态去和下级分享信息，沟通第一，面子第二，给予下属尊重。很多领导喜欢居高临下地进行"领导训勉"，仿佛这样才能彰显自己的权威，其实这样往往会适得其反；当领导肯放下架子与下属主动接触时，大家的心扉才能打开，这才是有效沟通的前提条件。

（三）征询意见，认可下属

领导决策前多征询下属的意见，让他们有机会表达看法、想法，切忌搞一言堂。很多领导由于管理风格比较强势，总是喜欢自己说了算，不可否认这样的方式能大大地提高决策效率；但时间久了就会让团队养成不喜欢思考的习惯，一切都在等着领导给答案，久而久之，在企业里即使大家发现了问题也不会主动沟通，更不会提建设性的意见。

（四）适当夸奖，激励下属

没有人不喜欢被激励，尤其是自己的员工，有很多时候领导一句小小的关心和鼓励就能提升下属的执行力。所以在与下属沟通时，不要忘了激励因素。美国行为科学家弗雷德里克·赫茨伯格提出的双因素激励理论认为，引起人们工作动机的因素主要有两个：一是保健因素，二是激励因素。要调动人们的积极性，需要注重保健因素和激励因素。但只有激励因素才能够给人们带来满意感，保健因素只能消除人们的不满，但不会带来满意感。其中激励因素包括公司政策和管理、技术监督、薪水、工作条件以及人际关系等。领导要注意下属的工作安排，量才录用，各得其所，给其以成长、发展、晋升的机会；同时对下属进行适当的精神鼓励，给予表扬和认可。

二、与不同类型下属的沟通方式

领导根据下属的风格和沟通习惯来调整沟通方式，可以让彼此之间的交流更顺畅，做到真正的有效沟通。LIFO方法是公认较有效的方法之一。LIFO全称为Life orientation，即人生取向、个人外显的行为偏好，是美国应用最广、发展最早的两大行为风格行为系统之一，又被称作"长处管理策略"。根据下属的不同类型，使用下属喜欢被对待的方式来对待他们，才能找到高效沟通的法门。下面是与不同类型下属的沟通方式：

（一）与（掌握/接管）行动类型下属的沟通

这类下属一般被视为主动有能力的人，很有主见，你讲什么他都有自己的想法，与其沟通总是会变成争辩，给人以疲惫感。与行动类型下属沟通，应先去揣摩其心思，你要知道他们是怎么想的？这项工作对他们来说有什么阻力？他们为什么抗拒？这项工作对他们有什么益处？事先准备好你的论点，就能用很简单的几句话说服他们。

（二）与（持稳/固守）理性类型下属的沟通

这类下属一般善用现有资源，循序渐进，被视为客观理智的人。他们通常会问这些问题：你要我做什么？有没有范本？有没有具体的程序、方法、内容？如果这些东西不清楚，他们就会要花时间跟你厘清。与理性类型下属沟通，应为他们提供足够的资料和信息，比如以前的做法流程、文档资料、交付时间等，把这些事情说清楚，他们会是很好的执行者。

（三）与（支持/退让）理想类型下属的沟通

这类下属一般被视为比较缺乏自信的人。这类下属对自己的工作成果要求很高，如果他们觉得一件事情自己做不好，就没有意愿做。他们做事认真，喜欢证明自己的价值，希望自己可以得到相应的回报。与理想类型下属沟通，应多鼓励他们，肯定他们的能力。他们的问题在于，你要说服他们的角度是让他们自己有信心去做，相信他们可以做得好。你只要让他们相信，他们比起比其他人有更多经验，别人没有他们做得好，所以由他们来做，而且这个事情做不到100分没关系，不需要一次就做到完美，以他们的能力一定可以完成。

（四）与（顺应/妥协）和谐类型下属的沟通

这类下属一般被视为让人欣赏、受欢迎的人。他们通常先满足别人的期待和情感，才期待得到回应。这类下属一般不会拒绝，绝不会跟你说"不好""不要做"，但最后可能会没有做好，他们只做自己觉得有把握想做完的部分。与和谐类型下属沟通，应注意他们不会直接把问题讲出来，所以你要主动提出问题来询问他们，解除他们对于这项工作在各方面特别是人际方面的疑虑，这样一来他们就可以高质量地完成工作。

三、不同情境下与下属的沟通

（一）下达命令

在向下属发布任务时，可以采用明确指令法，强调效率，将任务交代清楚，指令清晰。很多领导只是在安排任务，从来不说具体的标准和要求，结果导致整件事情在执行过程中反复沟通浪费时间。有任务就一定有标准和要求，这样下属才有努力的方向。领导在向下属下达指令的时候，首先应该想清楚，你要让他做什么事情？什么时间做？怎么做？要达到什么样的标准？当领导以清晰、明确的指令向下属传达任务的时候，下属就非常清楚领导的标准，当标准明确的时候，下属才能更好地执行，也才能得到更好的结果。

（二）听取下属汇报工作

听取下属汇报工作时，可以采用有效倾听法。在下属汇报工作的时候，领导要注意倾听，不急着说，先听听看。学会倾听是有效沟通的第一步。从下属的汇报中注意提取出有效的信息，这个时候领导可以采取有效而积极的态度，鼓励下属继续说下去，让下属受到重视，从而积极地表达。领导要在下属汇报的过程中，根据下属汇报中的可取之处，或者下属汇报中的亮点给予及时的肯定和表扬，这样下属会乐于到领导那里去做沟通。

（三）讨论问题

作为领导应学会广纳建言，接纳谏言，拒绝一言堂，提升下属的参与感。在与下属的沟通过程中，遇到一些悬而未决的问题，领导不要盲目地下结论，应该采用共同讨论法，积极地和下属讨论，因为下属最了解一线的实际情况，所以领导应该更多地听取下属的想法。因此，在与下属的沟通过程中，领导一定要先聆听再发问，再把想法说出来听听下属的建议，最终和下属达成一致的解决方法，这时候下属再去执行就会有更强的执行力。

> **资源拓展**
>
> **与下属良好沟通的禁忌**
>
> 1. 就事论事。永远不在工作中评价下属的个人品德及作风问题，应就事论事。
> 2. 少发脾气、少指责，特别是公开场合。公众场合能控制住自己的情绪也是优秀管理者的必修课。掌控情绪，不伤和气，拒绝"野马结局效应"，不要让情绪掌控你的语言。
> 3. 下属做对时，及时当众表扬。下属的高效执行力来自管理者的及时肯定和激励。
> 4. 沟通下属的情绪、私下化解。注重下属隐私，维护下属尊严，有些事情私下沟通效果会事半功倍。
> 5. 不要传播负面情绪。职场中管理者的一言一行都会被放大，所以管理者要一直保持一颗积极向上的心，让下属在自己身上看到的永远是正能量和榜样的力量，这样管理者讲话自然会有说服力。

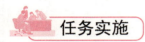

任务实施

任务实施见表5-3。

表5-3 任务实施表

情景	沟通技巧
任务描述中市场部王经理向上级领导争取带薪休假名额没有成功，他在按照惯例每月请组内员工吃饭时，不经意间听到下属议论："我们王经理就靠这点本事笼络人心，遇到我们真正需要他关心、帮助的事情，他没一件办成的。你拿这次带薪休假的事来说吧，我们几个人都很想去，但王经理却一点都没察觉到，也没积极为我们争取，我真的怀疑他有没有真正关心过我们。"王经理听到后很伤心	充分了解，关心下属。王经理如果从工作角度出发，对下属实行"小恩小惠"是正常的，没有任何"小恩小惠"才反常。但是在这个案例中王经理的"小恩小惠"得到了下属的抱怨，为什么呢？因为他使用的方式不对。员工最重要和最基本的需求没有得到满足，所以对员工来说，"小恩小惠"就变了滋味。因此领导要充分了解下属，并主动沟通
王经理发现有一位下属比较固执，给他布置工作总要先说服他，否则他就不愿意接受工作，每次都要花大量时间进行沟通。对于这样的下属，应怎么沟通？	首先去揣摩其心思，他是怎样想的？这项工作对他来说有什么阻力？他为什么会抗拒？这项工作对他有什么益处？事先准备好论点，就能用很简单的几句话说服他

同步测试

一、单项选择题

1. 与下属单独沟通时的注意事项不包括（　　）。
   A. 倾听下属心声　　　　　　　B. 尽量避开难沟通的下属
   C. 了解下属的情绪　　　　　　D. 留心下属面临的问题

2. 理性风格下属的特征是（　　）。
   A. 有回应、有价值　　　　　　B. 客观理智
   C. 让人欣赏、受欢迎　　　　　D. 主动有能力

二、多项选择题

美国行为科学家弗雷德里克·赫茨伯格提出的双因素激励理论包括（　　）。
A. 激励因素　　B. 保健因素　　C. 尊重因素　　D. 惩罚因素

三、判断题

1. 在与下属的沟通中，对不同性格的下属要采用不同的方法。（　　）
2. 领导批评下属时，要当众指出问题，不要留有余地。（　　）

四、案例实践

王强是某家政服务公司客服部新上任的经理，工作认真。因临时的工作任务需要本部门员工周末加班，但由于部门内有3名员工休产假，其他员工已经连续两周周末没有休息。为了缓和下属情绪，营造一个良好的加班氛围，王经理应该怎样与下属沟通？

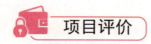

家政服务礼仪与沟通

项目评价

项目评价见表5-4。

表5-4 项目评价表

项目	评价标准
知识掌握（40分）	掌握与不同类型领导的沟通方式（10分） 掌握与不同类型下属的沟通方式（10分） 掌握与不同类型同事的沟通方式（10分） 了解与同事沟通的原则（5分） 熟悉与下属沟通的前提（5分）
实践能力（30分）	熟悉向领导请示与汇报的工作流程（15分） 掌握不同情景下与下属的沟通方式（15分）
礼仪素养（30分）	提升解决团队间沟通实际问题的能力（15分） 具有大局意识、协作意识和服务意识的团队精神（15分）
总分（100分）	

项目二 家政服务人员与客户的沟通

【项目介绍】

沟通是一种艺术，同时也是一种技术。家政服务人员与客户的沟通是为了了解客户的需求，更好地化解和客户的矛盾，以维护老客户和开发新客户，能够与客户建立永久性的合作关系。在本项目中，有以下三个任务：在与客户交往中，首先进行业务洽谈沟通；其次，家政服务人员入户工作时与客户沟通；最后，工作结束后进行回访沟通。通过本项目的学习，应掌握与客户沟通的技巧，把沟通理论应用于实践中，形成高效的服务团队沟通氛围。

【知识目标】

1. 了解与客户业务洽谈沟通过程；
2. 掌握与客户业务洽谈沟通的方法；
3. 掌握入户工作沟通策略；
4. 了解入户工作沟通禁忌；
5. 理解客户回访沟通的目的。

【技能目标】

1. 能够针对不同类型的客户进行有效沟通；
2. 学会与客户家庭中老年人、婴幼儿、孕产妇沟通相处；
3. 能够对客户进行有效的回访沟通。

模块五　家政服务人员沟通实践

【素质目标】

树立客户为中心的服务沟通意识；提高善沟通、爱表达、懂关怀、乐助人的职业人文素养；养成工作时有爱心、耐心、责任心的工作态度。

案例引入

陈先生夫妻平时工作较忙，家里有一个1岁的孩子无人照看，需要找一位育婴员。他们通过互联网广告了解到爱馨家政公司，于是到家政公司去咨询。客服部小王接待了他们，与他们进行了业务沟通，整个沟通过程十分顺畅，双方达成了一致，签订了合同。一周后，家政公司育婴员李姐到陈先生家进行幼儿照护。李姐工作勤快、负责，没想到两次工作结束后，却遭到陈先生的投诉。客服部将陈先生的意见反馈给李姐，李姐意识到自己在沟通方面的欠缺，及时改正。公司客服部于次日进行了客户回访，并持续跟进。最终，爱馨家政公司赢得了陈先生一家的肯定，促进了业务达成。

任务一　业务洽谈沟通

任务描述

家政服务公司客服部小王与客户洽谈业务时应如何与客户沟通？沟通的过程中需要注意哪些方面？怎样沟通能促成业务的达成？

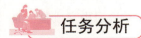

"三分说，七分听，适时巧发问"，这是有效沟通的方式。完成此任务，首先能够识别不同类型客户的性格特征，有针对性地选择沟通方式；学习与客户沟通的整个过程，注意与客户沟通的事项，促进服务产品的销售。

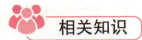

一、与客户业务洽谈沟通的过程

（一）沟通前的准备

1. 建立沟通目标

在与客户沟通前，我们要预想一个目标，即这场业务洽谈能有怎样的结果，有了目标才能有计划地展开提问，控制谈话的节奏，更利于协议的达成。

2. 制订好沟通计划以及突发应对方案

机会都是留给有准备的人，设定了目标，就要制订好沟通计划。必要的销售话术是需要的，怎

家政服务礼仪与沟通

样与客户沟通,先说什么后说什么,怎样的谈话方式更有效,遇到某些情况该如何应对。比如,在沟通前找一个经验丰富有决定权的人在旁边辅导你,当客户提出你解决不了的问题时,可以咨询这个人;或者客户对你的沟通无感的时候,你要拿出一个刺激性的方案以引起客户的兴趣。

(二)确认需求

确认客户的需求才能精准销售,如果我们无法把握客户核心的需求是什么,也就不可能让客户满意。所以了解客户的需求是沟通的重要一环,在洽谈时,你可以采取以下技巧:①学会倾听。少说多听,沟通过程中会有许多的信息藏在你与客户的对话中,你需要设身处地地站在客户的立场上去倾听客户给你的信息。②适时发问。在倾听过程中,如果对客户的需求不明确,那么此时要抓住关键信息去提问,比如询问客户对雇用月嫂的预算是多少,这种关键性问题能够判断客户的核心需求。

(三)阐述观点

销售产品或服务最重要的是表达自己,描述自己的产品或服务,如何把自己的观点表达给客户,让客户充分了解你的产品或服务,信任你的人品,这是需要学习和练习的一个主要技能。

(四)处理异议

在与客户的沟通中总会遇到有异议的地方,双方的观点总是不尽相同的,产生碰撞和冲突很正常,重要的是我们要有处理好这种纠纷和冲突的能力,如果解决不好,就很容易导致沟通失败。

处理异议的方法有:①转移法,不作正面的答复,以反问的方式提醒客户双方的责任;②延时法,延长交谈时间解决异议;③否认法,对于所陈述的观点有明显的差异,应采取否认法;④预防法,在预估到事情可能要发生变化时,先提醒对方。

(五)达成协议

与客户沟通最重要的结果就是达成协议,我们在沟通中要适时督促客户签署合同或协议,这样的沟通才是服务于产品或服务销售的。

(六)共同实施

沟通的结果是达成协议,但并不意味着沟通就结束了,真正检验沟通是否有效还要看我们是否共同实施了落在纸面上的协议,我们需要努力去完成后期跟进回访,在沟通中完成整个家政服务环节。

二、不同类型客户的沟通方式

不同的人说同样的事会用不同的方式,原因是人们拥有不同的人际沟通风格。人际沟通风格可以简化为四种类型:表达型、支配型、亲和型、理性型。四种风格有各自的表现特征,了解客户在工作生活中的行事风格,有益于找出与客户和谐相处的方式。

(一)表达型客户的特征以及与其沟通方式

1. 特征

这类人性格外向、直率、友好、热情,说话时幽默、生动,往往带着抑扬顿挫的语调,话语铿锵有力、令人信服。

2. 与其沟通方式

遇到表达型的客户,沟通的时候要注意:①说话时声音一定要洪亮;②表达要非常直接,不要委婉含蓄;③要有一些肢体动作和眼神交流,如果我们很死板,没有动作,那么表达型人会失去听下去的耐心;④表达型人不注重细节,甚至有可能说完就忘了,所以达成协议以后,最好与之进行书面确认。

(二) 支配型客户的特征以及与其沟通方式

1. 特征

这类人性格果断、独立，有作为、爱指挥，强调效率，说话快且有说服力，语言直接且有目的性，面部表情比较少。

2. 与其沟通方式

遇到支配型的客户，沟通的时候要注意：①说话要非常直接，不要有太多寒暄，直接说出你的目的；②多问一些封闭式的问题，他会觉得效率非常高；③要在最短的时间里给他一个非常准确的答案，而不是一种模棱两可的结果；④说话的时候声音要洪亮，充满信心，语速一定要比较快；⑤沟通时要有强烈的目光接触，展示你的自信；⑥为体现尊重，身体一定要略微前倾。

(三) 亲和型客户的特征以及与其沟通方式

1. 特征

这类人性格温和友好，面部表情和蔼可亲，说话慢条斯理、声音轻柔，爱使用鼓励性的语言。

2. 与其沟通方式

遇到亲和型的客户，沟通的时候要注意：①要与之建立良好关系。在信任的人面前，亲和型的客户会愿意敞开心扉。不要给他压力，要鼓励他，去征求他的意见。如我们可以多提问："您说说看，您的意见呢?"②同亲和型的人沟通，语速要慢一些，要时刻充满微笑。③要有频繁的目光接触，每次接触的时间不长，但是频率要高，注意不要盯着他不放，要接触一下回避一下，沟通效果会非常好。

(四) 理性型客户的特征以及与其沟通方式

1. 特征

这类人性格严肃认真，做事动作慢，但有条不紊，合乎逻辑。说话语调单一，特别注意细节。

2. 与其沟通方式

遇到理性型的客户，沟通的时候要注意：①注重细节、遵守时间，尽快切入主题。②要一边说一边拿纸和笔记录，不要有太多眼神的交流，更避免有太多身体接触，身体略微后仰，因为理性型的人强调安全，应尊重他的个人空间。③业务洽谈时一定要用准确的专业术语，尽可能多列举一些具体的数据、图表。

三、与客户业务洽谈沟通的注意事项

1. 业务介绍简洁明了

家政客服人员与客户见面进行业务介绍时，首先注意简洁明了、言简意赅，在两三句话里要介绍完。语速适当慢一些，但不能拖沓，说话时要注视对方的眼睛并面带微笑。

2. 交谈时避开过多专业术语

如果交谈时用一大堆专业术语，客户听不懂又不好意思询问，就会造成客户的厌烦和抵触心理，不理解也就难以认同和接受。所以介绍的时候尽可能用简单易懂的话代替专业术语，这样客户才能听得明白，沟通起来才更顺畅。如说到"失智老人"时，我们日常生活中会说"老年痴呆"，因此家政客服人员可以用常见词来代替专业性词语，更便于客户理解。

3. 面对客户提问要回答全面、表达清晰

面对客户的提问，家政客服人员一定要回答全面，业务表述清晰；但并不是滔滔不绝及越多越好，而是越全面越清晰越好，不要有遗漏和含混不清，只有解释清楚，客户才会接受。

4. 不要谈主观议题，注意引导客户话题

与客户进行沟通的时候，往往很难控制客户的话题，特别是对刚入职的新人来说，控制不好

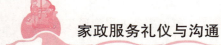

就会容易被客户"牵着鼻子走",跟客户进行一些主观议题的讨论,这样很容易产生一些分歧,最终可能业务没谈成,还导致关系破裂。如客户列出了自己对月嫂的很多细节要求,当我们无法一一满足时,就要注意引导客户找出核心需求,满足其核心需求为其匹配月嫂。

5. 注意理智交谈,避免情绪化

在交谈时,不要用反问的语气来驳斥客户,如果客户出现恶意问题,而你以牙还牙,那很容易将客户驳倒。如果出现以上情况,要以微笑、和气的语气回答客户问题,不要带着情绪,要回到解决问题本身上来。

资源拓展

销售员与客户沟通的经典话术

一、感同身受

1. 我非常理解您的心情。
2. 我理解您怎么会生气,换成是我我也会有跟您一样的感受。
3. 我非常理解您的心情,请放心,我们一定会查证清楚,给您一个满意的答复。

二、被重视

1. 您是长期支持我们的老客户了。
2. 您对我们业务这么熟,肯定是我们的老顾客了,不好意思,我们出现这样的失误,太抱歉了;
3. 先生/小姐,很抱歉之前的服务让您有不好的感受,我们公司对于客户的意见是非常重视的,我们会将您说的情况尽快反映给相关部门去改进。

三、用"我"代替"您"

1. "您把我搞糊涂了"换成"我不太明白,能否再重复下您的问题"。
2. "您搞错了"换成"我觉得可能是我们的沟通存在误会";
3. "我已经说得很清楚了"换成"可能是我未解释清楚,令您误解了"。

四、站在客户角度说话

1. 这样做主要是为了保护您的利益。
2. 如果谁都可以帮您办理这么重要的业务,那对您的利益是很没有保障的。
3. 我知道您一定会谅解的,这样做就是为了确保像您一样对我们公司有着重要意义的忠诚顾客的权益。

五、怎样的嘴巴才最甜

1. 非常感谢您这么好的建议,我们会向上级反映,因为有了您的建议,我们才会不断进步。
2. (客户不满意但不追究时)谢谢您的理解和支持,我们将不断改进服务,让您满意。
3. 先生,您是我们的老客户了,我们当然不能辜负您的信任。

六、拒绝的艺术

1. ×小姐,我很能理解您的想法,但非常抱歉,您的具体要求我们暂时无法满足,我会先把您遇到的情况反馈给相关部门,查证后再与您联络好吗?
2. 您说的这些,确实有一定的道理,如果我们能帮您一定会尽力,不能帮您的地方也请您谅解;
3. 尽管我们目前暂时无法立刻去处理或解决这件事情,但我们可以做到的是……

(参考资料来源:中国大学MOOC《礼仪文化与有效沟通》)

任务实施

针对家政公司与客户业务洽谈的情景，列出以下沟通方法，见表5-5。

表 5-5　任务实施表

情景	沟通方法
客户："我家情况确实糟糕，我和妻子工作很忙，老人都在老家，不能来带孩子，现在孩子无人照看，因为缺少悉心照料，孩子免疫力很差，经常生病。我们之前也找了几个保姆，没有一个满意的，孩子频繁地换照料人，变得越来越不爱说话了。真担心找不到合适的保姆！"	以"同理心"与客户建立信任关系。 以"同理心"快速进入客户的内心世界，从客户的立场、角度感受事情，即与客户"感同身受"，这样才能与客户建立信任关系。在此情景中，将发掘客户需求的过程变成你与客户一起解决问题的过程，客户对自己问题的解决与家政客服人员的建议有机结合在一起，就是一次成功的销售过程
客户："我先来介绍一下我们家庭的基本情况以及孩子的情况。家里只有我和妻子以及两岁的孩子，早上8点我和妻子要去上班……"	学会倾听。 用心倾听是对客户最好的尊重，客户的需求都是从倾听中发现的。与客户的谈话三分之一的时间用来说，三分之二的时间用来听，就是一场有效的沟通。倾听时，应做出表情和身体姿态的回应附和，以营造和谐的谈话氛围
客户："我对保姆的要求是年轻一些，最好有大专以上学历，能教育孩子，然后干净勤快，还得有责任心、有耐心，也得有经验。我和妻子工作太忙，保姆得能住家，周末休息一天……"	引导话题，进行有效沟通。 通过一连串有步骤的提问，控制对话节奏，拉近与客户的距离，进而寻找客户的需求，达成销售。家政客服人员要抓住客户的核心需求进行引导，淡化一些价值不高的要求，以满足其核心需求，从而达成协议。在此情景中，客户的核心需求有：学历、责任心、能住家，家政客服人员可以抓住这几点进行话题引导，促成销售，而其他要求则可暂时回避。如不控制话题，则很难匹配合适的育婴员
客户："我觉得你推荐的这几个保姆我都不太满意，我回家再和妻子商量一下吧！"	面对拒绝不灰心。 被客户拒绝是客服人员是不可避免的情况，不要因为拒绝而强硬推销或心情烦躁，我们可以认真倾听客户意见，表示赞同，并以真诚帮助客户的心态，建议客户到其他家政公司咨询，后期持续跟进沟通

同步测试

一、单项选择题

1. 与理性型客户沟通时，要注意（　　）。
A. 说话声音洪亮　　　　　　　　　　B. 全程保持微笑

家政服务礼仪与沟通

C. 一定要用准确的专业术语　　　　　D. 多有目光接触

2. 在处理异议沟通时，不作正面的答复，以反问的方式提醒客户双方的责任，这种方法叫作（　　）。

A. 预防法　　　B. 转移法　　　C. 否认法　　　D. 延时法

3. 沟通过程中，最后一个环节是（　　）。

A. 阐述观点　　　B. 确认需求　　　C. 达成协议　　　D. 共同实施

二、多项选择题

1. 沟通前了解客户的需求时，可以采取哪些技巧？（　　）

A. 阐述观点　　　　　　　　　　B. 适当提问

C. 用心倾听　　　　　　　　　　D. 处理异议

3. 面对支配型性格的客户，沟通时需要注意（　　）。

A. 直接说明结果　　　　　　　　B. 说话要非常直接

C. 声音洪亮，有信心　　　　　　D. 有目光接触

三、案例实践

客户刘女士来到家政服务公司，想找一位家政服务员照顾自己年迈的母亲。经接触交谈，刘女士的要求比较多，甚至对细节有些苛求，很难以说服。面对这样的客户，你怎么与其沟通？

任务二 入户服务沟通

任务描述

育婴员李姐上门工作，遇到的一个困难是沟通不是特别好。在客户家的时候，她有时不注意，可能说话的方式和语气不合适，客户就会觉得心里不舒服，甚至会投诉她。有一次李姐帮客户家买菜，她去市场挑选了新鲜的蔬菜，没想到客户看到后却不满意，原来蔬菜虽然新鲜却不符合客户的口味，李姐也后悔没事先与客户沟通好。

任务分析

每个家庭都有不同的生活习惯和饮食偏好，任务描述中育婴员李姐工作认真热心，只因忽略了事前的询问和了解，才导致了事后的不欢场面。因此家政服务员入户服务时，要掌握与客户有效沟通的技巧，了解入户服务沟通的禁忌，懂得与不同家庭成员和谐相处之道。

相关知识

一、入户工作沟通策略

（一）主动沟通，寻找双方共同点

大多数人在进入一个陌生环境后，会表现出胆怯、害羞，产生不敢主动交谈的心理。同样，

家政服务员入户初期，在客户家中往往也不敢与客户随意交谈，由于沟通不畅就造成了很多的误解。因此，家政服务员入户后一定要克服自卑、害羞、胆怯、多疑等心理，大胆同客户接近，寻找双方在兴趣、性格、观念等方面的共同点，并不断发展扩大这些共同点。如果总是默默无语、消极应付，有意无意地躲避与客户的交流，客户则容易在心理上、感情上对家政服务员产生距离，从而给发展良好的相互关系带来障碍。对于家政服务员来讲，入户后第一步要做的就是尽快了解客户家中的基本情况，比如家庭的饮食习惯、其所照护的老年人身体状况、幼儿的生活规律等。

（二）真诚沟通，建立相互信任关系

家政服务员要本着真诚待人的原则，适时适当地向客户吐露自己工作时的困惑、烦恼、苦闷，合理合情地展示自己的喜怒哀乐，公开自己的观点看法，这有助于增进客户对家政服务员的理解和信任。家政服务员也可以选择一个合适的话题，与客户建立起沟通的桥梁。例如，可以介绍家乡的风土人情、礼俗风尚、奇闻趣事等。相互理解、相互信任是建立和谐雇佣关系的基础。

二、与特殊家庭成员的沟通方法

（一）与老年人沟通

老年人的身体部分功能如视觉、听觉等会出现减退，信息接收速度减慢，同时记忆力也在减退，性格和情绪也发生变化，存在一定程度的沟通障碍，因此家政服务员在照顾老年人时，要掌握与之有效沟通的方法。

1. 恰当选择口头语言

在与老年人进行口头语言沟通时，应尽量选择通俗易懂的语言，重点内容反复强调，并且要避免碰触老年人心里的痛处。例如，面对记忆力不好的老年人，不要问："您还记得我吗？"以免老年人对自己的记忆力产生怀疑，可以对其说："我又来看您了。"使老年人有一种被重视、被关怀的感觉。

2. 合理设计书面语言

当老年人存在听觉功能障碍或理解能力障碍时，家政服务员可以适当采取书面语言形式进行沟通交流。沟通时，可以运用简明的图表、图片或模型来解释某些事物，也可以将表述的问题概括成简短的词语，写在卡片上供老年人辨识。

3. 恰当使用交谈的起始语

多用征求的话语展开谈话，如："您今天要谈什么，由您老做主。""您今天想和我说什么吗？""您现在是怎么想的？"

4. 适当的语速

交谈语速要和缓，给老年人足够的思考与反应时间。语速较快又较难理解时，容易引发老年人的烦躁情绪。

5. 多用安慰性语言、鼓励性语言

关心的语言，既能使人心情愉悦，感到亲切温暖，又能对疾病起到辅助治疗的效果，对老年人的身心健康及护理效果都是大有益处的。要多使用鼓励性语言，如"您这样想非常好""您讲得很清楚"等，多给老年人称赞，避免发生争执。

6. 恰当使用非语言沟通技巧

当老年人不能清楚表达其意时，可用手势辅助表达，如模仿洗手、刷牙、梳头、用餐、饮水

等动作，来表达相应的信息。对有认知障碍的老年人，沟通时要有适当的目光接触，由此老年人可获得感知和认同的信息。护理长期卧床的老年人时，身体前倾坐在床旁，或适时下蹲或俯下身子，都会让老年人感到你平易近人、易于接触。

（二）与婴幼儿沟通

由于婴幼儿语言表达能力和理解能力有限，家政服务员在照护婴幼儿时，就要掌握与其有效沟通的方法，才能赢得婴幼儿的信任，同时也促进婴幼儿的语言能力发育和心理健康发展。

1. 善于观察婴幼儿细微的心理变化

根据婴儿的哭声来识别是饥饿、不舒服、害怕或疼痛等，然后采取相应的照护措施。如饥饿干渴时，婴儿哭声响亮、闭着眼、双脚紧蹬、吮手；婴儿不舒服时，啼哭持续不断、流泪、双脚蹬动或面带惊慌，这多是因襁褓不适、包裹太紧、过热或过凉等；婴儿恐惧、害怕时，会发生啼哭，哭声突然发作，声音大而刺耳。照护婴儿时，根据不同情况减轻疼痛及其他不适，使其停止哭闹。

2. 善于使用形象生动、富有趣味性的语言

与婴幼儿交流时多使用亲切的语调，关怀的语气，会消除婴幼儿的陌生感，使婴幼儿快速地熟悉和接受家政服务员。生动形象的语言会调动婴幼儿的兴趣，使他们在愉快的氛围中成长，同时也会刺激婴幼儿的语言能力发育。

3. 语言简单直白，表达清晰简单

与幼儿交谈时要简化句法结构，使用简单的词汇。例如婴幼儿不爱吃蔬菜，如果家政服务员说"蔬菜中含有维生素、微量元素，是我们身体所需要补充的营养，能预防各种疾病，提高免疫力"，婴幼儿不容易理解，效果反而会不尽如人意，不如改成"多吃蔬菜身体棒，长高又长壮"，简单直白的语言会让婴幼儿更容易理解接受。

4. 不失时机地鼓励和赞扬婴幼儿

当婴幼儿独立完成一件事，或是有自己独特的看法时，可以说"真不错""你真行"，这些鼓励性语言可以激发婴幼儿进一步表现的欲望；当婴幼儿遇到问题不能解决、感到失望时，要用积极的语言鼓励婴幼儿去探索，比如说"你试试看""这件事难不倒你的"，这样的语言会激励婴幼儿，帮助其建立自信心。

5. 善于使用体态语言

体态语言包括面部表情、目光接触、触摸、手势等。一个细微的动作可以辅助语言交流，达到沟通的目标。例如微笑可以增加亲和力，缩短和婴幼儿的距离；握握他们的小手、逗引婴幼儿，可以给婴幼儿安全感，使婴幼儿产生信任和依赖；手势和眼神的暗示可以在婴幼儿犯错时给予，使婴幼儿心领神会、及时改正。

（三）与孕产妇沟通

孕产期是使女性生理发生剧烈变化的一段特殊时期。孕期对分娩过程的恐惧，产褥期面临人生较大的转变，面对母亲角色的不适应，面对接踵而至的给婴儿喂奶、洗澡、换尿布等日常生活问题，害怕孩子身体出现健康问题等，如果没有得到正面的支持，孕产妇便会出现诸如忧虑、焦虑、抑郁等不良情绪，甚至患上产后抑郁症。家政服务员在与孕产妇沟通中，要善于疏导其不良情绪，帮助孕产妇保持稳定的心态。

（1）了解一些简单的心理学知识，运用心理学知识协助家庭成员建立和谐温馨的家庭氛围。

在照护孕妇的过程中，家政服务员可以给孕妇介绍一些关于孕期的护理知识，疏导其紧张情绪，使其保证充足的睡眠和良好的心理状态，正确面对妊娠过程中及孩子出生后的一系列问题。照护产妇时，要提醒周围的家属不要把重心全部集中在刚出生的婴儿身上，也要注意对产妇生活的关心和照料，丈夫要多陪伴产妇。

（2）主动与孕产妇沟通，鼓励她们说出心里的想法和感受，否则积压成疾，会产生心理疾病。要多听孕产妇倾诉，帮助她找到新的兴趣，转移其注意力，例如教产妇亲自给孩子换尿不湿，帮孩子抚触，多和孩子互动。

（3）关照孕产妇家人多与其沟通陪伴。当孕产妇表现烦躁、忧虑、易发脾气时，家人的理解、安慰特别重要。孕产妇的抱怨、发脾气只是一种宣泄，家人的耐心倾听会使孕产妇得到心理安抚，也有利于营造和谐温馨的家庭氛围。

三、入户工作沟通禁忌

（一）不要与现在的客户谈论以前的客户

当家政服务员进入客户家工作时，与客户聊天谈到以前的客户时，无论评价以前的客户好与不好，都会让现在的客户觉得尴尬，给客户留下一个爱评论是非的不良印象。

（二）不要参与、谈论、传播客户家的私事

由于家政服务员长期和客户生活在一起，难免会碰到家庭成员之间的争吵；首先家政服务员不要参与，留给他们独立的空间处理自己的情绪，同时更不能谈论和传播客户的隐私，这是家政职业的基本素养。

（三）不要为自己辩解，接受和倾听客户需求

家政服务员与客户出现矛盾时，或因误会感到委屈时，如果要为自己辩解，只会让双方争吵更激烈，让一件简单的事情处理起来更复杂。此时，要站在客户的角度去考虑问题，多接受和倾听客户的需求。

资源拓展

家政服务员的"五心"服务

1. 爱心。家政服务员应将客户和服务人员视为自己的家人和朋友，把自己纳入其中，并从他们的角度出发，真正根据他们的需求用爱与陪伴去灌溉、去滋润、去抚慰，真心关爱他们。

2. 耐心。家政服务员在工作中无论发生任何情况，都应不厌其烦地创造服务氛围，耐心完成服务工作。

3. 细心。家政服务员应贯彻执行好"服务源自细节，满意创造价值"这一服务内涵，把服务意识灌输到每一个服务细节之中，多设身处地地以换位思考的方式，从客户角度出发，细心周到地为他们服务。

4. 诚心。科学引导，诚信服务是家政服务的经营理念。家政服务人必须以诚信服务为本，做好企业自身建设工作，从而提高和完善服务意识。诚心的建立，不仅是健全人格的保证，更是市场经济中企业生存立足的根本。

5. 忠心。公司的所有员工是一个团体，员工个人是团队的一分子，都应忠心服务于这个团队，并依据公司的规章制度要求注重强化自身的服务修养和基本技能，从而健全、提高、完善企业的服务标准。这就是个人忠心于企业、忠心于团队的具体表现。

家政服务礼仪与沟通

任务实施

针对家政服务员入户工作阶段，列出以下沟通方法，见表5-5。

表5-5　任务实施表

情景	沟通方法
家政服务员入户工作初期（三天）	主动询问。 首先了解客户家庭的有关情况，最佳时机是与客户首次面谈时。家政服务员可以先做自我介绍，重点说清从事家政服务工作的经历、技术等级及其他相关情况。以此为切入点，询问了解客户的有关情况和相关要求，如需家政服务员照顾老人或病人，一定要问明老人或病人的年龄、性别、病情和具体要求等。 其次要注意熟悉家庭周边环境。记住客户家庭所在地的街名、楼牌号、门牌号，周围有哪些明显标志，有哪几路公交车可以到达，站牌在哪里，最近的医院、商店、学校、幼儿园以及菜市场位置等，便于今后日常工作及处理一些突发性问题
家政服务员入户工作磨合期（三周）	接受和倾听。 磨合阶段家政服务员和客户最容易出现矛盾，客户的性格不同，交流表达的方式各种各样，有的会坦诚直接，有的会沉默不语。比如客户说"今天这个菜怎么这么咸"，表面上听起来是客户在挑毛病，其实客户的真实意思是下次做菜不要放太多盐，家政服务员只有用心倾听才会了解客户的真实需求。 不辩解，不反驳，不抱怨。 不管对错，家政服务员一味为自己辩解只会让沟通关系变得更僵硬。不论客户说什么，家政服务员都要有一个良好的态度，例如说"好的，下次我注意！"家政服务员不要与客户争输赢，要多一分理解和宽容
家政服务员入户工作融入期（三个月）	用心沟通，用情沟通。 如果能用心沟通，多注重思想和情感的交流，就会赢得信任，使矛盾得到缓解。相反，如果只凭一己之见，忽视了情感和思想的交流，就会伤害感情，影响相处关系。家政服务员要把客户的家当作自己的家，主动做事，真情沟通，用心服务，才能赢得客户的信任

模块五　家政服务人员沟通实践

同步测试

一、单项选择题

1. 与老年人沟通时,下列方法不适宜使用的是(　　)。
A. 使用眼神、肢体动作　　　　　B. 亲切、柔和的语音语调
C. 用命令的方式催促老人　　　　D. 在卡片上画图供老年人辨识

2. 家政服务员在入户工作磨合期间,沟通的方法和技巧是(　　)。
A. 遇到不熟悉的事情反复询问　　B. 多倾听客户需求
C. 和客户争辩对错　　　　　　　D. 改变客户

二、多项选择题

1. 在家政服务员工作初期,应主动沟通的事项有(　　)。
A. 家庭内部环境　　　　　　　　B. 家庭成员
C. 工作内容和标准　　　　　　　D. 家庭外部环境

2. 与婴幼儿沟通时,语言表达的特点有(　　)。
A. 词汇要简短　　　　　　　　　B. 使用生动有趣的声音声调
C. 使用一些手势动作　　　　　　D. 多鼓励和赞扬婴幼儿

三、判断题

1. 当客户对家政服务员产生误会时,家政服务员一定要辩论出输赢。(　　)
2. 当客户夫妻两人吵架时,家政服务员赶紧制止,并评论是非。(　　)

四、案例实践

上一个护理员家里有事,公司让刚参加完培训的王阿姨接替上岗。需要护理的是一位老人,但这位老人对王阿姨一点都不认可。其实老人对护理员容易产生一种习惯性依赖,换一个新的护理员,他在短时间内心里很难接受,对新护理员会充满质疑。

思考:王阿姨怎样与老人沟通,才能与其建立信任关系呢?

任务三　客户回访沟通

任务描述

家政服务员李姐入户工作后,公司安排客服部小陈回访客户。小陈需要制订回访计划,他应选择在什么时间回访?采取哪种回访方式?回访时又应如何跟客户沟通?

217

家政服务礼仪与沟通

任务分析

回访,更是一种沟通。有时候客户的意见或许正是因与家政服务员沟通不充分而造成的误会,客户回访则正好为消除误会提供了机会。回访者应主要了解家政服务情况,听取改进意见,以客户服务为中心,建立与客户联系的原则,掌握行之有效的回访沟通方法。

相关知识

一、客户回访沟通的目的

客户回访是由家政服务公司通过电话预约或上门拜访的形式,了解家政服务员的工作情况,收集客户的意见和建议的方式。家政服务公司站在相对中立的角度,通过回访沟通,为客户和家政服务员架起一座沟通的桥梁,使得双方关系更紧密、顺畅。

(一)真实了解服务情况,听取不足之处

回访沟通最重要的一个目的,就是了解家政服务员工作、服务的真实情况,了解客户体验。站在客户的角度,了解客户对家政服务员的职业素质要求;站在家政公司的角度,回访并不会因为客户投诉了哪位家政服务员,就一定要严肃处理,而是去反思,是什么原因造成了客户不好的体验,然后不断地去探索和改进公司的制度,提高家政服务员的专业水平,提升企业的品牌效度。

(二)以客户体验为核心,及时改进和提高服务质量

通过回访,全面收集客户反馈的意见、信息,并加以整理、分析、深入研究,久而久之就形成家政服务公司客户服务的大数据。这些客户反馈的意见都将成为公司及时改进制度、提高服务质量的动力。

(三)增加与客户联络沟通的机会,建立与客户联系的桥梁

沟通虽然不是万能的,但没有沟通是万万不能的。其实客户的体验、对家政服务员的评价,往往不完全来自专业的家政技能;家政服务员若是与客户沟通得不好,即使家务做得再好,客户依旧会有许多不满。回访是客户服务的重要一环,重视客户回访,充分利用各种回访沟通技巧,满足客户需要的同时创造价值。

二、客户回访沟通的方法和技巧

(一)沟通前有针对性地细分客户

按照客户的来源对客户进行分类,客户的来源包括电话咨询客户、自主开发的客户、广告宣传引来的、老客户转介绍等。在客户回访前,一定要对客户做出详细的分类,并针对不同类客户制定出不同的服务方法,增强客户服务的效率。总之,回访就是为更好的客户服务而服务的。

(二)明确客户需求

确定了客户的类别以后,明确客户需求才能更好地满足客户。最好是在客户反馈意见之前进行客户回访,这样才更能体现对客户的关怀,让客户感动。通过回访沟通,了解客户对家政服务员评价如何,需要怎样改进以满足客户需求,如此一来才能增加客户对服务的良好

体验。

（三）选择合适的沟通方式

回访沟通的方式有电话回访、电子邮件回访及入户回访等不同形式。从实际的操作效果看，电话回访结合入户回访是最有效的方式。按服务周期看，回访的方式主要有：

（1）定期做回访。这样可以让客户感觉到公司的诚信与责任。定期回访的时间要有合理性，如以家政服务员入户服务后第一天、第三天、一周、一个月、三个月、六个月为时间段进行定期的电话回访。

（2）入户工作后的回访。入户工作时及时回访，询问客户家政服务员有没有按时上岗，对个人卫生习惯、专业能力、沟通处事方式是否满意，这样可以让客户感受到企业的专业化。如果在回访时发现了问题，一定要及时给出解决方案，电话沟通不能解决的，最好在当天或第二天到客户家进行处理，并详细记录客户回访单，见表5-6。

表5-6　客户回访单

客户对家政服务员及公司服务的评价
感谢您对我公司的支持，为了今后提高我们服务的质量，请对我们家政服务员的工作及公司服务态度评价。 1. 家政服务员是否与您家人及邻居、朋友相处得好？是□　否□ 2. 家政服务员是否带自己的亲友来您家留宿？是□　否□ 3. 家政服务员是否以各种名目或暗示向您要钱物？是□　否□ 4. 家政服务员是否能够积极主动适应您家的生活习惯？是□　否□ 5. 家政服务员是否按职业的标准对您服务？是□　否□ 6. 家政服务员对待工作是否积极主动？是□　否□ 7. 家政服务员卫生习惯、文明礼节、服务态度、工作能力。优□　差□ 8. 家政服务员对待老人、幼儿是否有爱心、耐心和责任心？是□　否□ 9. 家政服务员对孕妇、产妇是否给以关爱，对饮食及卫生是否满意？是□　一般□　否□ 10. 服务员上门出示三证上岗：①身份证；②职业上岗证；③健康证或体检报告。有□　无□
请您对家政服务员和公司提出宝贵的意见：
工作时间：　　　　　年　　月　　日至　　年　　月　　日 工作地址： 客户满意度：很满意□　满意□　一般□　不满意□ 客户姓名：　　　　　　　　客户电话：

（3）节日回访。在节日回访客户，同时送上一些祝福的话语，以此加深与客户的联系，让客户感到被尊重。

（四）电话回访要合理地选择时间段

对上班族客户，避开上午工作时段和中午午休时段，这两个时间段客户是没有时间和心情认真交流的。电话追踪最佳时间段通常在晚上7~8点钟，这个时间往往是一天中最清闲的。对非上班族客户，午后的时间是他们比较清闲的，这个时候交谈较佳。

家政服务礼仪与沟通

（五）抓住机会促进销售或转介绍

最好的客户回访是通过提供超出客户期望的服务来提高客户对企业和服务的美誉度和忠诚度，从而创造新的销售可能。客户关怀是持之以恒的，销售服务也是持之以恒的。通过客户回访等售后关怀来增值服务和企业行为，借助老客户的口碑来提升新的销售增长，这是客户开发成本最低也是最有效的方式之一。制订回访计划，何时对何类客户作何回访以及回访的次数，并记录详细的回访内容，如此循环便使客户回访制度化，日积月累的客户回访将大大提升服务质量。

（六）正确对待客户抱怨

客户回访过程中遇到客户抱怨是正常的，正确对待客户抱怨，不仅要使之平息，更要了解抱怨的原因，把被动转化为主动。抱怨一般来自服务标准的不满意、家政服务员的不满意（不守时、不会沟通、态度差、服务能力不够等）等方面，通过解决客户抱怨，可以总结服务过程，提升业务能力，还可以更好地满足客户需求。

> **资源拓展**
>
> #### 入户回访客户的礼仪规范
>
> 1. 提前与客户约好拜访时间。拜访客户前，一定要提前与客户约好时间，如果不提前预约直接登门拜访，是一种很鲁莽的行为，会给客户带来诸多不便。拜访客户最好选择客户休息在家的时间段。对上班族来说，一天中的晚饭前后，晚上7~8点是客户相对清闲的时候，这个时间段客户有时间交谈。一周当中，约在周末时间是比较合适的。
>
> 2. 提前了解客户的相关信息。拜访者必须提前了解客户的姓名、年龄、职业、家庭情况、地址/行车路线、联系方式、对家政服务的诉求等相关信息。如果前期沟通到位，还可以了解到客户对家政服务员的意见、对公司服务的满意情况，等等。
>
> 3. 提前准备好拜访资料。拜访者必须提前准备好的资料有个人名片、公司简介、客户回访记录单、客户满意度调查表、用于记录客户意见的笔记本，有条件的话，还可以随身携带一个小礼品，比如带有公司标识的纪念品，或者给老人和孩子准备的小礼物。
>
> 4. 提前到达拜访地点。拜访者提前算好到达客户家中的大致时间，并预留出一些机动时间，宁可自己早到等待客户，也不能让客户感到不被尊重。一般来说，拜访者要提前10~20分钟到达拜访地点。
>
> 5. 客户因故爽约，礼貌告别。由于客户事务繁忙或临时出现变故等原因爽约，这时拜访者应该在心理设置一个等待的底限（一般在20分钟以内），超过这个底限，拜访者就要果断而委婉地离开。但不可以表现出不耐烦的情绪，应礼貌告别并和客户重新约定时间。
>
> 6. 拜访过程中，注意个人形象。拜访者如果给客户留下稳重、成熟的职业形象，会给后续的交流打下良好的基础。如果拜访者通过言谈举止展现出自信的一面，会让客户对你个人和公司产生信任。

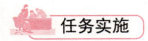

客户回访沟通情景话术见表5-7。

表5-7 客户回访沟通情景话术

回访人员：您好，请问您是××先生/女士吗？
客户：你好，我是。
回访人员：我是××家政公司的客服人员，我公司育婴师李晓萍正在您家里工作，是不是已按时到岗？
客户：是的，有什么事情吗？
回访人员：打扰您一下，这边给您做个回访工作，请您对育婴师的服务做个点评，或者您是否有什么不满意的地方呢？
客户：1. 挺好的。2. 一般吧。3. 不行
回访人员：嗯好，您满意就好，如果后期对育婴师个人或公司服务有意见随时联系我们就行。 回访人员：嗯好，您满意就好，您对我们的服务这么满意，您看您能在手机软件平台上给我们一个好评，再晒几张图片表示对我们的鼓励吗（针对在线下单的客户）？ 如果客户不满，应先代表公司表示歉意，对客户表示理解，首先要给客户被认可的、受重视的感觉。详细记录客户的抱怨、意见、建议，及时反馈给正在入户工作的家政服务员以及相关的各个部门，根据各部门的处理意见进一步进行客户跟踪。接、打电话的时候切忌对客户给出无法确定的许诺，要注意说话的方式，给事情的后续处理留出可以回转的余地
结束语：很高兴您能抽出宝贵的时间接受我们的回访，同时也为您送上真挚的祝福（祝您周末/节日愉快！）/非常感谢您对我们工作的支持，打扰您了，谢谢，再见

 同步测试

一、多项选择题

1. 回访沟通的方式有（　　）。

A. 电话回访　　　　　　　　　　B. 电子邮件回访

C. 面对面回访　　　　　　　　　D. 微信回访

2. 对上班族客户来说，电话回访的时间段不宜在（　　）。

A. 中午吃饭时间　　　　　　　　B. 上午工作时间

C. 晚饭前后　　　　　　　　　　D. 晚上9点以后

3. 按照家政服务员服务周期，回访的方式主要有（　　）。

A. 入户工作后回访　　　　　　　B. 定期回访

C. 节日回访　　　　　　　　　　D. 服务结束后回访

二、判断题

1. 客户回访过程中遇到客户抱怨是正常的，正确对待客户抱怨，不仅要使之平息，更要了解抱怨的原因，把被动转化为主动。（　　）

2. 回访是客户服务的重要一环，重视客户回访，充分利用各种回访沟通技巧，满足客户需

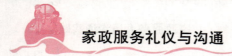

要的同时创造价值。（ ）

三、案例实践

骏腾家政公司月嫂张阿姨第一天到客户家上班,因刚开始做月嫂不久,经验并不丰富。针对这种情况,公司小孙做后期回访,持续跟进客户沟通。小孙应该如何制订回访计划,如何进行回访沟通,以提升服务品质,赢得客户好评呢?

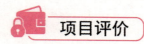

项目评价见表5-8。

表5-8 项目评价表

项目	评价标准
知识掌握（40分）	了解与客户业务洽谈沟通过程（10分） 掌握与客户业务洽谈沟通的方法（10分） 掌握入户工作沟通策略（10分） 了解入户工作沟通禁忌（10分）
实践能力（30分）	能够针对不同类型的客户进行有效沟通（10分） 学会与家庭中老年人、婴幼儿、孕产妇沟通相处（10分） 能够对客户进行有效的回访沟通（10分）
沟通素养（30分）	具有客户为中心的服务沟通意识（10分） 具有善沟通、爱表达、懂关怀、乐助人的职业人文素养（10分） 养成工作时有爱心、耐心、责任心的工作态度（10分）
总分（100分）	

参考文献

[1] 王珺. 旅游与酒店服务礼仪[M]. 北京：机械工业出版社，2021.
[2] 刘文清，潘美意. 老年服务沟通技巧[M]. 北京：机械工业出版社，2017.
[3] 王丽. 老年人沟通技巧[M]. 北京：海洋出版社，2017.
[4] 周晖. 家政职业道德与法律法规[M]. 北京：中国人民大学出版社，2022.
[5] 钱志芳. 礼仪与沟通[M]. 北京：中国人民大学出版社，2022.
[6] 杨珩，尹彬. 职场礼仪与沟通[M]. 北京：机械工业出版社，2022.
[7] 靳斓. 服务礼仪与服务技巧[M]. 北京：中国经济出版社，2018.
[8] 高文斐. 沟通的艺术[M]. 北京：当代中国出版社，2019.
[9] 梁宋国. 赢在沟通[M]. 上海：东华大学出版社，2022.
[10] 刘玉慈. 试论基于职业素养的礼仪核心素养培养途径[J]. 现代职业教育，2020（29）：6-7.
[11] 王志方，孔德忠. 高职院校学生职业礼仪养成教育实践的探索[J]. 黑龙江教师发展学院学报，2021，40（7）：74-76.
[12] 郝婷. 现代企业内部沟通管理中存在的问题及运用策略[J]. 石化技术，2022，29（8）：160-161.
[13] 李佳. 优化沟通，促绩效管理更进一步[J]. 人力资源，2022（12）：109-111.
[14] 谢青. 全日制职业高校对家政服务人员职业化培养的新思考[J]. 就业与保障，2021（21）：146-148.
[15] 李银雪. 上海家政服务业发展调研报告[J]. 科学发展，2021（5）：108-113.
[16] 梁勤，郑振华. 北京市家政服务从业人员情况调查方案[J]. 现代商贸工业，2021，42（14）：76-77.
[17] 杨兰英. 新家政学赋能家政服务业高质量发展[N]. 中国社会科学报，2022-03-30.
[18] 李发戈. 家政服务业：提质扩容 扩大供给 稳步推进[N]. 中国经济报，2021-11-30.
[19] 郜亚章. 服务人员素质参差不齐，家政服务到家岂能变麻烦到家[N]. 工人日报，2021-01-22.
[20] 徐一帆. 小家政牵动大民生，是"一举多得"的产业[N]. 文汇报，2021-03-09.